软件工程系列教材

软件需求工程

康 雁 主编

何 婧 林 英 秦江龙 编著

U0287549

科学出版社

北 京

内 容 简 介

本书为读者理解软件需求工程提供了一个新的视角。全书共 11 章，包括需求概述、需求工程、需求获取、需求分析、基于 UML 的需求建模技术、需求模式、需求与面向对象软件开发、需求文档、需求验证、软件需求管理与安全需求工程。本书引入 CDIO 的概念，强调"做中学"，以培养学生的实际动手能力和实践能力；并着重讲述了需求工程中有关安全需求的内容；在介绍软件需求工程领域的经典理论、最新进展和发展方向的同时，也介绍了相关的实用技术和工具。这些原理、技术和工具能够应用在大型工业和商业软件的项目开发中，为软件工业的从业人员提供系统深入的指导。

本书可作为高等院校计算机专业学生、教师以及研究人员的教材和参考书，对于工业和计算机产业的从业人员也具有实用价值。

图书在版编目(CIP)数据

软件需求工程/康雁主编.—北京:科学出版社,2012
软件工程系列教材
ISBN 978-7-03-033159-5

Ⅰ.①软…　Ⅱ.①康…　Ⅲ.①软件需求-教材　Ⅳ.①TP311.52

中国版本图书馆 CIP 数据核字(2012)第 015686 号

责任编辑:于海云 / 责任校对:张凤琴
责任印制:赵　博 / 封面设计:迷底书装

科 学 出 版 社 出版
北京东黄城根北街 16 号
邮政编码: 100717
http://www.sciencep.com
三河市骏杰印刷有限公司印刷
科学出版社发行　各地新华书店经销

*

2012 年 2 月第 一 版　　开本:787×1092　1/16
2025 年 1 月第十次印刷　　印张:16
字数:385 000

定价: **59.80 元**
(如有印装质量问题,我社负责调换)

前　言

　　随着社会信息化进程的不断推进,计算机软件规模越来越大,需求越来越复杂。随着企业的发展、工作流程的重组,需求变更也越来越频繁。多数 IT 系统的失败都与需求工作的不力有关。再好的软件如果没有做好需求分析也将失去市场意义和生存活力。需求工程是沟通用户与开发人员的桥梁,能否做好需求分析是一个产品能否适应用户要求的关键所在。

　　本书侧重于实践者的技术与方法,以 CDIO“面向实践”、“做中学”的方式,系统全面地介绍了软件需求工程的理论和方法,努力促进从需求到开发各阶段的融合应用,以指导需求工程各阶段的系统化实践。分析人员、开发人员到最终用户都将在本书中学习到从软件需求到软件开发所涉及的相关理念和新技术。需求工程师将学习到如何同用户沟通并且更快、更准确地编写软件需求;程序员及其他开发人员将学习到如何陈述需求而又不涉及过多的技术细节,并了解到如何降低系统开发的风险;IT 专业的学生将学习到需求工程的理论和实践经验,并为个案研究以及项目开发打下坚实的基础。

　　本书可作为高等院校计算机专业高年级本科生和研究生的教材,也可供有一定实践经验的软件开发人员和计算机用户参考和自学。需求工程是一门实践性较强的课程,读者可在本书的基础上结合软件开发中的具体实例进行实践。

　　本书的编写分工如下:康雁任主编并编写了第 1、2、5~7 章,秦江龙编写了第 3、4 章,何婧编写了第 8、9 章,林英编写了第 10、11 章。此外,陈鹏伍参与编写了第 5 章,章祯超参与编写了第 7 章。卢翻承担了全书的统稿工作,科学出版社有关人员给予了鼎力支持和帮助,在此一并表示感谢。

　　由于需求工程诞生的时间相对较晚,还处于发展之中,加之编者们水平有限,书中不妥之处在所难免,恳请读者多多批评指正并提出宝贵意见。

编　者
2011 年 11 月

目　　录

第1章 需求概述

1.1 需求问题的提出

Ac 公司由于业务扩展,现有员工数已增长到 5000 名。原有的工资系统已使用 10 年以上,最近员工的工资计算一直在出错,因此财务部门最近一直在加班,公司的总经理李云约见了信息技术主管王奇。"我们要建造一个新的工资支付系统,取代早已落伍的旧系统",李云说道,"新的系统允许员工以无纸化的方式登记时间卡信息,并自动根据员工的工作时间和销售总额(对于有提成的员工)生成用于支付工资的支票。你们小组能在五个月内开发出该系统吗?""我已经明白这个项目的重要性了",王奇说,"但在我制订计划前,我们必须收集一些系统的需求。"李云觉得很奇怪,"你的意思是什么? 我不是刚告诉你需求了吗?""实际上,你只说明了整个项目的概念与目标",王奇解释道,"这些高层次的业务需求并不能为我们提供足够的详细信息以确定究竟要开发什么样的软件,以及需要多长时间。我需要一些分析人员与薪酬金部门专家进行讨论,然后才能真正明白达到业务目标所需的各种功能和用户的要求。"李云此前还从未遇到过与这位系统开发人员类似的看法,他坚持道,"那些专家没有时间与你们详细讨论各种细节,你不能让你的手下的人说明要做的系统吗?"王奇尽力解释从使用新系统的用户处收集需求的合理性,"如果我们只是凭空猜想用户要求,结果不会令人满意。我们只是软件开发人员,而并非部门专家。我们并不能真正明白需要系统做什么。我曾经尝试过,未真正明白这些问题就匆忙开始编码,结果没有人对产品满意。"李云说明了一些业务需求,但他并不能描述用户需求,因为他并不是"工资支付系统"的实际使用者。只有实际用户才能描述此系统必须达成的目标,但他们又不能指出完成这些目标所需的所有具体的功能需求。

像这样的对话经常出现在软件开发过程中。要求开发一个新信息系统的客户通常并不懂得从系统的实际用户处得到信息的重要性。通常意义下,客户是指直接或间接从产品中获得利益的个人或组织。软件客户包括提出要求、支付款项、选择、具体说明或使用软件产品的项目风险承担者或是获得产品所产生的结果的人。市场人员在有了一个很不错的新产品想法后,也就自认为能充分代表产品用户的兴趣要求。然而,直接从产品的实际用户处收集需求有着不可替代的必要性。

完成的软件通常存在着以下问题:对软件的开发成本和进度的估计不准确、用户对已完成的系统不满意、软件的质量不可靠、软件的可维护程度较低、软件没有适当的文档资料、软件的成本不断提高、软件开发生产的效率较低。软件的发展经历了这么久,为什么依然存在这么多问题? 为什么软件的完成总需要这么长的时间? 为什么开发成本总居高不下? 为什么不能在把软件交付给用户之前发现软件中所有的错误? 软件的这些问题与软件本身的特点,以及软件开发和维护的方法不正确有关。但对用户要求没有完整正确的认识就匆忙着手编写程序是许多软件开发工程失败的主要原因之一。只有用户才真正了解他们自己的需要,但许多用户在开始时并不能准确具体地描述他们的需要,软件开发人员需要做大量深入细致的调查研究工作,反复多次地与用户交流信息,才能真正全面、准确、具体地了解用户的要求。对问题和目标的正确认识是解决任何问题的前提和出发点,软件开发同样也不例外。急于求成,仓促上阵,对用户要求没有正确认识就匆忙着手编写程序,这就如同不打好地基就盖高楼一样,最终必然倒塌。

Standish[1]在 1994 年通过对 8380 个项目的调查发现,在美国,每年用于软件开发的费用在一千多亿美元以上。调查显示,31%的项目在完成之前被取消,52.7%的项目实际所花费的成本为预算成本的 189%。其中,导致项目失败的 8 个最主要原因中有 5 个都与需求有关。这些可以量化的数据触目惊心,但还有很多机会成本是无法估量的。例如,美国丹佛市的机场由于没能开发出可信赖的处理行李的软件,而每天要耗费 10 万美金。2008 年,Standish 又做了一项调查,这一年的数据显示项目成功比率再次下降,按时、在预算内交付、并且完成了应有功能的成功项目只有 32%。在过去 40 多年中,软件开发的状况可描述成一种社会性的苦恼。大规模的软件开发举步维艰,好像陷入困境苦苦挣扎的恐龙。虽然有一些成功的例子,但多数项目在经历一个漫长痛苦的过程后遭到惨败。并且,每一个成功的软件开发项目都有一些不被人注意的漏洞而存在隐忧。为了帮助软件开发组织找到明确的改进方向,Standish 集团还针对成功项目总结出了十大成功保证,并针对彻底失败项目总结出了十大败因,如表 1.1 所示。

表 1.1 项目成败因素分析

成功因素	权重	失败因素	权重
	15.9%		13.1%
执行层的支持	13.9%		12.4%
	13.0%	资源不足	10.6%
合适的规划	9.6%		9.9%
	8.2%	缺乏执行层的支持	9.3%
较小的里程碑	7.7%		8.7%
有才能的员工	7.2%	规划不足	8.1%
主权	5.3%		7.5%
清晰的愿景和目标	2.9%	缺乏 IT 管理	6.2%
努力的工作和稳定的员工	2.4%	技术能力缺乏	4.3%
其他	13.9%	其他	9.9%

从表 1.1 中可以看出,十大成功保证中有三个是直接与需求相关的(加粗表示),累计权重达到 37.1%;而十大败因中与需求直接相关的更是高达五个(加粗表示),累计权重高达 51.6%,从中可以看到需求问题对项目的影响程度。下面具体给出五个与需求有关的败因描述。

(1) 不完整的需求。主要是因为需求往往涉及决策者、事务管理层、操作层等不同层面的用户,需要让不同层次的人负责不同的部分,并最终汇总起来。

(2) 缺乏用户参与。主要是因为在很多的软件项目中,用户缺乏主动参与意识,不能有效地参与到项目中来。另一方面,用户对软件开发项目不感兴趣或是不能理解深奥的技术用语。

（3）不切实际的用户期望。主要原因在于软件的无形和成本的不透明，用户很难理解有些需求是技术上无法实现的，或是在当前的费用与时间预算内无法实现的。

（4）需求变更频繁。主要是因为用户没有意识到变更对软件项目的负面影响。另一方面，软件人员对变更没有进行有效的分类、统计，而是将所有需求变更当成一个问题来解决。

（5）提供了不再需要的需求。最后开发出来的软件中常常存在着几乎没有被使用的功能，因此需要基于业务领域的知识来衡量需求的必要性和充分性。

Walker[2]指出了一些作为现代软件管理过程框架理论基础的"基本公理"，即2-8原则：80%的软件成本是由20%的构件消耗的。由此可见需求在软件工程活动中所占的比重。Brooks[3]在1987年的经典文章《No Silver Bullet：Essence and Accidents of Software Engineering》中充分说明了需求过程在软件项目中所扮演的重要角色：开发软件系统最为困难的部分就是准确说明开发什么。

需求的好坏直接关系到软件的成功与否。客户提出的需求是软件系统的源头，它定义了软件系统的意图和目的。如果需求遗漏或完成得不好，不管系统多么完美，系统也是失败的。为了得到有效的需求，需要采用有效的方法与用户广泛地交流。

1.2　不同项目的需求视图

随着信息化应用的逐渐深入，软件项目在企业、政府等各类组织中所担负的角色也越来越多，应用层面也逐渐丰富。同时，不同的软件项目具有不同的特点，这对需求也带来影响。在此，主要从信息系统、嵌入式系统、软件产品等不同角度说明如何进行相关的需求工作。

1.2.1　信息系统的需求视图

1. 信息系统的本质与分类

根据信息系统的定义，权威信息系统是人、数据、过程和接口的组合，它们之间相互作用，支持并改进企业的日常动作，并支持管理人员和用户解决问题和做出决策。这个定义，包含了以下几个要素。

（1）支持企业日常动作：也就是对企业流程进行电子化，并且将其固化下来。

（2）支持解决问题：信息系统具有解决企业动作中存在问题的使命，这也通常是发起信息系统开发项目的主要原因之一。

（3）支持决策：通过有效地获取、加工、处理数据，为管理人员提供决策的支持。

当今社会是数据的海洋，充满了生产数据、销售数据、客户数据、日程数据。信息系统的核心作用是：根据应用对数据进行有效处理，从而得出对人们更有价值的信息。在信息工程框架中，将信息系统分为联机事务处理系统、管理信息系统、主管信息系统、决策支持系统、专家系统、办公自动化系统等几种主要的类型。各类信息系统间的关系可分为以下几种。

（1）联机事务处理系统是数据的生产者。联机事务处理系统负责对流程进行电子化,在这个过程中,将通过用户输入、系统采集等方式积累大量的数据。

(2) 管理信息系统是数据的消费者。管理信息系统是为中层管理人员(事务型管理人员)提供服务的,主要是通过查询、分析、统计的手段来完成监督、控制等活动,其核心的载体是报表。

(3) 主管信息系统、决策支持信息是数据的高级消费者。这两类系统是为高层管理人员(决策型管理人员)提供服务的,其形式与管理信息类似,但将会对数据做更深层次的挖掘。

(4) 专家系统是个人知识的沉淀,同时也是数据的消费者。

(5) 办公自动化系统是沟通与协作的直接支持。

2. 联机事务处理系统

联机事务处理系统的核心价值在于实现流程的电子化,许多组织的信息系统建设是从此类系统开始。其相互依赖的核心三元素是人、流程和工具。其中工作流程是一个企业或组织的主线索,体现企业或组织的响应外部客户请求的存在价值,使得为客户创造价值的同时也为自己带来价值。同时流程也是联机事务处理系统需求视图的关键线索。需求人员根据信息系统的目标选择相关的流程,确定系统的目标,然后再将它实现出来。如果想将成熟的软件产品部署到企业/组织中,会涉及系统中内建的流程机制与企业/组织现有业务流程的融合,可能是修改企业的流程以适应软件,也可能是修改软件的内建流程以适应企业。

企业对于流程施加的约束如果只是纸质的规定就容易不被遵守,完全由员工的自觉性来决定是否能够按流程规则进行。如果建立电子化的流程,流程则可固化。但是固化流程也会限制灵活性,对业务产生一定的约束,使得不合理的流程带来不良的后果。

流程分析(业务事件)是联机事务处理系统的关键线索和主要视图。导致这一结果主要有两个原因:结构化分解过早考虑程序结构和流程分析相对零散。从前面第二节的分析已可看到,结构化分析采用自顶向下的纵向角度而非业务流程的角度,使得需求结构和软件设计脱离开来,割裂了业务流程,使用户无法很好地参与到需求验证中,也易丢失分析需求的线索。流程分析相对零散,流程图的详细程度和流程图间的关系很难限定,使得流程图不能成为有体系的线索。

3. 管理信息系统

组织管理信息系统是从组织竞争战略高度出发,通过开发和有效利用各种信息与智力资源来提高组织竞争优势的信息系统。它是管理信息发展成熟化与现代化的重要标志,也是组织信息管理技术的主要集成,驾驭着组织信息系统的发展方向。组织管理信息系统从网络结构上讲,可以分为组织网络、信息网络、人际网络;从功能效用上讲包括竞争环境监视、市场变化预警、技术动向跟踪、竞争对手分析、竞争策略制定、信息安全保护、管理信息知识库等几个方面;从模块结构上讲,包括管理信息搜集、管理信息分析和管理信息服务三大模块,其中管理信息分析模块处于管理信息系统的核心位置。

管理信息系统主要针对组织的现状,分析组织的类型与市场定位走向,详细收集组织内部的基础数据资料。系统针对企业/组织中的中层管理人员,核心是实现数据信息化。

企业/组织中的中层管理人员是企业/组织中的执行层,通常管理的是企业/组织中的各种事务。管理活动的本质是计划、控制、组织、协调,在企业/组织的日常动作中产生了大量的数据。管理信息系统根据实际需要对其进行加工和整理,产生对管理活动有价值的信息,并通过针对业务事件、业务实体的一系列查询、统计操作提供对管理活动的支持。对查询、统计的需求分析是管理信息系统的关键线索和主要视图。

管理信息系统分析、处理的数据是由联机事务处理系统提供的。在传统的需求实践中工作次序往往有所颠倒,首先分析功能性需求(联机事务处理系统的主体),再分析查询、统计类需求(管理信息系统的主体)。在需求的早期如果只是从查询、统计的格式开始,用户不易提出相关的细节描述,也不易分析得出目的,体现管理理念与需求。整理管理信息系统的关键线索时,可从 Why(目的是什么)、What(怎样获得)、How(如何展现)三个层次进行,如表 1.2 所示。

表 1.2　管理信息系统需求的要点

类别	要点	说明
Why	目的	从管理场景出发,借助对管理控制点来理解目的
	使用部门/职位	了解需求的使用者,以便有针对性地调研
	相关场景	诸如用户数量、查询频率等非功能性场景描述
What	关联实体	以类图或 E-R 图表示,说明数据的来源
	关键指标及计算规则	细化推导出关联的字段,以及派生属性的计算方法
How	展现形式	以虚拟窗口等形式说明最终的呈现方式
	输入输出需要	说明是否打印,以什么格式提供等其他信息

从管理信息系统响应的用户层次来看,可分为事务管理类和决策管理类。分别响应中层管理人员和高层管理人员的需求。高层管理人员则更侧重于不同维度,特别是从自然属性(如客户的职业、年龄、爱好等)维度进行分析,它是对数据的进一步抽象和整理。事务管理类主要是从业务事件的管理和业务实体情况的基本分解角度展开。它可大致分成四种类型。

(1)进度类型:关注于业务事件相关的进度信息,是中层管理人员对业务进程进行管控的有效手段。它通常是按周期或日程(如日、周、月等)生成的以及对前一周期关键活动汇总的关键指标信息。

(2)异常信息:业务事件中发生的异常通常是中层管理人员采取相应措施的时机,因此通常也是他们很关注的视角。它是当业务事件在执行过程中出现异常,需要提醒管理者注意时由系统自动生成,例如时间延期的工期报告。

(3)常规信息:它是就某一情况为管理者提供详细的数据,通常提供的是针对一个业务实体的信息。

(4)需求信息:它是用来按中层管理人员的要求提供相应信息的,通常涉及多个业务实体之间的信息,例如供销存信息等。

而决策管理类管理信息系统则会在一个事实(可能是业务实体也可能是业务事件)的基础上,结合其关心的几个不同维度来建模。例如决策管理人员可对销售数据按以下维度进行分析：时间维（销售周期、特定的时间段等）、客户维（某个客户、某类客户等）、产品维（某个产品、某类产品等）、销售人员维（某个销售人员、某个销售小组等），甚至可能对多个维度进行综合分析。有时，这种维度可能是一种自然属性。当基本的数据库操作也不能很好地满足时，常需要对历史数据进行抽取、加工、转换，产生如数据仓库、数据集市的需求。

4．其他信息系统

（1）决策支持系统：系统针对的是企业的高层管理人员，它解决的是非结构化问题。结构化问题是通过计算机自动得出解决方案的问题，例如安全库存量的判断、现金流预警等。由于这类问题都已经有了历史积累的经验，因此只需将模型或算法实现出来，通过报表呈现给管理人员解决它。在企业/组织中并非所有问题都是可以通过计算机自动获取解决方案，此类问题称作非结构化问题，诸如广告投放、产品定价等都没有现成的模式可以依赖。对于此类问题，系统只能够为其提供一些相应的决策支持，最终的决定还是需要管理人员借助自己的智慧来处理。当然，非结构化问题也可能转换成结构化问题。决策支持系统需求最为关键的地方是决策场景，为管理人员的日常生活进行建模。决策场景是决策支持系统的关键线索和主要视图。可根据用户的关注点将不同的决策场景分组，以便更好地梳理系统的结构。

（2）专家系统：对企业/组织而言，专家系统最关键的价值在于实现个人知识到企业知识的转换。对于那些需要经验积累的工作岗位，需要将相关知识转换为计算机可识别并提供的准则。工作场景是专家系统的关键线索和主要视图。系统中相对于具体场景而言不仅只需有数据视图，还要有经验模型、判断模型等。

（3）办公自动化：它通常会涉及联机事务处理系统和管理信息系统，另外它有一个很重要的功能部分，就是对协同的支持。企业的流程从串行改为并行可提高工作效率，而并行流程会涉及并行部门、岗位之间的沟通和协作问题，这些协作场景也成为系统的需求线索。例如要设计实现公文流转、审批等功能，若先将这些场景归纳出来，再针对每个场景细化其中的行为需求，就能很好地完成此类系统的需求收集与整理工作。并行工作流是办公自动化系统的关键线索和主要视图，除此外，如日程表、行事历、备忘录等对个人事务的支持也可作为场景整理出来，然后再对其进行相应的行为分析，就能够使需求的整理更完整。

1.2.2　嵌入式系统的需求视图

除了以电脑为载体的信息系统外，还存在部署在受限设备上的嵌入式系统。嵌入式系统又称嵌入式计算机系统，是以应用为中心，以计算机技术为基础，能够满足应用对功能、性能、体积、成本、功耗等方面要求的专用系统。它的首要功能不是计算，而是受嵌入其中的计算机所控制的一个系统，具有嵌入性和专用性的特点。一个嵌入式系统由硬件和软件两部分组成从最终用户的角度可将嵌入式系统分为以下三类型：面向直接用户、面向特定设备和综合应用。

1）面向直接用户的嵌入式系统

随着手持设备如手机、PDA等的日益普及，面向直接用户的嵌入式系统开发项目也越来越多。这类系统的需求主线索是具体的使用场景，为了保证其完整性，需按其逻辑性分为不同的功能域、功能子域。针对此类系统的需求要重视可用性设计,针对每个使用场景进行行为分析,着重于其中重要功能域中的重要使用场景,以便设计出更合理的用户界面,这样能让各功能域中的功能点有机地融合在一起。

2)面向特定设备的嵌入式系统

例如 GPS、设备监测器等与用户无直接关系的嵌入式系统,称为面向特定设备的嵌入式系统。此类系统的需求主要包括对外接口和内部功能两部分。对外接口主要涉及与系统关联的外部系统,然后明确外部系统与其的功能交互点。在需求描述时采用上下文关系图可以确定其与外部系统的协作。在标识了接口之后,在需求的后续阶段逐步分析、捕获接口的使用时机、功能要求和内容等。完成外部接口之后,就可以事件为线索对内部功能进行分析与描述。要识别事件,最基本的方法是寻找触发点,对复杂事件需要进行归类,归纳成不同的功能域、功能子域。

3)综合应用的嵌入式系统

建议将面向直接用户的部分和面向特定设备的部分。

1.2.3 软件产品的需求视图

软件产品与信息管理系统和嵌入式系统间存在着交叉。软件产品与软件项目的不同在于,项目通常是针对一个企业/组织的,而软件产品则是为多个企业/组织设计的。而且一般来说软件产品的生命周期更长一些。从需求的角度,可以根据与问题域的相关度将软件产品划分成以下三种类型:信息系统类、工具软件类、游戏类。因为游戏类软件针对的是虚拟世界,所以需要的是游戏的策划和编剧,在此不再详述。

1. 信息系统类

诸如进销存、办公自动化系统、财务电算化等软件产品都属于此类。因为软件产品与现实问题域的相关性,所以软件产品的成败关键在于对问题的理解。除了下面的几个方面,它与信息管理系统项目在需求视图上类似。

1)目标市场分析

产品类软件通常比项目型软件有更大的目标市场,对目标市场的定位和分析是进行产品体系设计的重要前提。目标市场分析主要包括目标客户分析、竞争对手分析和商业模式分析等方面。目标客户必须明确,没有哪一款软件产品是能适用于不同行业、不同规模的企业。对于有相同目标客户的竞争对手,进行优势、劣势、机会、挑战分析,可以更好地提炼软件的卖点,制定合理的销售策略。抽取所有目标客户可能采用的商业模式,可以在产品体系设计时求同存异。商业模式分析对需求分析和产品体系结构设计有更直接的关系。如销售管理软件产品就需要对销售模式进行分类。不同的商业模式会对软件功能提出不同的要求,对其中流程和控制点等进行细致分析才能做出合理的产品设计。

2)产品体系设计

与产品体系设计有关的需求的核心要点是根据不同的商业模式来封装变化点。首先将不同商业模式间的共同点做抽象,再将不同点封装到可插接的模块中。如人力资源管理软件中填写请假条和记录请假两个阶段是通用的,应放在通用的模块中。而请假审批是复杂的,需要将其抽取出来封装在独立的模块中。还需通过预留插装点和确定接口来实现目标。如：填写请假条模块应提供一个接口来输出请假条，而记录请假则需要提供一个接口来接收请假审批结果，然后请假审批可使用这两个接口。信息系统类软件产品的需求重点在于针对不同的目标客户群体的不同商业模式分离变化点，经常需要减出通用性，再通过插接解决扩展性。

2. 工具软件类

诸如电子词典、计算器、文本处理等软件产品都属于此类。软件产品与现实问题域的相关性要弱一些。它通常是利用电脑为人们提供一些解决日常工作、生活中可能遇到的问题，是对现实世界中具体工具的仿真，或是利用电脑创造方便的体验。不管是什么类型的工具软件的需求，都需要先对不同用户进行分析，标识出具体的使用场景，然后针对不同的使用场景进行分析，确定所需的功能点，这些功能点通常是用来解决具体场景中的困难和障碍的。

例如日程管理软件是个人事务管理软件，它的用户类型较为单一，是个人客户。也可进一步将之分解为：商业人士、音乐人士、作家、老师等。他们在相同的使用场景会遇到不同的困难，需要提供的功能点也会有所不同。日程管理软件的使用场景包括安排日程、日程提醒、发布日程安排等，应针对这些场景分析困难和障碍，导出其所需的功能点。工具软件的需求要点是基于使用场景的困难点。

1.3 需求的定义

软件需求是指用户对目标软件系统在功能、行为、性能、设计约束等方面的期望。经过与客户的多次交流，并且收集、协商、修改产品需求后，软件开发人员将用户提出的要求变成软件需求，软件开发人员将在此基础上成功地开发软件系统，使其与用户最终的要求相适应。实际上每个软件产品都是为了使其用户能以某种方式改善他们的生活，于是，花在了解他们需要上的时间便是使项目成功的一种高层次的投资。软件开发的主要问题都与需求有关。

1.3.1 几种主要的需求定义

软件产业现存在的一个问题就是缺乏统一的需求定义，以下给出几种主要的需求定义。

（1）IEEE 软件工程标准词汇表（1997 年）中定义需求为：

① 用户解决问题或达到目标所需的条件或权能。

② 系统或系统部件要满足合同、标准、规范或其他正式规定文档所需具有的条件或权能。

③ 一种反映上面两种所描述的条件或权能的文档说明。

IEEE 公布的定义包括从用户角度（系统的外部行为）以及从开发者角度（一些内部特性）来阐述需求。

（2）在另外一种定义中，Jones[4]认为需求是"用户所需要的并能触发一个程序或系统开发工作的说明"。

（3）需求分析专家 Davis[5]拓展了这个概念："从系统外部能发现系统所有的满足于用户的特点、功能及属性等"。这些定义强调的是产品是什么样的，而并非产品是怎样设计、构造的。

（4）Sommerville[6] 的定义则从用户需要进一步转移到了系统特性：需求是……指明必须实现什么的规格说明。它描述了系统的行为、特性或属性，是在开发过程中对系统的约束。

软件系统的需求定义它要解决的问题：它的意图和目的。遗憾的是，非常常见的情况是需求遗漏或者做得很糟糕，这样不管系统设计得如何完美，系统都不可能是合适的。相当比例的计算机系统被认为是不合格的；很多甚至没有交付使用；更多的是延期或者超预算。很多研究都表明最大的一个原因就是拙劣的需求定义：没有完全地确定系统的意图和它必须做的事。甚至稍微改进需求就可能节省商业上浪费的大量投资。

1.3.2　需求定义的一些基本原则

下述这些不是系统化的原则，它们只是帮助得到好的结果以及决定是否需要包含一些东西。

（1）并没有一个清晰、毫无歧义性的"需求"术语存在，真正的"需求"实际上在人们的脑海中。Lawrence[7]认为任何文档形式的需求（例如需求规格说明）仅是一个模型、一种叙述。我们需要确保所有项目风险承担者在描述需求的那些名词的理解上务必达成共识。

（2）定义问题，而不是解决方案。需求定义"系统做什么而不是怎么做"，意思是需求的目的不是企图定义任何的解决方案。这是重要的特点，是不可违反的规则。需求与设计细节、实现细节、项目计划信息或测试信息没有关系，它关注的是系统的目的是什么，以及为了达到目的系统需要的所有功能。

（3）定义系统，而不是项目。需求定义了系统需要做什么：它们是一组目标。项目是在一段时间内动员一组人来完成这些目标。需求不涉及系统如何完成目标，这意味着不要涉及实现一个解决方案的项目的任何事情（包括里程碑、团队的大小、团队成员的名字、费用、预算和方法论）。而且编写的每个需求规格应该是长期有效的，适用于多个系统，这些系统可能在不同的时间以不同的方式开发。需求可能被存档，在一两年后拿出来，或者几年时间内用来开发一个替代系统。

（4）区分正式和非正式部分。需求规格像一个合同，它定义了系统的供应商或开发者必须交付的东西。但是大量的合同约束声明远远不能让读者正确地理解它，它需要背景部分、前后关系、流程以及结构。这些材料都不是合同约束（非正式的）。需求本身由需求规格的正式部分组成，是系统必须做什么的正式定义，其他的都是非正式的。

（5）避免重置。一个需求是系统必须满足的单一的、可测量的目标，应清晰地表述每个需求。如果可行，每一项的信息只表达一次。重复会产生额外的工作而且会加大不一致的可能性。

（6）保持每个需求定义的大小在合适的范围内是良好的做法。一个需求描述达到10段落明显太长了。需求模式可能确定了很多信息，但是通常这种类型的需求可能只描述一个或两个。有时候可能一个需求描述很多信息，结果是过度复杂。这种情况下，把需求按类别的不同分成两个或多个需求更有意义。保持最初的需求,但是分割成多个部分,提炼主要需求和附加需求。

1.3.3 优秀需求的特性

优秀需求应具备如下的特性:完整性、正确性、无歧义性、可行性、有优先级、必要性、可验证性。

1) 完整性

每一项需求都必须将所要实现的功能描述清楚,以使开发人员获得设计和实现这些功能所需的所有必要信息。完整性的需求指需求无遗漏,亦即需求变更中"新需求"所占的量不大,而且这些"新需求"都是因外部环境的变化而产生的。前面工资支付系统的需求描述是不完整的,其中没有涉及到安全性的需求:如身份验证、用户特权级别、访问约束、或者需要保护的精确数据等。包含安全性的需求样本可以这样描述:"只有拥有查账员访问特权的用户才可以查看雇员工资历史"。

要保证需求的完整性,必须从业务的角度来组织各种需求项。让用户验证主题域、业务事件、业务活动、业务步骤、困难与障碍点是否完整。需求是有层次的,企业/组织中的高层管理人员、中层管理人员、操作人员所了解和掌握的需求信息是不一样的。在验证需求完整性时需要采用分层评审的方式,不同层次的人负责评审与自己相关的需求。高层负责验证主题域的划分,看标识出来的主题域是否达到目标所涉及的范围,分析每个主题域的流程和实体。中层对其进行验证,操作层对细节进行描述和验证。

2) 正确性

每一项需求都必须准确地陈述其要开发的功能。做出正确判断的参考是需求的来源,如用户或高层的系统需求规格说明。若软件需求与对应的系统需求相抵触则是不正确的。只有用户代表才能确定用户需求的正确性,这就是一定要有用户积极参与的原因。没有用户参与的需求评审将导致此类说法:"那些毫无意义,这些才很可能是他们所要想的。"其实这完全是评审者凭空猜测。如设计人员在设计工资支付系统时认为工资发放模块应增加登记功能,从而避免工资的重复发放。但实际上,用户并不需要此功能,用户需要的是发票打印后,能够检查是否存在计算错误。

3) 无歧义性

对所有需求说明的读者都只能有一个明确统一的解释。无歧义性与正确性和一组相关的需求,指的是确保需求在信息传递的过程中不失真。歧义主要是不同背景的人在传递时加入不同理解而导致的,因此光靠文档来传递需求是不充分的,文档是无法代替沟通的。要保证需求不失真,加强需求的验证是关键手段。在做需求验证时应认识到"验证是质量关",关键是将问题尽可能多的暴露出来,尽早将之改进。避免歧义的有效方法包括对需求文档的正规审查,编写测试用例,开发原型以及设计特定的方案脚本。由于自然语言极易导致歧性,所以尽量把每项需求用简洁明了的用户性的语言表达出来。如客户要求系统具有"有效性"、"健壮"或"用户友好性",但这对于开发人员来说,太主观了并无实用价值。如"用户友好性"可以具体描述为"一个培训过的用户应该可以在平均3分钟或最多5分钟时间以内,完成从雇员信息表中查询某项具体信息的操作。"

4）可行性

每一项需求都必须是在已知系统和环境的权能和限制范围内可以实施的。为避免不可行的需求,最好在获取需求(收集需求)过程中始终有一位软件工程小组的组员与需求分析人员或考虑市场的人员在一起工作,由他负责检查技术可行性。例如用户提出的需求"10 年内的所有日期间,每天 24 小时,系统的有效性必须达到 100％"。这个需求从当前技术上来说就是不可能的。当然如果要求开发团队对所有的需求都进行早期的可行性评价是很难操作的。因此应该将这些验证放在重点的需求项上,以及一些实现技术较复杂的解决方案上。

5）有优先级

想要更好地对项目进行管理,就需要有效地区分出优先级别。对优先级可从业务、技术开发、项目管理三个角度进行划分。其中最重要的是业务角度,由用户代表和需求人员根据业务的价值与频度进行评价,优先级是相对的。此外,架构师和开发人员可从技术开发角度根据技术依赖性对优先级进行调整。技术开发优先级在业务优先级后进行,只提级不降级。架构师和项目经理可根据项目风险对优先级进行调整。项目管理优先级在技术开发优先级后进行,只提级不降级。在讨论优先级时,很容易只从充分性的角度来考虑,这样就会导致忽略了需求的必要性,亦即导致需求的蔓延和镀金需求的增多。当需求项被实现时,用户对该项的满意度,可体现需求的充分性。而当需求项没有被实现时,用户的不满意程度,可体现需求的必要性。

6）必要性

每一项需求都应把客户真正所需要的和最终系统所需遵从的标准记录下来,它是对优先级别的一种补充。"必要性"也可以理解为每项需求都是用来授权编写文档的"根源"。在一个小项目中,风险承担者们可能随意赞成需求的优先级。对于大的、有争议的项目则需要一种更结构化的方法,基于价值、费用和风险设定优先级。比如工资支付系统中可设定"按时间卡计算小时工雇员工资"的优先级高于"打印用户联系信息记录"。

7）可验证性

检查一下每项需求是否能通过设计测试用例或其他的验证方法,如用演示、检测等来确定产品是否确实按需求实现了。如果需求不可验证,则确定其实施是否正确就成为主观臆断,而非客观分析了。一份前后矛盾,不可行或有二义性的需求也是不可验证的。

1.4　需求定义的实践

在此,给出需求定义具体实践时应注意的事项和使用的技巧,其中一些实践技巧参考徐峰提出的方法[8]。

1.4.1　需求定义任务概述

需求定义应是项目立项时完成的工作,从而确定项目的宏观目标。只有需求定义给出清晰的项目目标和范围定义,才能引导需求工作顺利进行。要想建立清晰的项目目标,需要注意以下两个方面。

1）内部寻根

在企业/组织中项目发起人需要逐层上报项目。在上报和审批的过程中,项目目标会被不断修改,最终有可能变得混沌不清。因此,若想了解项目的本质,需要找到项目的发起人进行沟通。

2）外部溯源

若项目不是从内部发起,那么就需要找到外部的因素、对目标参照物进行分析与了解,从而很好地做好需求定义的工作。

可从实践的方面将需求定义工作概括为:问题与机会。需求定义、制作项目提案时,其具体过程通常分为以下四个步骤。

1）目标

通过内部寻根或外部溯源的方法,将项目要解决的问题或机会罗列出来,描述其是要解决已有问题,还是创造新的机会。

2）问题

找到导致问题产生的根源,列出所有的问题,例如"审批周期过长"、"成本过高"等。

3）可选方案

针对每个问题列出所有的可选方案,如"审批周期过长"可用"流程自动化"、"工作流引擎"等解决。

4）建议方案

需要从可选方案中选择比较合理、更有效解决问题的方案。

1.4.2 问题分析五步法

分析工作分为如下五个步骤。

1）在问题定义上达成共识

首先需要将问题用统一的格式写出来,表1.3和表1.4给出一个模板和一个示例。

表1.3 问题定义的统一模板

写作项目	说明
问题	描述存在的问题
影响	该问题影响了哪些人群
结果	该问题对这群人类产生了什么影响
优点	预期什么样的解决方案,应具备什么优点

表1.4 问题定义示例

写作项目	竞争的市场使一家金融组织意识到,他们没有有效地利用用户信息,对用户进行数据挖掘
问题	描述存在的问题
影响	信用卡部
结果	在信用卡营销方面针对性不强,导致利润下降
优点	有效地将用户分类,识别出利润率较高的一组用户

对问题进行正确的定义,意味着成功解决了一半问题。这说明问题的定义是困难的,需要问题定义的技巧。其中两个最主要的技巧是:转换和本源。转换需要将未知解的问题转换成已知解的问题。本源是揭开表象,找到解决问题的本质,从而避免提出某问题的解决方案时,引发新问题。同时解决问题时,应直接修改错误,而不是用其他方案来弥补错误。

2)分析问题背后的问题

在问题定义出来后,寻找问题背后的问题,也就是寻找问题的本源。有两种实用的工具:一是定性分析的鱼骨图,另一种是定量分析的帕累托图。

问题的特性总是受到一些因素的影响,通过头脑风暴法找出这些因素,并将它们与特性值一起,按相互关联性整理而成的层次分明、条理清楚,并标出重要因素的图形就叫特性要因图。因其形状如鱼骨,所以又称鱼骨图,它是一种透过现象看本质的分析方法。

帕累托图又称排列图、主次图,是按照发生频率大小顺序绘制的直方图,表示有多少结果是由已确认类型或范畴的原因所造成的。它是将出现的质量问题和质量改进项目按照重要程度依次排列而采用的一种图表,可以用来分析质量问题,确定产生质量问题的主要因素。按等级排序的目的是指导如何采取纠正措施:应首先采取措施纠正造成最多数量缺陷的问题。从概念上说,帕累托图与帕累托法则一脉相承,该法则认为相对来说数量较少的原因往往造成绝大多数的问题或缺陷。

3)确定相关人员和用户

当明确问题并找到重要原因后,就需要明确和项目相关的人员。需要进行用户和风险承担人分析。

4)定义解决方案的界限

解决方案的能力总是有约束的,系统的范围总是有限的。在需求定义阶段,需要对系统的范围进行界定。如采用上下文关系图确定系统范围,通过谈判确定系统范围和边界,更新边界。

5)确定加在解决方案上的约束

问题的解决方案必然要受到相关的约束,如技术开发约束和项目实施的约束。

1.4.3 需求定义的要素

问题定义的要素包括:目标、范围、相关人员与用户、相关事实与假定。

目标对项目的重要不言而喻。一个好的目标应满足 SMART 原则。其中 S 代表具体(Specific),即工作目标要具体,不能笼统;M 代表可度量(Measurable),指目标是数量化或者行为化的,验证这些目标的数据或者信息是可以获得的;A 代表可实现(Attainable),指目标在付出努力的情况下可以实现,避免设立过高或过低的目标;R 代表现实性(Realistic),指目标是实实在在的,可以证明和观察;绩效指标是与本职工作相关联的。T 代表有时限(Time bound),注重完成任务的特定期限。

具体的过程中应注意从目标、业务优势、度量指标、合理性、可行性和可达成性方面进行编写。

1.4.4 需求定义的范围

可以说需求分析人员进行需求定义工作时,核心的工作就是确定范围。对用户而言,需要收集和分析的信息包括:与主题相关的经验、技术上的经验、智力能力、对工作的态度、对技术的态度、受教育程序、语言技能、年龄、性别等信息。换句话说就是,对其能力进行建模。

通常需求定义的范围通过程序分解结构给出。最初的软件组织不使用任何特定的技术,每个人都以自己的方式工作。为了改进软件工业,软件界引入了结构化软件开发技术,对系统进行软件功能分解。分析问题的前提是对待求解问题及其问题域进行界定和划分。功能分解的目的在于提供一个有序的机制,通过抽象来理解待开发系统,产生一个结构良好的软件系统。结构化的功能分解推动软件设计从"追求技巧与效率"到"清晰第一,效率第二"的转变,提高的设计的易读性和可靠性,形成了结构化的软件开发范型。

以下通过功能分解为 Ac 公司的工资支付系统定义范围。经过获取和分析可以看到 Ac 公司新工资支付系统的具体要达到以下目标:

(1)报告功能:员工可查询累计工作小时数、在某个项目上工作的小时数、当年已领取的工资、剩余假期天数等。

(2)员工可选择工资支付方式:支票邮寄到家中、打入指定账户、到财务部门自取支票。

(3)允许员工输入信息:员工输入时间卡信息和销售订单信息。因为安全的原因,员工只能使用和编辑他们自己的时间卡和销售订单信息。

(4)工资发放方式:系统每周五和每个月的最后一天自动发放工资,可自动打款到账户,或者自动打印支票。

(5)管理员可管理员工信息:管理员可增加、删除、更改员工的基本信息,查看管理报告。

(6)性能要求:系统将记录公司的近 5000 员工的信息,系统必须按照员工选择的支付方式,按时支付员工的工资。

显然,这些目标有些比较详细,有些比较抽象,有些实现的工作量较小,有些实现的工作量较大。显然,对于此系统,把所有的业务实体和业务过程都放在一个软件系统中是不切实际的,这一结果必然是过于复杂的。应采用"分而治之"的策略对此系统进行软件功能分解。如果需要,再自顶向下和逐步求精,将系统分解为自治的子系统,最后分解为更小的子系统。

功能分解方法是重要、有效的软件测量规划方法,它可以在项目早期就对软件项目进行测量,并在开发过程中不断地更新数据,从而实现一种持续一致的管理。这要求从较高的层次来考察任务,再进入子系统的设计开发出若干个软件,并且确保这些软件可有效地通信。每个子系统一般都需要进一步分解为可管理的块,然后才能进行详细设计。

功能分解是把待实现的系统分解成一系列逐步细化的概念化的过程。对于软件问题的分析和设计,从 20 世纪 70 年代开始,人们就一直采用层次式功能分解的方法,也把它当成分析复杂软件系统的重要工具。层次式功能分解又称为自顶向下和逐步求精,包括以下三个步骤:

（1）确定系统所需的各项功能。

（2）若某些（个）功能对应于一个足够小的具体实现单元，则由该单元直接实现这些（个）功能。

（3）否则，把功能分解为一系列子功能，并重复步骤（2）和（3），直到所有子功能可分别对应一个足够小的具体实现单元。

为了理解模块化是怎样从不断细化的概念化中产生的，我们探讨一下这些概念化意味着什么。这种概念化可以表示为结构图来进行交流。结构图用方框表示创建的过程，用箭头指向子过程。由于每个分解项可以用一个模块表示并实现，系统的迭代分解产生了详尽的模块化结构。

图 1.1 中展示了工资支付系统的功能分解结构图。该图通过尽可能抽象的方式来描述要实现的系统。该系统可以自顶向下和逐步求精地分解成更为详细的模块。

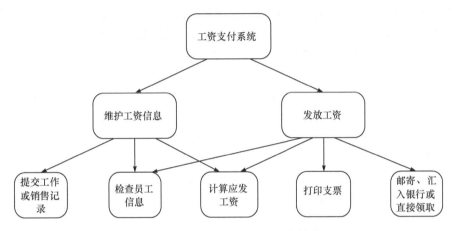

图 1.1　工资支付系统的功能分解结构图

在工资支付系统中，首先将主要功能分解为"更新工资信息"和"发放工资"，从而对"工资支付系统"描述得更加详细。第一层抽象中的每一要素仍较抽象，可进一步分解产生第二层抽象。例如，更新工资信息过程可以进一步分解成以下模块：检查员工信息、提交工作记录、计算应发工资。发放工资过程可以分解成以下模块：检查员工信息、计算应发工资、打印支票以及邮寄、打入指定账户、或到财务部门自取支票。

把第二层抽象中每一个元素分解的结果组合起来就形成了第三层抽象。在该图中，公共模块被较高抽象层中的模块所共享。应当注意的是，这并不是一个完全的功能分解，因为某些过程仍然十分抽象。例如，第二层抽象中的两个模块共享了检查员工信息的过程。在每种情况下检查哪些员工信息（工资类型、领取方式、地址信息等）的细节没有定义，但在以后单个过程的进一步分解中必须定义。

这个例子展示了所有软件开发范型中最重要的概念之一：抽象。当一个软件开发小组开始工作时，首要最紧急的任务是研究待开发系统。对系统的最初理解是不精确的、含糊的，仅能非常抽象地概念化。例如，软件开发小组的知识可能仅限于知道这个系统将被企业用来发放工资。于是，小组使用一个记号来代表工资支付系统。当小组仔细研究问题时，另外的细节将会出现，这些组合成一体的细节形成对后来系统概念化的表示。

功能分解通过抽象来理解待开发系统，产生一个结构良好的软件系统。在实际系统的实现中,可以把处于不同抽象层次的模块转换成函数、程序或子程序。这样,系统的概念化和表示与实际的源代码结构就是一致的。这种从系统概念化抽象开始,逐步推进到更详细层次抽象的技术是逐步求精,增添必需信息后,形成了结构化分析和设计技术,即面向过程式的开发。面向过程的开发,把需求理解成一条一条的业务流程,通过分析这些流程,把这些流程交织组合在一起,然后再分成一个又一个的功能模块,最终通过一个又一个的函数,实现需求。对于小型的软件,这或许是最直接最简捷的做法。

虽然功能分解表面上看十分合理,也符合人们一般的思维习惯,但也存在不足。原因在于把高层功能分解成子功能的方式可能有多种,但没有任何方法可以提前告知这些分解方式中哪一个好或哪一个差,直到进入实现阶段时才可评价所采用的分解方式是否恰当,此时分解活动早已结束。由于每个模块的主要作用是完成最终系统中的一项功能或一个活动,所以功能分解用于面向过程的范型功能分析法,对需求的适应性有一定的局限。对各种系统成分的易变性和稳定性作比较其结论是:当需求发生变化时,系统中最容易变化的部分是功能部分。而从早期功能分解任务中发展来的结构图往往不能提供足够的信息来确保一个结构良好的、精确的解决方案。

1.5　需求的层次和分类

Ac公司的工资支付系统中实际客户中有可以登录维护个人信息的员工,他们可以更改工资支付方式;也有可管理员工信息的管理员,他们可以查看管理报告;还有代表支付、采购或投资软件产品的客户李云。这些客户的具体需求各有不同,需求所处的层次也各不相同。同时客户和开发人员所定义的"需求"也不相同。客户所定义的"需求"对开发者似乎是一个较高层次的产品概念,而开发人员所说的"需求"对用户来说又像是详细设计了。

此外,因为客户并非计算机专家,除了可用性之外,他们很少会考虑系统的应用环境,包括硬件环境、网络环境、用户情况、预期使用人数、并发使用情况、开发环境、发布产品及移植到支撑环境等等的需求。即使提出,也是很模糊的要求,比如速度要快,报表要在一分钟之内统计完成等模糊的语言。其实在市场上同类产品很多并且功能基本类似,很多系统的成功在于它的易用性(基本没人仔细学习过它的使用说明书)、性能(所需空间小、持续正常工作时间长)、外观(很好看,能抓住用户的心理)。这些属于非功能性需求。

如上所述,我们可以看到需求中不止有一个适合的细节层次,可以在不同的细节层次定义需求。不同层次的需求从不同角度与不同程度反映着细节问题,多角度描述需求对用户和开发人员都极为重要。引起需求问题的一部分原因是对不同层次需求的混淆所致。如果一个项目缺乏明确的规划和良好的信息交流途径,那将是十分糟糕的。如果项目的参与者持有不同的目标和优先权,那么他们只能各抒己见,无法达成一致的目标。

1.5.1　软件需求的层次

软件需求包括三个不同的层次——业务需求(Business Requirement)、用户需求(User Requirement)和功能需求(Functional Requirement)。

1）业务需求

业务需求代表了需求链中最高层的抽象，它为软件系统定义了项目视图和范围，反映了企业/组织对软件系统的高层次目标要求。它是彻底从业务角度描述的，是指导软件开发的高层需求。这个目标通常体现在两个方面：

（1）问题：解决企业/组织运行过程中遇到的问题，例如物资供应脱节、用户投诉量大、客户流失率较高等。

（2）机会：抓住外部环境变化所带来的机会，以便为企业带来新的发展，例如电子政务、网上银行、基于即时通信的工作协同系统等。

业务需求反映了组织机构或客户对系统、产品高层次的目标要求，它们在项目视图与范围文档中予以说明。业务需求是从各个不同的人那里收集来的，这些人对于为什么要从事该项目和该项目最终能为业务和客户提供哪些价值有较清楚的了解。它们包括主办者、客户、支付或采购软件产品者、开发公司的高级管理人员及项目的幻想者，例如产品的代表和市场部门人员。李云代表支付、采购或投资软件产品的这类客户，处于李云层次上的客户有义务说明业务需求。他们应阐明产品的高层次概念和产品的主要业务内容。讨论到业务需求应说明客户、公司和想从该系统获利的风险承担者或从系统中取得结果的用户所要求的目标。管理人员或市场分析人员也能确定软件的业务需求，这使公司运作更加高效（对信息系统而言）或具有很强的市场竞争力（对商业软件产品而言）。业务需求为后继工作建立了一个指导性的框架。其他任何说明都应遵从业务需求的规定，然而业务需求并不能为开发人员提供许多开发所需的细节说明。

2）用户需求

用户需求是指描述的是用户使用软件需要完成什么任务、怎么完成的需求。其通常是在业务需求定义的基础上进行用户访谈、调查，对用户使用的场景进行整理，从而建立用户角度的需求。换而言之，用户需求是需求捕获的产物，它具有以下几个方面的特点。

（1）零散：用户提出不同角度、不同层面、不同粒度的需求，而且通常是以一句话的形式提出的。例如：对快到期的客户，系统将通过短信将续保信息发给该客户的代理人。

（2）存在矛盾：由于用户处于企业的/组织的不同层面，因此难免出现盲人摸象的现象，从而导致需求的片面性，甚至在不同用户之间会持有不同的观点。

正因为如此，需要对用户需求（也称原始需求）进行分析、整理，从而整理出更加精确的需求说明。

3）功能需求

功能需求需要对用户需求进行分析、提炼、整理，因为用户需求具有零散、存在矛盾的特点。功能需求是需求分析与建模的产物，这能生成指导开发的、更精确的软件需求。

功能需求必须根据用户需求来考虑，且要与业务需求所设定的目标相一致。对不利于实现项目业务目标的需求应该排除在外。一个项目可能包括一些与软件没有直接关系的需求，例如：硬件的购买、产品的安装、维护或广告。但在此，我们只关心与软件产品有关系的业务需求。

以字处理程序为例，业务需求可能是："用户能有效地纠正文档中的拼写错误"，该产品的包装盒封面上可能会标明这是个满足业务需求的拼写检查器。而对应的用户需求可能是"找出文档中的拼写错误并通过一个提供的替换项列表来供选择替换拼错的词"。同时，该拼写检查器还有许多软件需求，如找到并高亮度提示错词的操作；显示提供替换词的对话框；以及实现整个文档范围的替换。

图 1.2 给出了软件需求各组成部分之间的关系。

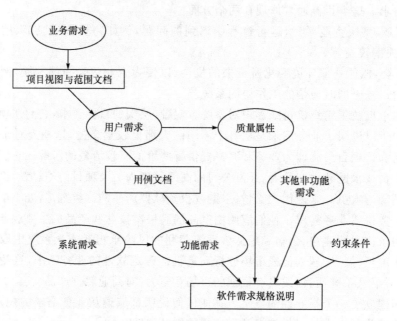

图 1.2　软件需求各组成部分之间的关系

项目的业务需求在视图上和范围上形成文档，这些必须在创建项目之前起草。应通过业务需求确定项目视图，项目视图可以把项目参与者定位到一个共同和明确的方向上。项目视图描述了产品所涉及的各个方面和在一个完美环境中最终所具有的功能。相反的，范围描述了产品应包括的部分和不应包括的部分。范围的说明在包括与不包括之间划清了界线，当然，它还确定了项目的局限性。开发商业软件的公司经常编写市场需求文档，其实这种文档也是为了类似的目的，但这种文档较为详细地涉及关于目标市场部分的内容，这是为适应商业的需要。视图和范围的文档为项目的主办者或具有同等地位的人所拥有。

用户需求文档描述了用户使用产品必须要完成的任务，这在使用实例文档或方案脚本说明中予以说明。如工资支付系统中小时员工执行登记时间卡操作时，要求系统创建一条时间卡记录员工信息、日期、工作小时，若操作时产生选择的雇员不是钟点雇员的异常情况，系统将打印一条适当的错误消息，并且不允许进行下一步的处理。该用户要求指出一些操作只能作用于某些类型的雇员，这加强了不同类型的雇员应该用不同的类表示的观点。在此需求中，也暗含一个时间卡和钟点雇员之间的关联。所有的用户需求必须与业务需求一致。李云说明了一些业务需求，但他并不能描述用户需求，因为他并不是"工资支付系统中"的实际使用者，用户需求必须从使用产品的用户处收集。因此这些用户（通常称作最终用户），构成了另一种软件客户。他们能说清楚要使用该产品完成什么任务和一些非功能性的特性，这些特性对用户很好地接收产品是重要的。通常意义下，用户是指直接或间接从产品中获得利益的个人或组织。软件用户包括提出要求、支付款项、选择、具体说明或使用软件产品的项目风险承担者或是获得产品所产生的结果的人。

如果项目的风险承担者在产品所能满足的业务需要和产品所能提供的利益问题上不能达成一致的意见，那么需求绝不会稳定。一个清晰的项目视图和范围过于分散在多个地方开发，在这样的项目中，地理位置上的分离使项目开发组成员必须天天进行相互沟通才能保证他们之间能进行更有效的合作。业务需求中某些特性最初被列入规格说明，而后又被删除，最后又加入，则说明此业务需求未完全定义好。在确定详细的功能需求之前，必须很好地解决项目的视图和范围问题。对范围和局限性的明确说明将在很大程度上有助于对所建议特性的探讨和最终产品的发行。一个明确定义了项目视图和范围的文档也可以为所建议的需求变更的决策提供参考。

说明业务需求的客户有时将试图替代用户说话，但通常他们根本无法准确说明用户需求。因为对信息系统、合同或是客户应用程序的开发，业务需求应来自风险承担者，而用户需求则应来自产品的使用和操作者。不幸的是，这两种客户可能都觉得他们没有时间与需求分析者(收集、分析与编写需求说明)讨论。有时客户还希望分析人员或开发人员无须讨论和编写文档就能说出用户的需求。除非遇到的需求极为简单，否则不能这样做。如果你的组织希望软件成功，那必须要花上数天时间来消除需求中模糊不清的地方和一些使程序人员感到困惑的方面。商业软件开发的情况有些不同，因为通常其客户就是用户。但即使是商业软件，也应该让实际用户参与到收集需求的过程中来。如果你不这样做，那产品很可能会因缺乏足够用户提供的信息而出现不少隐患。

1.5.2 软件需求的分类

软件需求可以分为功能需求、非功能需求(Non-Functional Requirement)和设计约束三种类型。

1) 功能需求

功能需求定义了开发人员必须实现的软件功能，使得用户能完成他们的任务，从而满足业务需求。用户需求使需求分析者能从中总结出功能需求以满足用户对产品的要求从而完成其任务，而开发人员则根据功能需求来设计软件以实现必需的功能。只有实际用户才能描述他们要用此系统必须完成的任务。但他们又不能指出完成这些任务所有具体的功能需求。所谓特性是指逻辑上相关的功能需求的集合，给用户提供处理能力并满足业务需求。功能需求应充分描述软件系统所应具有的外部行为，它在开发、测试、质量保证、项目管理以及相关项目功能中都将起到重要的作用。对一个复杂产品来说，软件功能需求也许只是系统需求的一个子集，因为另外一些可能属于软件部件。

2) 非功能需求

作为功能需求补充的非功能需求，它描述了系统展现给用户的行为和执行的操作等。它包括外部界面的具体细节、性能要求及质量属性。就像 Charette[9] 指出的那样："真正的现实系统中，在决定系统的成功或失败的因素中，满足非功能需求往往比满足功能需求更为重要。"优秀的软件产品反映了这些竞争性质量特性的优化平衡。如果在需求的获取阶段不去探索客户对质量的期望，则产品偶尔能满足客户的要求，但更多的可能是客户的失望和开发者的沮丧。非功能需求是产品必须具备的品质，它们可以让产品有吸引力、易于使用、快速、可靠或者安全。比如可以利用非功能性需求来指定响应时间、计算的精确度、产品必须具有的某种特定外观、能被无法阅读的人士使用、遵守使用这类业务的法律等。这些属性的存在并不是因为它们是产品的基本活动，而是因为客户希望这些功能性活动以某种方式执行，并达到特定的品质。

非功能需求通常并不改变产品的功能。一般来说，不管增加多少的质量属性，功能性需求都会保持不变。也有更复杂的情况存在，有时候非功能需求的实现会为产品增加功能（举例：功能的存在是为了让产品具有期望的特征）。功能性需求是让产品工作的需求，非功能需求是为工作赋予特征的需求。所以说，功能性需求和非功能性需求是相辅相成密不可分的。非功能性需求经常被忽略，因为它们不易被发现，发现后不易表达、实现以及测试。

3）设计约束

所谓设计约束是指对开发人员在软件产品设计和构造上的限制，产品必须遵从的标准、规范和合约。设计约束包括：非技术因素的技术选型、预期的软硬件环境和预期的使用环境三大类型。对于软件开发而言，有些技术选型并不是由技术团队决定的，而会受到企业/组织实际情况的影响。如：必须采用国有自主知识产权的数据库系统，系统开发必须采用J2EE技术等。技术开发团队在决定架构、选择技术时会受到企业/组织实际的软硬件环境的影响，如果忽略了这个方面的因素会给项目带来一些不必要的麻烦。因此在需求人员整理需求时，应该将这些预期的软硬件环境描述出来，而最有效的方法就是部署图。除了软硬件这种支撑环境外，用户的使用环境也对软件的开发产生很大的影响，因此也应搜集此类信息，并将之写在需求规格说明书中的补充规约中。一个很小的细节能对产品的性能产生巨大的影响，如果能够在设计时做更充分的考虑，可大幅度减少返工的次数。当用户需要特殊的工作场景时，这些信息可能出现在需求规格说明书的"补充规约"中，也可能标注为罗列不同用户特点的使用环境。

用户总是强调他们的功能、行为或需求——软件让他们做的事情。除此之外，用户对产品如何良好地运转抱有许多期望。这些特性包括：产品的易用程度如何、执行速度如何、可靠性如何、当发生异常情况时系统如何处理。这些被称为软件质量属性（或质量因素）的特性是系统非功能（也叫非行为）部分的需求。质量属性是通过多种角度对产品的特点进行描述，从而反映产品功能。质量属性是很难定义的，并且他们经常造成开发者设计的产品和客户期望的产品之间的差异。

虽然，在需求获取阶段客户所提出的信息中包含了一些关于重要质量特性的线索，但客户通常不能主动提出他们的非功能期望。用户说软件必须"健壮"，"可靠"或"高效"时，这是很技巧地指出他们所想要的东西。从多方面考虑，质量必须由客户和那些构造测试和维护软件的人员来定义。探索用户隐含期望的问题可以导致对质量目标的描述，并且制定可以帮助开发者创建完美产品的标准。

虽然有许多产品特性可以称为质量属性，但是在许多系统中需要认真考虑的仅是其中的一小部分。如果开发者知道哪些特性对项目的成功至关重要，那么他们就能选择相应方法来达到特定的质量目标。根据不同的设计可以把质量属性分类。一种属性分类的方法是把在运行时可识别的特性与那些不可识别的特性区分开。另一种方法是把对用户很重要的可见特性与对开发者和维护者很重要的不可见特性区分开。那些对开发者具有重要意义的属性使产品易于更改、验证，并易于移植到新的平台上，从而可以间接地满足客户的需要。

在表1.5中,分两类来描述每个项目都要考虑的质量属性以及其他许多属性。一些属性对于嵌入式系统是很重要的(高效性和可靠性),而其他的属性则用于主机应用程序(有效性和可维护性)或桌面系统(互操作性和可用性)。在一个理想的范围中,每一个系统总是最大限度地展示所有这些属性的可能价值。系统将随时可用,绝不会崩溃,可立即提供结果,并且易于使用。因为理想环境是不可得到的,因此,必须知道表1.5中哪些属性的子集对项目的成功至关重要。应根据这些基本属性来定义用户和开发者的目标,从而使产品的设计者可以作出合适的选择。

表1.5 软件质量属性

对用户最重要的属性	对开发者最重要的属性
有效性	可维护性
高效性	可移植性
灵活性	可重用性
完整性	可测试性
互操作性	
可靠性	
健壮性	
可用性	

产品的不同部分与所期望的质量特性有着不同的组合。高效性可能对某些部分是很重要的,而可用性对其他部分则很重要。应用于整个产品的质量特性与特定某些部分、某些用户类或特殊使用环境的质量属性要区分开。需求过程中最为困难的概念性工作便是编写出详细技术需求,这包括所有面向用户、面向机器和其他软件系统的接口。同时这也是一旦做错,将最终会给系统带来极大损害的部分,并且以后再对它进行修改也极为困难。应在需求阶段尽量避免常见的需求定义错误,如需求并没有反映用户的真实需要、模糊和歧义的需求、明显的信息遗漏、不必要的需求、不切实际的期望等,从而得到优秀的需求。

1.6　需求在总体方案中的位置

每个软件产品都是为了使其用户能以某种方式改善他们的生活。于是,花在了解客户需求上的时间便是使项目成功的一种高层次的投资。这对于商业最终用户应用程序、企业信息系统和软件作为一个大系统的一部分的产品是显而易见的。但是对于开发人员来说,如何编写出客户认可的需求文档、如何知道项目于何时结束呢?并且如果不知道什么对客户来说是重要的,又如何能使客户感到满意和让项目成功呢?

1.6.1　软件的生命周期

Ac公司的总经理李云问信息技术主管王奇:"工资支付系统的需求已提交,什么时候能够得到新系统?"王奇说:"大概要半年到一年左右"。李云不能理解:"需求已经给出,怎么会需要这么长的时间?"王奇解释道:"正如同任何事物的孕育、诞生、成长、成熟、衰亡的生存过程一样,软件从需求到产品的开发和运行也需要一个周期。"

我们称软件的系统开发、运行、维护所实施的全部过程为软件生命周期。无论采用什么方法学,每个开发过程都共有软件生命周期中的许多阶段,从需求分析开始,一直到最后的维护。在传统的方法中,需要从一个阶段到下一个阶段依次进行;而在现代方法中,可以多次进行每个阶段,且顺序是任意的。

下面描述了软件开发中的共有阶段,其中一些阶段可能有不同的名称,但其基本含义是相同的。在此只对阶段的意图进行描述,不描述各阶段的细节。注意,一些方法学把需求和分析合并在一起,而一些方法学则把分析和设计合并在一起。

1)问题定义和可行性研究

问题定义关键是:要解决的问题是什么。系统分析员应该提出关于问题性质、工程目标和工程规模的书面报告,且需要得到用户对该报告的认可。可行性分析的关键问题是:上一个阶段所确定的问题是否有行得通的解决办法。可行性分析在进一步概括用户的需求后,提出若干种可能的解决方案,对每种方案都从技术、经济、社会因素等方面进行可行性分析。

2)制订开发计划

制订开发计划是制定完成开发任务的实施计划,连同可行性研究报告,提交管理部门审查。

3)需求捕获

需求捕获是使用新软件找出系统要达到的目标。它包含两个方面:业务建模和需求活动。业务建模就是理解软件的操作上下文,如果不理解该上下文,就不可能生产出改进该上下文的产品。如在电器商店系统业务建模的过程中,要问的问题是"客户如何从这家商店购买电视?"需求活动同时涉及顾客和开发团队,因为只有顾客才最了解问题域以及系统需要完成的事情,而开发团队最了解如何使用程序设计和软件资源来设计一个符合顾客需求的系统。

需求活动包括问题分析和需求分析。问题分析获取需求定义,需求分析通过对应问题及其环境的理解与分析,为问题涉及的信息、功能及系统行为建立模型,将用户需求精确化、完全化,最终形成需求规格说明。需求分析是介于系统分析和软件设计阶段之间的桥梁。一方面,需求分析以系统规格说明和项目规划作为分析活动的基本出发点,并从软件角度对它们进行检查与调整;另一方面,需求规格说明又是软件设计、实现、测试直至维护的主要基础。良好的分析活动有助于避免或尽早剔除早期错误,从而提高软件生产率,降低开发成本,改进软件质量。系统需求建模或功能规范表示,确定新软件有什么功能,并记下这些功能。应该清楚软件能做什么,不能做什么,这样开发才不会转向不相关的领域。还应知道系统何时完成,是否成功。在系统需求建模阶段,电器商店系统要问的问题是"电视被买走后,我们要如何更新商品列表系统?"

4)分析

分析表示理解要处理的商务。在设计解决方案之前,需要了解相关的实体、它们的属性和相互关系。还需要验证理解是否正确。这涉及客户和最终用户,因为他们可能是相关问题的专家。在电器商店系统分析阶段,要问的问题是"这个商店要卖什么商品? 它们来自何处？价钱如何？"

5）设计

在设计阶段，要确定如何解决问题。换言之，就是对要编写什么软件，如何部署它的经验、估计和直觉，做出决定。系统设计把系统分解为逻辑子系统（过程）和物理子系统（计算机和网络），决定机器如何通信、为工作选择正确的技术等。在设计阶段，要做的决定是"我们要使用内联网和消息传输服务，把销售结果报告给主任办公室"。在子系统设计中，应决定如何把每个逻辑子系统分解为有效、可行的代码。在子系统设计阶段，要做的决定是"商品清单中的每行条目都实现为一个散列表，用商品号做关键字"。

设计阶段是利用需求阶段的成果，生成细节化的设计，以方便使用相关的程序设计语言来实现。需求是调查问题，而设计就是找出解决方案。把分析模型转换为设计模型并没有硬性规则。设计过程由开发完整系统的需求、小组的经验、重用机会和个人喜好驱动。一旦设计人员研究了需求，分析了制品，就可以开始设计了。

6）规范

规范是一个常常被忽略的，或至少被常常忽视的阶段。不同的开发人员以不同的方式使用"规范"这个术语。例如，需求阶段的结果是系统必须做什么的规范；分析的结果是要处理什么事务的规范等。在规范阶段做出陈述是"如果商店助手已登录，它就可以向商店对象请求当天的特定商品，然后收到一个按字母排序的商品列表。"

7）实现

编写代码，并把它们组合在一起，形成子系统，子系统再与其他子系统协同工作，形成整个系统。在实现阶段，要完成的任务是"为库存类编写方法体，使它们遵循其规范"。

8）测试

在完成软件后，就必须根据系统需求对其进行测试，看看它是否符合最初的目标。在测试阶段，要问的问题是"商店助手能使用接口销售吐司面包，并从商品列表中减去相应的数目吗？"除了这类一致性测试之外，最好看看软件是否能通过其外部接口来分解——这有助于在系统部署后，防止事故发生或对系统的恶意使用。

9）部署

在部署阶段，要将硬件和软件交付给最终用户，并提供手册和培训材料。这可能是一个复杂的过程，涉及从旧的到新的工作方式，有计划的渐进转变。在部署阶段，要完成的任务是"在每台服务器上运行程序，并按照提示进行下去。"

10）维护

在维护阶段，可能发现的问题有"当登录窗口打开时，它仍包含上次输入的密码"。此阶段会找出软件中的错误，并更正它们，发布软件的修订版本，使最终用户满意。除了错误之外，用户还可能发现软件的不足（系统应做但没有做的事情），提出额外的要求（以改进系统）。从商务的角度来看，应积极更正错误，改进软件，以保持竞争优势。

1.6.2　需求与其他软件项目过程的关系

需求阶段在系统开发的整个生命周期中处于最基础、最重要的位置。只有在需求分析工作做得比较扎实到位，文档经过开发方与用户方的充分参与、查验、修改、完善，才能为设计实施迈出坚实的一步。需求活动用于软件项目的初始阶段，它的结果接着用于开发的下一个阶段即设计阶段。随着更强调迭代的方法学的出现,需求活动的使用被扩展到每一个开发迭代过程中,而且需求分析和设计的界限也变得模糊。IBM 公司的统计结果如图 1.3 所示,由图中可以看出:在需求阶段检查与修复一个错误所需的费用只有编码阶段的 1/10,而在维护阶段做同样的工作所付出的代价却是编码阶段的 20 倍。

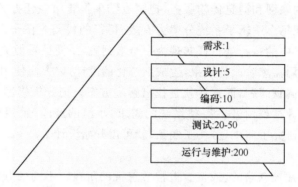

需求:1

设计:5

编码:10

测试:20-50

运行与维护:200

图 1.3　需求错误的代价

需求阶段是把真实世界建模为对象、并找出系统要处理什么的过程,而不是确定如何处理的过程。此阶段需要把一组复杂的需求分解为基本元素和关系,之后的解决方案建立在这些元素和关系的基础之上。此阶段的结果是生成系统的需求说明规范,根据项目的大小不同,需求说明规范的详细程序各异。但是即使是最小的项目,也应该有某种成文的需求说明规范供开发团队使用。需求过程中最为困难的概念性工作是编写详细技术需求,这包括所有面向用户、面向机器和其他软件系统的接口。同时这也是一旦做错,将最终给系统带来极大损害的部分,并且以后再对它进行修改也极为困难。

不经过需求和设计就试图写程序就好比不分析住宅的需求,也不进行设计和产生一套设计蓝图,就建造住宅一样。建造完成时可能会发现,虽说屋顶是比头顶要高,但是各个房间杂乱无章地排列着,有些应有的房间可能根本就没有,而且整个建筑可能在第一次暴风雨来临时就倒塌。一个没有经过需求和设计而写成的程序,不论使用哪种程序设计语言编写,可能看上去是能工作的,但是当第一次试图修改时,程序中就极有可能充满了毛病和断点。

图 1.4 为需求和其他软件项目过程的关系图。

需求是软件项目成功的核心所在,它为其他许多技术、管理活动奠定了基础。变更需求开发和管理方法将对其他项目过程产生影响,反之亦然。下面简要介绍各过程间的接口。

(1) 制订项目计划需求是制订项目计划的基础,开发资源和进度安排的预估都要建立在对最终产品的真正理解之上。通常,项目计划所指出的所有希望特性不可能在允许的资源和时间内完成,因此,需要缩小项目范围或采用版本计划对功能特性进行选择。

(2) 项目跟踪和控制监控每项需求的状态,以便项目管理者能发现设计和验证是否达到预期的要求。如果没有达到,管理者通常请求变更控制过程来进行范围的缩减。

(3) 变更控制在需求编写成文档并制订基线以后,所有接下来的变更都应通过确定

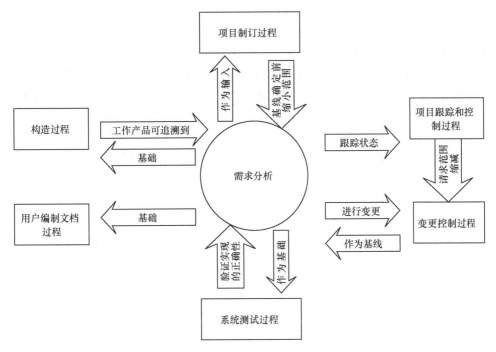

图 1.4　需求与其他软件项目过程的关系

的变更控制过程来进行。变更控制过程能确保：

① 变更的影响是可以接受的；

② 受到变更影响的所有人都接到通知并明白这一点；

③ 由合适的人选来作出接受变更的正式决定；

④ 资源按需进行调整；

⑤ 保持需求文档是最新版本并是准确的更新文档。

（4）系统测试用户需求和功能需求是系统测试的重要参考。如果未清楚说明产品在多种多样条件下的期望行为，系统测试者将很难确定正确的测试内容。反过来说，系统测试是一种方法，可以验证计划中所列的功能是否按预期要求实现了。同时，该测试也验证了用户任务是否能正确执行。

（5）用户编制文档。我们曾在一个办公室里工作，办公室里有为商业产品准备用户文档的技术写作人员。我咨询其中一位写作人员为什么他们要工作那么长时间。"我们是食物链的终结者"她回答到，"我们要编写出用户显示界面及性能的最终变更版本"。产品的需求是编写文档的重要参考，低质量和拖延的需求会给编写用户文档带来极大的困难。

（6）构成软件项目的主要产品是交付可执行软件，而不是需求说明文档。但需求文档是所有设计、实现工作的基础。要根据功能要求来确定设计模块，而模块又要作为编写代码的依据。采用设计评审的方法来确保设计正确地反映了所有的需求。而代码的单元测试能确定是否满足了设计规格说明和是否满足了相关的需求。应跟踪每项需求与相应的设计和软件代码。

当软件开发队伍改变他们的需求过程时，与其他项目风险承担者的沟通接口也会发生变化。为能顺利进行这些接口操作,要与其他领域的合作者多交流,让他们知道相关的改进想法和调整计划,要向他们说明改进后的新过程会带来什么好处。如在改进过程中需要获得合作时,可以从这样的谈话开始:"这些是我们曾经经历过的问题,而我们认为进行这些变更将会有助于问题的解决。这就是为什么我们要这样做的原因,我们需要得到你们的帮助。而我们的这些工作也会给你们帮助的。"反对变更是由于害怕变更带来的影响,因此要指明进行过程变更所可能带来的影响,从而减少大家的恐惧感。软件开发人员需要获得各个功能领域的人的信息和帮助,从而成功地开发整个产品。在开发过程中要遵从开发组与其他功能领域之间重要交流接口的规范和内容,如系统需求规格说明文档或市场需求文档。通常重要项目的文档从写作者角度来看是严格规范的,但往往不能给客户提供他们所真正需要的全部信息。

越到软件项目的后期,需求错误对后续工作的影响越大。加上需求工作是用户需求到技术解决方案的转换,所以如何提高需求的开发和管理、产生优秀的需求是非常重要的。

习　题

1. 试针对软件危机中的典型例子,如:美国 IBM 公司于 1963～1966 年开发的 IBM 360 系列机的操作系统,分析阐述需求与软件问题的关系。

2. 足球联赛管理系统利用先进的信息技术和现代化的信息管理手段,整合客户所有资源,实现对信息流的集成化管理,达到对信息的高效处理。若将为足球联赛提供集成化管理软件方案,提供一个足球联赛通用的管理工具,并将预留扩展到其他体育比赛管理的接口。试针对此项目讨论需求对软件开发的影响。

3. 物业管理系统包括:物业基础资料、业主变动处理、物业费用管理三大模块。物业基础资料包括:物业基本信息、维修项目定义、费用定义、小区管理、业主基本信息等,是物业管理的基本依据。业务变动处理实现了业主的入住与迁出过程,费用处理模块是物业管理的核心,它包括费用处理中心、报修处理中心等模块。试针对此项目讨论需求对软件开发的影响。

4. 图书馆管理系统中的资源包括:图书馆中各类图书、论文、杂志、多媒体资料、电子资料等。该系统涉及不同和使用者,如:借阅者(借阅图书馆资源的人员)、服务人员(提供对资源进行借出、归还操作的人员)、管理人员(对系统有管理权限的人员)。试针对不同的使用者描述系统的不同需求。

5. 请针对以下网上书店的需求列表,给出具体的需求分类:

通过 INTERNET 接受订单;

维护一个顾客最多达 1000 个账号列表;

对所有的账号提供密码保护;

能够搜索标准的图书目录;

提供多种搜索图书目录的方法,包括按作者搜索、按书名搜索、按 ISBN 搜索、按关键字搜索;

提供一种让顾客能够用信用卡付账的安全方式;

提供一种让顾客能够通过定购单付账的安全方式;

提供一种特殊的预交保证金的账号,让顾客能够通过定购单付账;

在WEB、数据库和存货管理系统之间建立电子链接;

在WEB、数据库和送货管理之间建立电子链接;

管理图书评论,让任何人都可以下载;

根据顾客的定购量确定书价折扣。

第2章 需求工程

2.1 需求工程的定义

需求的开发和管理,已成为一项工程。需求是正在构建的系统必须满足的要求,而且是否符合这些需求决定项目的成功或失败。找出需求是什么,将它记录下来,进行组织,并在发生变化时对它们进行跟踪,这些活动就是需求管理。需求管理就是一种获取、组织并记录系统需求的系统化方案以及一个使客户与项目团队对不断变更的系统需求达成并保持一致的过程。需求工程(Requirement Engineering,RE)是提供一种适当的机制,以了解用户想要什么、分析需求、评估可行性、协商合理的解决方案、无歧义地规约解决方案、确认规约以及在开发过程中管理这些被确认的需求规约。

2.1.1 需求工程的提出

在传统软件工程生命周期中,涉及需求的阶段称作需求分析。一般来说,需求分析的作用是:系统工程师说明软件的功能和性能,指明软件和其他系统成分的接口,并定义软件必须满足的约束;软件工程师设计软件的配置,建立数据模型、功能模型和行为模型;为软件设计者提供可用于转换为数据设计、体系结构设计、界面设计和过程设计的模型;为开发人员和客户提供需求规格说明,用作评估软件质量的依据。

但从研究现状来看,需求工程的内容远不止这些。需求工程是系统工程和软件工程的一个交叉分支,涉及软件系统的目标、软件系统提供的服务、软件系统的约束和软件系统运行的环境。它还涉及这些因素和系统的精确规格说明以及系统进化之间的关系。它也提供现实需要和软件能力之间的桥梁。

在传统的需求分析中不适当的需求过程将导致产品无法被接受。不适当的需求过程引起以下风险:用户不多导致产品无法被接受、用户需求的增加带来过度的耗费和降低产品的质量、模棱两可的需求说明可能导致时间的浪费和返工、用户增加一些不必要的特性和开发人员画蛇添足、过分简略的需求说明以致遗漏某些关键需求、忽略某类用户的需求导致众多客户的不满、不完善的需求说明使得项目计划和跟踪无法准确进行。

另外,刚完成的系统通常是完善的、无瑕疵的,但不久事情就会发生变化。客户看到运行中的系统,又提出一些修改要求,这些要求都是客户在提出系统设计要求的时候遗忘的一些需求。设计师讨论后,给出一些设计上的修改。由于这些修改与现有系统设计的不一致,系统中就会出现一些瑕疵。随着时间的推移,瑕疵会越来越多,其中一些甚至成为系统的主要组成部分。这样系统逐渐变得丑陋、难以维护,甚至最后被抛弃。一个新系统就会出现。

用户要求的变化无常,使得系统的原始设计无法预测系统的性能要求会发生什么样的变化,这就导致系统的设计无法与新的性能要求相容,无法跟上需求的变化。这样,即使新的性能可以添加到系统中去,但是却不得不以破坏原始设计框架的方式加入进去。在很多情况下，一个系统的维护设计师并不是原始设计师。维护设计师并不熟悉原始设计师的设计意图，因此即使原始设计的意图和框架可以容纳新的性能，维护设计师仍可能以某种破坏原始设计意图和设计框架的方式将新的性能加入进去。

由于系统的改动通常是以积累的方式进行的，因此维护设计师无法形成自己的设计意图和新的设计框架。所以上述破坏不会带来新的意图和框架的建设，而只能是一些东拼西凑的权宜之计。这样的破坏式增强功能越来越多，以至于最后原始的设计意图和设计框架已经彻底被这些没有总体考虑和固定规律的东西取代，系统因此被破坏。

另外，需求分析需要形成规范的文档描述。例如在第一章工资支付系统的需求中就没有形成完整的需求规格说明。若在进行系统开发时，客户突然提出从工资中扣除相关费用的要求，此时就需要重复进行上述生命周期的多个阶段。从此可以看出，软件需求具有变更性，需要对软件需求进行完整的记录，从而便于追溯、修改。需要对相关需求以工程化的原则，以系统化、条理化、可重复化的方法和技术统一地管理软件需求的相关活动，降低需求开发和管理的难度和成本。

需求工程是随着计算机的发展而发展的。在计算机发展的初期，软件规模不大，软件开发所关注的是代码编写，需求分析很少受到重视。后来软件开发引入了生命周期的概念，随着软件系统规模的扩大，需求分析与定义在整个软件开发与维护过程中越来越重要，直接关系到软件的成功与否。人们逐渐认识到需求分析活动不再仅限于软件开发的最初阶段，它贯穿于系统开发的整个生命周期。

20世纪80年代中期，需求工程成为软件工程的子领域。最初，需求工程仅仅是软件工程的一个组成部分，是软件生命周期的第一个阶段。虽然大家也知道需求工程对软件整个生命周期的重要性，但对它的研究远远没有像对软件工程其他部分的研究那么深入。进入90年代以来，需求工程成为研究的热点之一。从1993年起每两年举办一次需求工程国际研讨会(ISRE)，自1994年起每两年举办一次需求工程国际会议(ICRE)，在1996年Springer-Verlag发行了一新的刊物——《Requirements Engineering》。一些关于需求工程的工作小组也相继成立并开展工作，如欧洲的RENOIR(Requirements Engineering Network of International Cooperating Research Groups)。

2.1.2 需求工程的定义

需求工程是用已证实有效的技术和方法进行需求分析、确定客户需求、帮助分析人员理解问题并定义目标系统的所有外部特征的一门学科。它通过合适的工具和记号系统描述待开发系统及其行为特征和相关约束，形成需求文档，并对用户不断变化的需求演进给予支持。

需求工程可分为系统需求工程(针对由软硬件共同组成的整个系统)和软件需求工程(仅针对纯软件部分)。传统的需求处理是软件工程的需求阶段，系统化的需求工程则将软件需求开发和系统需求开发结合起来，在系统工程的开始阶段起到重要的作用。软件需求工程是一门分析并记录软件需求的学科，它把系统需求分解成一些主要的子系统和任务，把这些子系统或任务分配给软件，并通过一系列重复的分析、设计、比较研究、原型开发把这些系统需求转换成软件的需求描述和性能参数。

由于需求工程诞生的时间相对短暂,还是一个新兴的子学科,因此现在还不存在一个普遍承认的精确定义。不同的研究人员和组织从各自的研究目的出发,从不同的侧面提出了各不相同,但本质上近似的定义。例如 Davis[10] 把需求工程定义为"直到(但不包括)把软件分解为实际架构组建之前的所有活动",即软件设计之前的一切活动。该定义虽然没有详细说明需求工程是什么,但给出了需求工程的范围。

Bray[11] 则认为需求工程是:对问题域及需求做调查研究和描述,设计满足系统的特性,并用文档给予说明。这个定义明确指出了需求工程的任务就是获取、分析和表达软件的需求。

需求工程是一个不断反复的需求定义、文档记录、需求演进的过程,并最终在验证的基础上冻结需求。20 世纪 80 年代,HerbKrasner 定义了需求工程的五阶段生命周期:需求定义和分析、需求决策、形成需求规格、需求实现与验证、需求演进管理。近来,MatthiasJarke 和 KlausPohl 提出了三阶段周期的说法:获取、表示和验证。综合以上几种观点,需求工程主要是抽取需求、模拟和分析需求、传递需求、认可需求和进化需求。每个活动都有它基本的动机、任务和结果,也有各自的困难所在。

从各种不同形式的需求工程定义可以看出,需求工程是由一系列与软件需求有交的活动组成。如果从这个角度考虑需求工程的话,需求工程应该是由一系列与软件需求相关的开发活动和需求管理活动组成。需求工程的具体内容如图 2.1 所示。

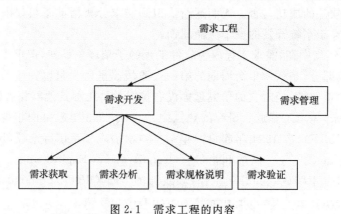

图 2.1　需求工程的内容

这几个独立的阶段具体表述如下。

1)需求获取

确定待开发的软件系统的用户类。通过与用户的交流、对现有系统的观察及对任务进行分析,开发、捕获和修订用户的需求。

2)需求分析

分析用户的需求信息,并按软件需求的类型对这些需求信息进行分类。同时,过滤掉非需求的信息。为最终用户所看到的系统建立模型,根据软件需求信息建立软件系统的逻辑模型或需求模型。需求模型作为对需求的抽象描述,应尽可能多的捕获现实世界的语义,并确定非功能性需求和约束条件和限制。

3)形成需求规格

根据收集的需求信息和逻辑模型生成需求模型构件的精确的形式化描述,编写作为用户和开发者之间协约的需求规格说明及其文档。

4）需求验证

评审需求规格说明。通过符号执行、模拟或快速原型等途径，分析需求规格的正确性和可行性。

5）需求管理

支持系统的需求演进，如需求变化和可跟踪性问题。当需求发生变更时，对需求规格说明及需求变更实施进行管理。在需求开发之前，还需要有一个知识培训的过程，需求工程也是一个项目工程，因此也包括了项目的管理。

现代软件工程中这些活动更偏向于多次循环的形式，每次循环的过程如图 2.2 所示。

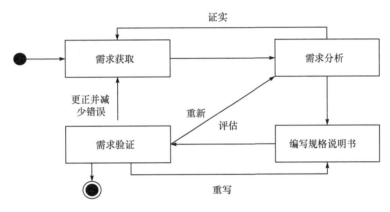

图 2.2　需求开发工作示意图

2.2　需求工程的内容

通常整个需求工程过程至少经历三次图 2.2 中的循环，每次循环可以分成多个小循环，具体循环的重点如表 2.1 所示。

表 2.1　需求开发的三次循环

循环	工作任务
初始循环	开始于项目的初始阶段。明确项目的目标与范围，完成子系统划分，明确每个子系统的内容（业务事件、查询和处理操作）和相互之间的接口
脉络循环	处于细化阶段的第一次迭代，通过对每个业务事件进行流程分析、业务实体分析，并标识出所有用例
细节循环	处于细化阶段的第二次迭代，通过

有些系统涉及的部分比较多，还可将其拆分为多次小循环，逐渐完成所有系统的需求分析工作，每次循环的结果将作为下一次开发的工作基础。以下列出需求工程中每个活动的主要内容，以及相关的实践方法。根据项目的大小和特点等实际情况可适当地选择步骤和方法。

2.2.1 需求获取

需求获取是从人、文档或者环境当中确定和收集与软件系统相关的、来自不同来源和对象的用户需求的过程,它的目的是从项目的规划开始建立最初的原始需求。它主要包含:确定需求开发过程、编写项目视图和范围文档、用户群分类、选择产品代表、建立核心队伍、确定使用实例、召开应用程序开发联系会议、分析用户工作流程、确定质量属性、检查问题报告、需求重用。

需求获取包括以下方法和技能。

1）项目范围确定

在需求开发前期,我们应该获取用户的业务需求,定义好项目的范围,使得所有的涉众对项目有一个共同的理解。

2）用户确定

确定用户群和分类,对用户组进行详细描述,包括使用产品频率、所使用的功能、优先级别、熟练程度等等。对每一个用户组确定用户的代言人。对于大型项目,我们需要先确定中心客户组,中心客户组的需求具有高级别的优先级和需要先实现的核心功能。

3）用例确定

与用户代表沟通,了解他们需要完成的任务,得到用例模型。同时根据用例导出功能需求。用例描述应该采用标准模板。

4）系统事件和响应

业务事件可能触发用例。系统事件包括系统内部的事件以及从外部接收到信息、数据等等,或者一个突发的任务。

5）获取方法

召开需求讨论会议,观察用户的工作过程,采用问答式对话、诱发式需求诱导等等。检查完善问题报告和补充需求建议。

需求获取阶段的任务。

(1) 收集背景资料。所要开发系统的背景资料。

(2) 定义项目前景和范围。早期定义项目的前景和范围可以提高客户的信心。

(3) 选择信息的来源。用户、硬数据(表单、报表备忘录)、相关的文档和领域专家。

(4) 选择获取方法,执行获取。面谈、调查表、观察等方法。

(5) 记录获取结果。获取的信息要及时记录下来。

需求获取阶段的问题主要体现在以下方面。

(1) 捕获范围不足。许多人认为需求是用户要实现什么功能,因此不注意对业务知识的捕获。

(2) 缺乏计划性。捕获过程随意、无计划,没有预先对问题、时间、访谈人员进行计划,导致需求捕获的时间利用率不高。

(3) 缺乏科学性。捕获过程相对比较分散,不能做到定向、聚集,易将宏观问题与微观问题混淆,例如将流程和数据细节混在一起。

(4) 获取对象不明确。例如很少主动寻找合适的被访谈者,经常要由被访谈方主动提出要求。

（5）捕获手段不足。很多需求分析人员只使用调研会和用户访谈两种手段，却忽略了在不同场景下可以通过组织不同的手段来达到更好的效果。

2.2.2 需求分析

需求分析是需求开发的核心任务。它首先利用建模和分析技术对获取笔录的内容进行整理汇总，建立一个综合考虑了问题域特性和需求的系统模型；然后根据系统模型将用户需求转化为系统需求；再为问题定义一个需求集合，这个集合能够为问题界定一个有效的解决方案；另外需要检查需求当中存在的错误、遗漏、不一致等各种缺陷，并加以修正，以获得用户对软件系统的真正需求，建立软件系统的逻辑模型（或需求模型）。

需求分析是获取用户需求之后的一个粗加工过程，需要对需求进行推敲和润色以使所有涉众都能准确理解需求。分析过程首先需要对需求进行检查，以保证需求的正确性和完备性。然后将高层需求分解成具体的细节，创建开发原型，完成需求从需求获取人员到开发人员的过渡。需求分析具体可描述为如下几点。

（1）需求分析是业务分析。需求分析的任务是对问题域进行研究，因此从业务线索入手，而非系统结构。

（2）需求分析是一种分解活动。需求分析将待开发的系统按职责划分成不同的主题域（可以理解成子系统，但在划分时是按业务视角进行的），然后分解成组成该主题域的所有业务流程，再分解到业务活动（用例）、业务步骤。

（3）需求分析是一种提炼与整合活动。需求分析需要将用户的原始需求合并到业务活动中，要将各个业务流程合并成全局业务流程图，要将每个业务事件相关的领域类图片段合并成全局领域类图，要将各个业务事件的用例图片段合并成全局的用例模型等。

（4）需求分析是一种规格化活动。也就是要找到冲突、矛盾，并且通过访谈等手段解决这个问题。

需求分析阶段的任务如下。

（1）背景分析。对于规模较大的系统，系统环境往往难以梳理，需要一些专门的分析方法，如企业建模。

（2）确定系统边界。系统边界之内定义是系统需要对外提供哪些功能；系统边界之外标识的是对系统有功能要求的外部实体。

（3）需求建模。借助数据流图、E-R图、状态转换图、类图来把需求描述出来。

（4）需求细化。用户需求往往具有模糊、歧义等不利特征。

（5）确定优先级。用户对系统的需求，并不是处于同样重要地位。

（6）需求协商。不同用户间的需求冲突，要求协商。

（7）绘制关联图。关联图确定系统和外部的交互，划分了系统的范围和界限，构建了系统的对外的接口。

（8）原型开发。推荐完成一个界面的原型和一个初步的系统实现。通过原型，让所有涉众对开发的项目有一个初步的印象，同时可以提供对需求的检验。

（9）数据字典创建。建立系统中所用到的数据项和结构的定义，数据字典可以使参与项目开发的每一个人都使用统一的定义。

（10）子系统。建立系统的结构,同时将需求分配到各个子系统和模块中。

需求分析的开始和结束:需求分析和需求捕获不是截然分开的,它需要和需求捕获交替进行。在首次需求捕获之后就可开始需求分析,亦即只要需求获取了部分信息以后,就可以进行需求分析。需求分析的结果可填写到相应的需求规格说明书中。通过分析,可以发现更多的需求捕获不明确项,从而捕获更多信息,生成第二次需求调研计划、问题、素材。

现代软件工程思想通常是采用迭代、增量的开发过程,此时需求分析工程将贯穿整个软件生命周期,只不过在不同的阶段分析的重点有所不同。主要特点如下:

① 分析活动逐渐从本质需求过渡到边缘需求;

② RUP 中的细化阶段是需求分析活动最密集的阶段;

③ 到了 RUP 中的构建阶段,需求分析活动将逐渐减少。

RUP(Rational Unified Process ,Rational 统一过程)是 Rational 公司提出的一套软件开发过程。RUP 的最大特点就是它提供了一套完整的软件开发过程框架,任何人或组织都可以根据自己的需要对这个过程进行裁剪,并根据自身需要对其调整后使其成为个性化的过程。

2.2.3　编写规格说明书

编写规格说明书就是将需求分析结果文档化的过程。软件需求规格说明书阐述一个软件系统必须提供的功能和性能以及它所要考虑的限制条件,它不仅是系统测试和用户文档的基础,也是所有子系列项目规划、设计和编码的基础。它的主要任务包括:定制文档模板和编写文档。文档要求准确的表达、良好的结构和易读性。

需求规格说明书应该尽可能完整地描述系统预期的外部行为和用户可视化行为。项目视图和范围文档包含了业务需求,而使用实例文档则包含了用户需求。必须编写从使用实例派生出的功能需求文档,还要编写产品的非功能需求文档,包括质量属性和外部接口需求。除了设计和实现上的限制,软件需求规格说明不应该包括设计、构造、测试或工程管理的细节。它具体包含:采用软件需求规格说明模板、为每项需求注上标号、记录业务规范、创建需求跟踪能力矩阵。同时,在需求规格说明书中的设计阶段,要用到图形模型——数据字典、数据流图、状态转换图、对话图和类图。

需求规格说明书的特性有如下两方面。

1) 共享

软件需求规格说明书是用来完成信息传递和沟通的,因此必须实现共享。共享分为可获得和可获知。可获得为确保开发团队在需要阅读软件需求规格说明时能马上获得最新的版本,通过有效的文档管理来实现;可获知为确保软件需求规格说明书的读者能够知道他要的信息在哪些章节中,这需要通过符合团队特色、开发方法的模板来保障。

2) 更新

软件需求规格说明书在整个开发过程中是不断演化的,如果没有有效的更新机制,很快就会与开发活动脱节。更新机制的两个要点包括专人更新和写作风格。专人更新是为软件需求规格说明书指定专门的更新人。专门的更新人不一定从头到尾负责,也不一定是由一个人完成所有的更新。在实际的操作中,可以按不同的章节指定更新人,也可以在不同的阶段指定不同的负责人。在编写程序代码时,"剪切/粘贴"操作是造成坏代码的一个原因。统一写作风格需注意当其中有多处涉及相同内容时,保证发生变化时全部做出相应更新。

将需求编写成清晰、无二义性的文档将会极大地有利于系统测试,确保产品质量,以使所有风险承担者感到满意。

2.2.4　需求验证

验证是审查需求规格说明是否正确和完整地表达了用户对软件系统的需求。验证具体包含:审查需求文档、依据需求编写测试用例、编写用户手册、确定合格的标准。需求验证的关键手段是评审,需要注意分层次、分内容进行验证,以期在早期阶段尽可能多地暴露出问题。

需要验证需求规格文档至少符合以下几个标准:
(1) 文档内每条需求都准确地反映了用户的意图;
(2) 文档记录的需求集在整体上具有完整性和一致性;
(3) 文档的组织方式和需求的书写方式具有可读性和可修改性。
需求验证阶段的任务如下。
(1) 执行验证。执行验证方法——同级评审。
(2) 问题修正。发现问题及时修正。

2.2.5　需求管理

需求管理包括在工程进展过程中维持需求约定集成性和精确性的所有活动。具体来说,需求管理包括需求跟踪、变更管理和基线管理。它们之间的关系具体如图 2.3 所示。

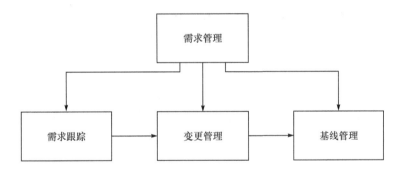

图 2.3　需求管理各要素间关系

需求管理阶段的主要任务如下。
(1) 建立和维护需求基线集。需求基线就是把这些需求都划一根"线",说明这些需求已经确定下来。添加新的需求和修改原有的需求都必须通过需求变更流程来操作,记录变更情况、变更日期、变更原因等。目的是防止需求的滥变给程序架构造成重大影响。
(2) 建立需求跟踪信息。需求要具有可跟踪性。
(3) 后向跟踪。跟踪需求去向,寻找特定需求的导出需求。
(4) 前向跟踪。跟踪需求的来源,寻找提出特定需求的用户。

（5）进行变更控制。需求可能不断变化，为了保证项目顺利进行，这些变化的需求必须得到妥善控制。有效的变更控制和影响分析过程能降低需求变更带来的负面影响。

需求开发的结果应该有项目视图和范围文档、使用实例文档、软件需求规格说明书及相关分析模型。经评审批准，这些文档就定义了开发工作的需求基线。这个基线在客户和开发人员之间就构筑了计划产品功能需求和非功能需求的一个约定。需求约定是需求开发和需求管理之间的桥梁。

如想使需求管理有效执行，需将需求管理活动划分为以下四个步骤。

1）统一、明确的需求项划分标准

要对需求进行有效管理，必须以清晰、统一、明确的标准将需求划分成具体的需求项，使之满足以下的条件。其中包括以下方面。

（1）粒度均匀。每个需求项的大小（也就是工作量）是相当的，亦即衡量工作量时采用的单位（人月、人周、人天）是相同的。

（2）大小均匀。需求项的大小划分取决于管理粒度。如果采用的迭代、增量的开发过程，那么通常每个需求项所需的工作量是以人周为单位。如果要对迭代内的开发做进一步的控制，需要将需求项拆分成更小的部分，工作量便以人天为单位。

（3）完整。最低一级的需求项应该涵盖所有的开发任务，应该包括基础设施、复用控件等技术特性。

2）引入基线管理

基线的内容就是一次开发迭代的工作内容，而一次开发迭代的时间是一个相对较短的固定时间段。引入基线后就将需求分成两大类：一类是已经开始开发的基线内的需求，另一类是还没有安排开发的待处理的需求。由于基线中的需求是明确的，所以每次迭代都是一个小型的瀑布型生命周期。通过这样的分解，整个开发工作就被划分成了多个小项目，这种模式更容易使开发人员保持良好的工作节奏。

需求优先级与工作量估算是基线管理的关键。在划分每次基线时，需要完成下面三个方面的任务。

（1）确立优先级。确保高优先级、高风险的需求项在尽早的迭代中完成。

（2）工作量估算。确保每次迭代的时间安排是紧凑的。

（3）未完成项的合并。每次迭代后可能有某些工作未完成，在分配下一次基线时就需要将其考虑进去。

3）引入变更管理

在开发的过程中不可能不出现变更，如果简单地将变更直接转交给开发人员，会使开发团队陷于大量繁琐的工作，无法关注于开发。

在需求管理的范围内，变更管理主要是完成以下三方面的工作。

（1）业务影响分析。从业务角度对变更的合理性、优先级以及对原有需求的影响进行分析，以便决定是否将其纳入日志记录中。如果纳入，还需确定优先级。

（2）技术影响分析。从技术角度对变更的影响范围、工作量进行分析，并且决定是拒绝、在后续迭代中进行响应、还是在本次迭代中对其进行响应。

（3）项目影响分析。基于前面的工作量分析，考虑是否对整个项目的时间、进度、成本产生较大的影响。

如果从需求开发的角度来看,需求变更的核心是通过整个团队的协作控制变更的影响,而非消除变更,即控制变更对技术开发工作所带来的影响,减少返工、重做的工作量。需求分析师的贡献在于"尽早标识变更",架构师与设计人员的贡献在于"以弹性的架构减少变更的影响"。

4)引入需求跟踪

在对变更的影响进行分析时,很难精确地评价变更将影响哪些需求项、哪些设计元素,只能凭借印象与经验进行估算。如果要真正做到精确的量化评估,需要通过需求跟踪活动来积累信息。

需求跟踪是一种高阶的管理活动,它需要付出大量的工作。如果前三个活动不顺畅,则不建议马上引入需求跟踪。

实行有效的需求工程管理能获得多方面的好处。其中最大的好处是在开发后期和整个维护阶段重做的工作大大减少了。

2.3 需求过程的改进

2.3.1 需求工程面临的困难

需求工程无疑是当前软件工程中的关键问题,需求工程又是软件工程中最复杂的过程之一,其复杂性来自于客观和主观两个方面。从客观意义上说,需求工程面对的问题几乎是没有范围的。由于应用领域的广泛性,它的实施无疑与各个应用行业的特征密切相关。其客观上的难度还体现在非功能性需求及其与功能性需求的错综复杂的联系上,当前对非功能性需求分析建模技术的缺乏大大增加了需求工程的复杂性。从主观意义上说,需求工程需要方方面面人员的参与(如领域专家、领域用户、系统投资人、系统分析员、需求分析员等等),各方面人员有不同的着眼点和不同的知识背景,沟通上的困难给需求工程的实施增加了人为的难度。

需求工程是人们通过不断的认识和深入研究而形成的结果,随着软件系统日益大型和复杂化,软件需求的开发和管理也日益复杂。需求工程自身面临下述有待解决的问题。

1)需求获取与需求分析的困难性

(1)有些需求可能用户也不是很清楚;

(2)需要用户与开发人员进行充分的交流和协商;

(3)需求间冲突和矛盾的检查以及解决;

(4)需求是否完整的确定;

(5)合适的需求建模方法和技术。

2)需求描述语言和规范化的困难性

(1)怎样规范化用户需求;

(2)规范化哪些用户需求;

(3)非形式化和形式化描述语言的使用。

3)需求验证的困难性

(1)需求规格说明正确性的确认和验证;

(2)验证的方法和技术;

（3）如何进行自动验证。

4）需求管理的困难性

（1）需求规格说明书的质量保证。

（2）需求规格说明书的版本管理。

（3）需求变更的控制。

2.3.2 不适当的需求过程引起的风险

需求过程介绍了怎样确定客户及如何从客户那里获取需求的技术，描述了项目，说明了需要创建的各种需求文档和分析模型。这个过程还指明了每项需求包含的信息种类，比如优先级、预计的稳定性或计划发行版本号。同时还指明了需求分析及需求文档检验需要执行的步骤，以及确认软件需求规格说明和建立需求基线的步骤。

不重视需求过程的项目队伍将自食其果。需求过程中的缺陷将给项目成功带来极大风险。这里的"成功"是指推出的产品能以合理的价格、及时在功能、质量上完全满足用户的期望。学习曲线表明当从业者花费时间去吸收新方法时，生产率会降低，这种短期的生产率降低是组织进行过程改进的一部分投入。如果不理解这一点，可能在得到回报之前就半途而废了，白白损失了投入而没有回报。学习曲线也表明采用高级的需求过程，将会获得更广泛的项目和业务回报。下面将介绍不适当的需求过程所引起的一些风险。

1）无足够用户参与导致产品无法被接受

客户经常不明白为什么收集需求和确保需求质量需花费那么多功夫，开发人员可能也不重视用户的参与。究其原因：一是因为与用户合作不如编写代码有意思；二是因为开发人员觉得已经明白用户的需求了。在某些情况下，与实际使用产品的用户直接接触很困难，而客户也不太明白自己的真正需求。但还是应让具有代表性的用户在项目早期直接参与到开发队伍中，并一同经历整个开发过程。

2）用户需求的不断增加带来过度的耗费和产品质量的降低

在开发中若不断地补充需求，项目就变得越来越庞大以致超过其计划及预算范围。计划并不总是与项目需求规模、复杂性、风险、开发生产率及需求变更实际情况相一致，这使得问题更难解决。实际上，问题根源在于用户需求的改变和开发者对新需求所作的修改。要想把需求变更范围控制到最小，必须一开始就对项目视图、范围、目标、约束限制和成功标准给予明确说明，并将此说明作为评价需求变更和新特性的参照框架。说明中包括了对每种变更进行变更影响因素分析的变更控制过程，这有助于所有风险承担者明白业务决策的合理性，即为何进行某些变更，以及消耗的时间、资源或特性上的折中。产品开发中不断延续的变更会使其整体结构日渐紊乱，补丁代码也使得整个程序难以理解和维护。插入补丁代码会使模块违背强内聚、松耦合的设计原则，特别是如果项目配置管理工作不完善的话，收回变更和删除特性会带来问题。如果你尽早地区别这些可能带来变更的特性，你就能开发一个更为健壮的结构，并能更好地适应它。这样设计阶段需求变更便不会直接导致补丁代码，同时也有利于减少因变更导致的质量下降。

3）模棱两可的需求说明可能导致时间的浪费和返工

模棱两可是需求规格说明中最为可怕的问题。它的一层含义是指诸多读者对需求说明产生了不同的理解;另一层含义是指单个读者能用不止一个方式来解释某个需求说明。

模棱两可的需求会使不同的风险承担者产生不同的期望,它会使开发人员在错误问题上浪费时间,并且使测试者与开发者所期望的不一致。一位系统测试人员曾告诉我,她所在的测试组经常对需求理解有误,以致不得不重写许多测试用例并重做许多测试。

模棱两可的需求带来不可避免的后果便是返工——重做一些你认为已做好的事情。leffingwell[12]指出返工会耗费开发总费用的40%,而70%～85%的重做是由于需求方面的错误所导致的。想象一下如果你能减少一半的返工会是怎样的情况。你能更快地开发出产品,在同样的时间内开发更多、更好的产品,甚至能偶尔回家休息休息。

处理模棱两可需求的一种方法是组织好负责从不同角度审查需求的队伍。仅仅简单浏览需求文档是不能解决模棱两可问题的。如果不同的评审者从不同的角度对需求说明给予解释,但每个评审人员都真正了解需求文档,这样二义性就不会直到项目后期才被发现。其他检测模棱两可需求的技术由Gause[13]给予介绍,本章的后面也有所涉及。

4)用户增加不必要的特性和开发人员画蛇添足

"画蛇添足"是指开发人员力图增加一些"用户欣赏"但需求规格说明中并未涉及的新功能。经常发生的情况是用户并不认为这些功能性很有用,以致耗费的努力"白搭"了。

开发人员应当为客户构思方案并为他们提供创新的思路,具体提供哪些功能要在客户所需与开发人员在允许时限内的技术可行性之间求得平衡,开发人员应努力使功能简单易用,而不要未经客户同意,擅自脱离客户要求,自作主张。

同样,有时客户也可能要求一些看上去很"酷",但缺乏实用价值的功能,而实现这些功能只能徒耗时间和成本。为了将"画蛇添足"的危害尽量减小,应确信你明白为什么要包括这些功能,以及这些功能的"来龙去脉"。这样才能使得在需求分析过程中关注的始终是那些能使用户完成他们业务任务的核心功能。

5)过于精简的需求规格说明以致遗漏某些关键需求

有时,客户并不明白需求分析如此重要,于是只作一份简略之至的规格说明,仅涉及产品概念上的内容,然后让开发人员在项目进展中去完善。结果很可能是开发人员先建立产品的结构再完成需求说明。McConnell[14]指出这种方法可能适合于尖端研究性的产品或需求本身就十分灵活的情况。但在大多数情况下,这会给开发人员带来挫折(使他们在不正确的假设前提和极其有限的指导下工作),也会给客户带来烦恼(他们无法得到他们所设想的产品)。

6)忽略用户分类将导致众多客户的不满

多数产品是由不同的人使用其不同的特性,使用频繁程度也有所差异,使用者受教育程度和经验水平也不尽相同。如果你不能在项目早期就针对所有这些主要用户进行分类的话,必然导致有的用户对产品感到失望。例如,菜单驱动操作对高级用户太低效了,但含义不清的命令和快捷键又会使不熟练的用户感到困难。

7)不完善的需求导致不准确的计划

"上述是我对新产品的看法,好,现在你能告诉我你什么时候能完成吗?"许多开发人员都遇到这种难题。对需求分析缺乏理解会导致过分乐观的估计,而当不可避免的超支发生时,会带来颇多麻烦。Davis[15]指出导致需求过程中软件成本估计极不准确的原因主要有以下五点:频繁的需求变更、遗漏的需求、与用户交流不够、质量低下的需求规格说明和不完善的需求分析。对不准确的要求所提问题的正确响应是"等我真正明白你的需求时,我就会来告诉你"。

基于不充分信息和一些其他因素,易于对需求做出不成熟的估计。要评估时间,最好给出一个范围(如最好的情况下、很可能的、最坏情况下)或一个可信赖的程度(如有90%的把握能在8周内完成)。未经准备的估计通常是作为一种猜测给出的,听者却认为是一种承诺。因此要尽力给出可达到的目标并坚持完成它。

2.3.3 需求过程的改进

正确有效的需求过程强调产品开发中的通力合作,包括在整个项目过程中多方风险承担者的积极努力。收集需求能使开发小组更好地了解市场,而市场因素是任何项目成功的关键。在产品开发前了解这些比在遭到客户批评后才意识到要节约很多成本。让用户积极参与需求收集过程能使产品更富有吸引力,而且能拥有忠实的客户关系。通过了解用户的任务需求而不仅仅局限于一些"华丽"的特性,你能避免在无用功能上白耗精力,并且用户的参与能弥补用户期望和实际开发之间的"鸿沟(期望差异)"。

但改变一个软件开发组织的工作方式是十分困难的,不能否认目前的开发方法不如想象中的那么好,但是很难确定接下来该尝试什么。很难找到时间学习新技术、开发改进过程、试验和调整它们,并且将它们推广到整个项目小组或组织中。很难说服小组成员和风险承担者认识改变是必需的。可能开发人员觉得目前采用的方法似乎是有效的,认为没有必要改变已有的方法。但是,即便是很成功的软件组织在面临大项目、不同的客户群、紧迫的进度安排或全新的应用领域时也会感到力不从心。因此,至少应该知道其他一些很有价值也颇有效的需求工程方法,并能将它们加入到已有的工程中。

1. 需求过程改进的动力

以下的历史实例将为需求过程的改进提供驱动力。

(1) 项目没有时限,因为需求说明变得超想象的复杂。

(2) 开发人员不得不大量超时工作,因为误解或二义性的需求直到开发后期才发现。

(3) 系统测试白费了,因为测试者并未明白产品要做什么。

(4) 功能都实现了,但由于产品性能低、使用不方便或其他因素用户不满意。

(5) 维护费用相当高,因为客户的许多增强要求未在需求获取阶段提出。

(6) 开发组织交付一项客户并不想要的产品,声誉受损。

把理论方法付诸实践是改进软件过程的核心所在。从根本上说,改进过程包括使用更多有效的方法避免使用过去使用过的令人头痛的方法。然而,改进之路却是从失败、错误开始,还要历经诸如人为抵制的影响,及因任务的时间紧迫而导致的改进被搁置的挫折。

2. 需求工程过程改进的步骤

1) 评估当前采用的方法

任何改进活动的第一步都是评估当前组织中使用的方法。找出其优势和缺陷所在。

评估本身不能带来任何改进,但能提供信息,评估为你正确选择变更奠定了基础。可以用不同的方法来评估当前过程。如果你已在尝试前面章节末尾的"下一步",那你已经开始对你的需求方法及其结果在进行非正式的评估了。设计自我评价问卷是一种系统方法,它能以较低费用对当前过程进行评估。一种更彻底的方法是让来自外部的顾问客观地评估你目前的软件开发方法。这种正式过程的评估方法要以一种已建立的过程改进框架工作为基础,如软件工程研究所(CMU/SEI)开发的软件功能成熟度模型。评估者将会检查软件开发和管理过程,而不限于需求活动。要根据你想通过过程改进取得的业务目标来选择评估方法,不要过多担心是否满足软件功能成熟度模型或其他专用模型的需求。

2)制定改进活动计划

遵从将过程改进活动看做是项目这一"哲学",在评估后制定一个活动计划。考虑制定出描述组织整个软件过程改进初始工作的战略计划和在各个特定改进领域的战术行动计划,正如你收集需求时所采用的方法。每项战术行动计划应该指明改进行动的目标、风险承担者和一些必须完成的活动条目。如没有计划,则容易疏忽比较重要的任务。计划也提供了跟踪过程的方法,使你能监控各活动条目的完成情况。

3)建立、实验和实施新的过程

到目前为止,已经对需求方法进行了评估并起草了一份活动计划,指出了很可能带来收获的过程领域。现在进入较困难的一步:实施计划。许多过程改进在试图由计划付诸实践时,一开始便夭折了。实施一项活动计划意味着开发新的、更好的方法,并且相信它能提供一个比目前过程更好的结果。然而,并非第一次就能使新过程完美无缺。许多看起来很不错的方法付诸实施后会变得既不实用又低效。因此,要为你建立的新过程或文档模板计划一个"实验"。运用在实验中获取的经验来调整新技术,这样将它运用于整个目标群体时,改进活动会更有效果。请铭记下面这些关于引导实验的建议:选择实验参与者,他们将尝试新方法并提供反馈信息,这些参与者可以是生手也可以是老手,但他们不应该对过程改进持有强烈的反对意向;确定用于评估实验的标准,使得到的结果易于解释;通知那些需要知道实验是什么以及为什么要实施的工程风险承担者;考虑在不同的项目中实验新过程的不同部分。用这个方式可使更多的人尝试新方法,从而提高认知水平,增加反馈信息;作为评估的一部分工作,询问实验参与者,如果他们不得不回头采用他们原有的工作方法,他们会觉得怎样。

即便是受很大激励且理解能力很强的队伍,他们接纳变更的能力也是很有限的。所以不要一次给予项目或队伍太多的期望。编写出一整套实施计划,明确你将怎样把新方法运用于整个项目队伍以及你能提供的训练和支持;同时也要考虑管理者怎样阐明他们对新过程的期望。一种正式的关于需求工程和需求管理的文件通常要阐述清楚管理人员的任务和期望。

过程改进周期的最后一步就是评估已实施的活动及取得的成果。这样的评估有助你在将来的改进活动中做得更好。评估实验工作进行得如何,采用新过程解决问题是否很有效。下一次在管理过程实验工作时是否需要稍作变更。同时也要考虑整个新过程在群体中执行的情况。是否能使每个人都明白新过程或模板的好处,参与者是否理解并成功地应用了新过程,是否在下次工作中需要有所变更。其中关键的一步是评估新实施的过程是否带来了期望的结果。尽管有一些新技术和管理方法都带来明显的改进,但更多的却需要时间来证明其全部的价值。例如,如果你实施一种新过程来处理需求变更,你就能很快看到项目变更以一种更规范的方式在进行。然而,一个新的软件需求规格说明 SRS 模板需要一段时间来证明其价值,因为分析人员和客户已习惯了一种需求文档的格式。给予新方法以足够的运行时间,选定能说明每项过程变更成功与否的衡量标准。

3. 需求过程改进的主要目标

(1) 解决在以前项目或目前项目中遇到的问题。
(2) 防止和避免可能在将来的项目中要遇到的问题。

4. 应注意的问题

改进过程应该是革命性的、彻底的、连续的、反复的。不要期望一次就能改进全部的过程,并且要能接受第一次尝试变更时,可能并没做好每一件事。不要奢求完美,要从某一些过程的改进、实施开始。当你有一些新技术的经验后,可逐渐调整你的方法。

人们和组织机构都只有在他们获得激励时才愿意变更,而变更引起的最强烈刺激是痛苦。

过程变更是面向目标的。在开始运用高级过程之前,先确保知道变更的目标,是想减少需求问题引起返工的工作量,还是想更好地控制需求变更,或是想在实施中不要遗漏某项需求。有一份明确规定的实施蓝图将会有助于你在改进过程中取得成功。

如将改进活动看做一些小项目的改进活动,那么一开始就失败了——因为缺乏计划或是因为所需资源并未给予。为避免这些问题,把每个改进行为看作一个项目。把改进所需的资源和任务纳入工程项目的总计划中;执行计划、跟踪、衡量和报告那些已在软件开发项目中所做的改进,缩减改进项目的规模;为每个过程改进领域写一份活动计划;跟踪风险承担者们执行计划的情况,看是否获得了预期的资源并知道改进过程实际消耗的费用。

5. 软件过程改进成功与否的依赖要素

(1) 明确组织中的难点所在。
(2) 一次集中于几个改进领域。
(3) 为改进活动规定明确的目标并制订行动计划。
(4) 明确人以及与组织变更相关的因素。
(5) 说服高级经理关注改进过程,并将其作为对业务成功的一种战略投资。

2.3.4 需求过程的推荐方法

对于一个成功的软件工程项目来说,最重要的是理解需要解决的问题和如何解决它。工程项目的需求为项目提供了成功的基础。如果开发小组和客户在产品的功能和特性下没有达成一致的协议,最可能的后果是发生软件问题。如果当前的需求策略不能达到预期的效果,可参考以下所推荐的方法。

十多年前,软件界曾热衷于软件的开发方法论的研究,将整套的模型、技术等用于解决项目难题。但现在很多专家更注重应用"最佳方法"。最佳方法强调将软件工具包拆分成多个子包以分别应用于不同的问题,而并不是去设计或购买一整套的解决方案。即使你采用了一套商业上的方法,你也应当在其中增加那些在业界被认为行之有效的推荐技术。"最佳方法"这个词值得讨论一下:谁能确定什么是"最佳"的呢?而且,得到这个结论的依据何在?Browm[16]提出一种方案是把这方面的专家召集起来分析众多不同组织中成功和失败的项目。专家们将那些成功项目中提供高效的方法和失败项目中导致低效甚至无效的方法都归纳出来。这样,专家们就能找到公认的能收到实效的关键方法。这些方法即是"最佳方法",其本质就是有助于项目成功的有效方法。

下面分七类介绍需求工程的 40 余种方法,它们有助于开发小组做好需求工作。需求工程是一个项目工程,包括了项目的管理,另外在需求开发之前还有一个知识培训的过程。推荐方法如表 2.2 和表 2.3 所列。

表 2.2 需求工程推荐方法

知识技能	需求管理	项目管理
培训需求分析人员	确定变更控制过程	选择合适的生存周期
培训用户代表和管理人员	建立变更控制委员会	确定需求的基本计划
培训应用领域的开发人员	进行变更影响分析	协商约定
汇编术语	跟踪影响工作产品的每项变更	管理需求风险
	编写需求文档的基准版本和控制版本	跟踪需求工作
	维护变更历史记录	
	跟踪需求状态	
	衡量需求稳定性	
	使用需求管理工具	

表 2.3 需求开发推荐方法

获取	分析	编写规格说明书	验证
编写项目视图与范围	绘制关联图	采用软件需求规格说明模板	审查需求文档
确定需求开发过程	创建开发原型	指明需求来源	依据需求编写测试用例
用户群分类	分析可行性	为每项需求注上标号	编写用户手册
选择产品代表	确定需求优先级	记录业务规范	确定合格的标准
建立核心队伍	为需求建立模型	创建需求跟踪能力矩阵	
确定使用实例	编写数据字典		
召开应用程序开发联系会议	应用质量功能调配		
分析用户工作流程			
确定质量属性			
检查问题报告			
需求重用			

并非上面所有的条目都是最佳方法,也并非全部经过了系统地评估。但无论如何,许多实践者觉得这些技术是有效的。表2.4把表2.2和表2.3中的方法按实施的优先顺序和实施难度进行了分组。由于所列的方法都是有益的,故最好是循序渐进,先从那些相对容易实施而对项目有很大影响的方法开始。

表 2.4　实施需求工程的推荐方法

优先级别	难度		
	高	中	低
高	确定需求开发过程 确定需求的基本计划 协商约定	确定使用实例 确定质量属性 确定需求优先级 采用软件规格说明模板 确定变更控制过程 建立变更控制委员会 审查需求文档	培训应用领域的开发人员 编写项目视图与范围 用户群分类 绘制关联图 指明需求来源 为每项需求注上标号 编写需求文档的基准版本和控制版本
中	培训用户代表和管理人员 为需求建立模型 管理需求风险 使用需求管理工具 创建需求跟踪能力矩阵	培训需求分析人员 建立核心队伍 创建开发原型 分析可行性 确定合格的标准 进行变更影响分析 跟踪影响工作产品的每项变更 选择合适的生存周期	汇编术语 选择产品代表 编写数据字典 记录业务规范 依据需求编写测试用例 跟踪需求状态
低	召开应用程序开发联系会议 需求重用 应用质量功能调配 衡量需求稳定性	分析用户工作流程 检查问题报告 编写用户手册 维护变更历史记录 跟踪需求工作	

不要想着把所有这些方法都用于一个项目。而应该考虑将其中的一些方法推荐到需求工具箱中。不管项目处在开发的哪个阶段,都可以马上开始应用某些方法,譬如变更管理的处理。其他如需求获取等可以在下一个项目开始时付诸应用。当然其他一些方法也可能并不适合目前的项目。

2.4　敏捷需求流程

在现代经济生活中,很难甚至无法预测一个基于计算机的系统(如基于网络的应用)如何随时间推移而变化。市场情况飞快变化,最终用户需求不断变更,新的竞争威胁毫无征兆地出现。随着客户需求的不断变更,以及软件开发项目的规模日益扩大,传统的软件开发方法的开发成本不断增加。传统的软件开发方法已经不能满足现代软件开发的需求,迫切需要一种新的软件开发方法。因此,在很多情况下必须敏捷地去响应不断变化、无法确定的商业环境。

一些经验丰富的软件设计师在应对快速交付、需求易变的开发要求的实践中总结出自己独特且有效的软件开发方法,可概括为敏捷软件开发方法。2001 年,著名的敏捷宣言的提出,成为敏捷开发方法被正式确立的标志。敏捷开发的核心是适应客户需求的快速变化,即拥抱变化。本节讨论在敏捷方法开发系统中需求所处的角色。

2.4.1 传统开发过程的需求问题

传统的开发过程如瀑布模型等本质上是一种线性顺序模型,因此存在着较明显的缺点,各阶段之间存在着严格的顺序性和依赖性。它们特别强调预先定义需求的重要性,在着手进行具体的开发工作之前,必须通过需求分析预先定义并"冻结"软件需求,然后再一步一步地实现这些需求。但是实际项目很少遵循着这种线性顺序进行的。虽然瀑布模型也允许迭代,但这种改变往往给项目开发带来混乱。在系统建立之前很难只依靠分析就确定出一套完整、准确、一致、有效的用户需求,这种预先定义需求的方法更不能适应用户需求不断变化的情况。

实际项目中需求存在着以下的问题。

1)需求是可变的

某些应用软件的需求与外部环境、公司经营策略或经营内容等密切相关,因此需求是随时变化的。

2)需求是模糊的

对于大多数更常使用的应用系统,例如管理信息系统,其需求往往很难预先准确的指定。也就是说,预先定义需求的策略所做出的假设,只对某些软件成立,对多数软件并不成立。许多用户对他们的需求最初只是模糊的概念,要求一个对需求只有初步设想的人准确无误的说出全部需求,显然是不切实际的。人们为了充实和细化他们的初步设想,通常需要经过在某个系统上进行实践的过程。

3)用户和开发者难于沟通

大型软件的开发需要系统分析员、软件工程师、程序员、用户、领域专家等各类人员的协调配合。然而大多数用户和领域专家不熟悉计算机和软件技术,软件开发人员也往往不熟悉用户的专业领域,开发人员和用户之间很难做到完全沟通和相互理解,在需求分析阶段做出的用户需求常常是不完整、不正确的。传统的瀑布模型很难适应需求可变、模糊不定的软件系统的开发,而且在开发过程中,用户很难参与进去,只有到开发结束才能看到整个软件系统。这种理想的、线性的开发过程,缺乏灵活性,不适应实际的开发过程。

在传统的开发过程中,人们花费极大的努力进行严格开发,但终究难以接近理想目标。传统的软件开发方法对客户的反馈不够重视,从而在需求开发阶段就增加了需求隐患。因此在传统的软件开发和测试过程中,整个软件产品交付周期比较长,效率比较低,后期维护成本比较高。同时传统的软件开发方法不支持软件需求的变更,经常会引起客户对软件产品不能满足现行需求的抱怨。由于这些问题日益突出,严重影响了软件开发团队的效率。

在需求说明难以完善、难以明确的情况下,由快速分析构造一个小的原形系统。该原型系统满足用户的某些要求,并在用户的使用过程中给用户以启发,从而逐步确定用户的各种需求。因此,产生了敏捷方法论。

2.4.2 敏捷需求流程

敏捷方法可以有效地解决传统软件开发方法中存在的上述问题。为了保证软件产品的质量,适应不断变化的软件需求,降低软件开发成本,敏捷开发采用轻量级的过程。轻量级与重量级的差异来自人们对两种过程及方法的文档数量的直观感受,即轻量级过程较少产生或依赖于文档,但这只是一个表面现象。在诸多的轻量级过程之间存在着很多相同的地方,敏捷更恰当地表达了这些轻量级过程的本质:本质1是敏捷强调适应而非预测;本质2是敏捷过程以人为中心,而非以过程为中心。

敏捷软件开发不是一个具体的过程,而是一个涵盖性术语,用于概括那些应需而生的具有类似价值观的软件开发方式和方法。这些方法一般都具有以人为核心、循环迭代、响应变化等特点,着眼于能高质量地快速交付客户满意的工作软件。它概括了具有以下类似基础的方式和方法:它们的具体名称、理念、过程、术语都不尽相同,相对于"非敏捷",更强调程序员团队与业务专家之间的紧密协作、面对面的沟通(认为比书面的文档更有效)、频繁交付新的软件版本、紧凑而自我组织型的团队、能够很好地适应需求变化的代码编写和团队组织方法,也更注重作为软件开发人的作用。

敏捷开发的原则如下。

(1) 对于敏捷开发而言,最重要的是通过尽早和不断交付有价值的软件来满足客户的需求。

(2) 敏捷开发欢迎需求的变化,即使是在开发后期。敏捷过程能够驾驭变化并以此为客户创造竞争优势。

(3) 经常交付可以工作的软件,从几个星期到几个月,时间间隔越短越好。

(4) 业务人员和开发人员应该在整个项目过程中始终朝夕在一起工作。

(5) 围绕斗志高昂的人进行软件开发,给他们提供适宜的环境,满足他们的需要,并相信他们能够完成任务。

(6) 在团队中,最有效率也最有效果的信息表达方式是面对面的交谈。

(7) 可以工作的软件是进度的主要度量标准。

(8) 敏捷过程提倡可持续的开发速度。责任人、开发者和用户应该总是维持不变的节奏。

(9) 对优秀的技能与好的设计的不断追求将有助于提高敏捷能力。

(10) 简单、尽可能减少工作量的艺术是至关重要的。

(11) 最好的架构、需求和设计都源自于组织的团队。

(12) 每隔一定时间,团队都要总结如何才能更有效率,然后相应地调整自己的行为。

采用敏捷方法不一定要走极端,可以在项目的一部分采用敏捷化开发,也可按传统的方式定义需求,然后再以敏捷的方式设计和开发。即采用传统的需求流程,再以任何敏捷方法开发。敏捷宣言定义了敏捷观点:人员胜过流程,软件胜过文档,合作胜过合同,响应胜过计划。"软件胜过文档"是决定如何敏捷的处理需求问题的指南,目的是生成更小的文档。极限需求流程和增量需求流程关注的是在获得明确需求所带来的好处的同时高效地完成文档工作。

下面是敏捷需求流程的指导原则。

原则 1:区分问题和解决方案是重要的。不管采用什么方式,必须首先决定系统的目标,然后决定怎么做来完成目标。此原则将做什么和怎么做区别开来,良好的实践以做什么为标准,测量解决方案的质量,比较各可能方案的优缺点。

原则 2:定义需求后,一定要记录它以便别人可以参考和使用。但可以自由选择记录和存放的方式。

2.4.3 极限需求流程

极限编程(XP,Extreme Programming)是敏捷软件开发方法的代表。2000 年,美国软件工程专家 Kent Beck 对极限编程这一创新软件过程方法论进行了解释:"XP 是一种轻量、高效、低风险、柔性、可预测、科学而充满乐趣的软件开发方法。"XP 适用于规模小、进度紧、开发地点集中的场合。同时它广泛应用于需求变化大、需求模糊、发挥性强、质量要求严格的项目。

XP 方法的基础是四个价值观念。

(1)沟通。大多数项目的失败源于沟通不畅,所以要进行一些能够推动积极沟通的实践。需要以人为本,在开发组间交换成员,进行版本发布会。

(2)简单。需求尽量的简单、设计尽量的简单、代码尽量的简单、文档尽量的简单。开发能够满足客户需要的最简单的产品。XP 就是打赌。它打赌今天最好做些简单的事,而不是做更复杂但可能永远也不会用到的事。

(3)反馈。开发者必须获取并且重视来自客户、系统的反馈以及他们之间的反馈。尽早的和经常性的来自客户、团队和最终用户的反馈意见将为开发者提供更多的机会来调整开发,反馈可以帮助开发者把握正确的方向。客户应该是小组的一员。

(4)坚持。准备好做出支持其他原则和实践的艰难决定。要勇敢的重构,让所有人拥有代码,把好的方法做到极致。需要坚持来使系统尽可能简单,将明天的决定推到明天做。但如果没有简单的系统、没有不断的交流来扩展知识、没有反馈,坚持也就失去了依靠。

极限编程追求有效的沟通,强调项目开发人员、设计人员、客户之间有效地、及时地沟通,确保各种信息的畅通。首先客户被纳入开发队伍,由于客户不具备计算机专业知识,无法用专业语言明确描述需求,所以开发人员和客户一起,用讲故事的方式把需求表达出来,这种故事被称为 User Story,即用 User Story 表示需求。开发人员根据经验将许多User Story 组合起来,或将其进行分解,最终记录在 Story Card 的小卡片上,这些 UserStory 将陆续被程序员在各个小的周期内,按照商业价值、开发风险的优先顺序逐个开发。

极限编程是价值驱动而非实践驱动的高度迭代的开发过程。与传统的开发过程不同,极限编程的核心活动体现在需求→测试→编码→设计过程中,因此对需求分析提出了新的思路和要求。需求向来就是软件开发过程中感觉最不好明确描述、最易变的东西。这里说的需求不只是指用户的需求,还包括对代码的使用需求。很多开发人员最害怕的就是后期还要修改或扩展某个类或者函数的接口。为什么会发生这样的事情？就是因为这部分代码的使用需求没有很好的描述。测试驱动开发（TDD，Test Driven Development）是极限编程的重要特点，它以不断的测试推动代码的开发，既简化了代码，又保证了软件质量。

TDD 的基本思路是通过测试来推动整个开发的进行。测试驱动开发就是通过编写测试用例，先考虑代码的使用需求（包括功能、过程、接口等），而且这个描述是无二义的，可执行验证的。测试驱动开发技术并不只是单纯的测试工作。通过编写这部分代码的测试用例，对其功能的分解、使用过程、接口都进行了设计。而且这种从使用角度对代码的设计通常更符合后期开发的需求。下面以第一章中给出的工资支付系统为例，分别给出没有时间卡和只有一张时间卡的小时工的工资支付测试用例。

```
Void PayrollTest::TestPaysingleHourlyEmplyeeNoTimeCard()
//没有时间卡的小时工的工资支付测试用例
{
  Cerr< < "TestPaySingleHourlyEmployeeNoTimeCard"< < endl;
  Int empid= 2;
  AddHourlyEmployee t(empId, "Bill", "Home", 15.25);
  t.Execute();
  Date payDate(11,9,2001); //Friday
  TimeCardTransaction pt(payDate);
  pt.execute();
  ValidatePaycheck(pt,empId,payDate,0);
}


Void PayrollTest::TestPaysingleHourlyEmplyeeOneTimeCard()
//只有一张时间卡的小时工的工资支付测试用例
{
  Cerr≪"TestPaySingleHourlyEmployeeOneTimeCard"< < endl;
  Int empid= 2;
  AddHourlyEmployee t(empId, "Bill", "Home", 15.25);
  t.Execute();
  Date payDate(11,9,2001); //Friday
  TimeCardTransaction tc(payDate, 2.0, empId);
  tc.execute();
  PaydayTransaction pt(payDate);
  Pt.Execute();
  ValidatePaycheck(pt,empId,payDate,30.5);
}
```

软件开发过程中经常存在一些问题，如：客户需求变化频繁、系统支付时间一推再推、交付系统错误层出不穷、因程序员半途跳槽而导致工作不能顺利完成、需求估计不足、因程序员之间交流少而导致代码重复开发、文档不能真实地反映实际情况等等。软件机构有意识地采用 XP 方法可以有效地克服上述问题。但是，由于 XP 理论本身仍然处于完善和改进阶段,具体的开发项目也有各自的特点,因此,如何更好地将 XP 理论应用到实际的项目开发过程中还需要进一步深入研究。

2.4.4 增量需求流程

当且仅当真正需要的时候才做需求工作,这是应用增量方法的前提条件。前期做最少的需求工作,尽可能早开始开发。这需要规划需求的详细程度和什么时候定义每个需求。一种方式是写好完整而详细的需求规格,然后开始设计和开发;另一种方式是把一个需求作为开发单元的一部分。这两种方式分别代表了前面描述的传统需求流程和极限需求流程。增量方法介于两者之间。

项目失败或无法交付所承诺的功能,应归因于 IT 部门和项目投资者都不愿意采取一种"边进行边学习"的方式来开发软件。这种方式可以更为正式的称为增量式软件开发。它在一定程度上克服了瀑布模型的局限性,使开发过程具有一定的灵活性和可修改性。增量模型和瀑布模型之间的本质区别是:瀑布模型属于整体开发模型,它规定在开始下一个阶段的工作之前,必须完成前一阶段的所有细节。通常分析人员和设计者被告知,在所有的需求已知前,不要进行评估。而增量模型属于非整体开发模型,每个增量只完成能够保证顺利进入下一增量的工作,剩余的细节则可以在知道更多业务需求或提出并同意变更之后完成。

增量开发过程中的需求过程可以描述为创建中间需求产品,其中每一个需求产品都为整个项目增加了重要的特性。它们或者是独立的,或者在某个定义明确的接口内进行操作,或者是最终需求的一个子部分。

按增量分阶段处理项目的工作,风险会按指数递减。在保证软件质量的前提下,若想投入的成本不变,缩短时间获得相等的软件功能,解决方案之一就是对问题进行考察,将其分解成更基本的部分,即更多的增量。通常建议首先将注意力集中到风险最大的需求上。为此,我们建议对系统的阶段性增量采用下列发布周期。

1)增量 1

(1)处理雇员信息;

(2)雇员信息维护;

(3)处理雇员时间卡或销售凭条;

(4)体系结构相关的基础设施。

2)增量 2

(1)维护发放工资时间;

(2)打印支票;

(3)发放工资;

(4)维护联系。

3)增量 3

(1)决策支持;

(2)安全;

(3)审计;

(4)归档。

增量方式包括增量开发和增量提交。增量开发是指在项目开发周期内，以一定的时间间隔开发部分工作软件；增量提交是指在项目开发周期内，以一定的时间间隔和增量的方式向用户提交工作软件及相应文档。

增量模型融合了瀑布模型的基本成分（重复应用）和原型实现的迭代特征，其采用随着日程时间的进展而交错的线性序列，每一个线性序列产生软件的一个可发布的"增量"。当使用增量模型时，第 1 个增量往往是核心产品，即第 1 个增量实现了基本的需求，但很多补充的特征还没有发布。客户对每一个增量的使用和评估都作为下一个增量发布的新特征和功能。这个过程在每一个增量发布后不断重复，直到产生了最终的完善产品。

根据增量的方式和形式的不同，分为渐增量模型和原型模型，具体描述如下。

（1）渐增量模型分为增量构造模型和演化提交模型。增量构造模型在瀑布模型基础上，对一些阶段进行整体开发，对另一些阶段进行增量开发。即前面的开发阶段按瀑布模型进行整体开发，后面的开发阶段按增量方式开发。演化提交模型在瀑布模型的基础上，对所有阶段都进行增量开发，也就是说不仅是增量开发，也是增量提交。

（2）原型模型又称快速原型模型，它是增量型的另一种形式。它是在开发真实系统之前，构造一个原型，以此逐渐完成整个系统的开发工作。其中的探索模型是把原型用于开发的需求分析阶段，目的是弄清用户的需求，确定所期望的特性，并探索各种方案的可行性。它主要针对开发目标模糊、用户与开发者对项目都缺乏经验的情况，此时通过对原型的开发来明确用户的需求。

就像敏捷开发涉及软件的增量，敏捷需求也应该涉及增量——从单独的一套需求逐渐扩展，使得每个人都有同样的理解，从而避免重复。需求规格像软件一样是真实的存在，要做到这些合适的流程，应尽量满足下面两个要求。

（1）前期充分定义需求，使客户相信他们对系统的期望已被理解，并在获得客户批准后继续进行。

（2）当开发人员准备好开发一个特定的部分时，扩展那部分的高层需求，定义满足高层需求的系统所需要的所有详细需求。

2.5　需求工程与 CDIO

CDIO 代表构思（Conceive）、设计（Design）、实现（Implement）和运作（Operate）。它以从产品研发到产品运行的生命周期为载体，让学生以主动的、实践的、课程之间有机联系的方式学习工程。CDIO 培养大纲将工程毕业生的能力分为工程基础知识、个人能力、人际团队能力和工程系统能力四个层面，大纲要求以综合的培养方式使学生在这四个层面达到预定目标。结合 CDIO 的概念讲述需求工程，更易于理解需求工程的概念。

2.5.1　CDIO 简介

CDIO 工程教育模式是近年来国际工程教育改革的最新成果。从 2000 年起，麻省理工学院和瑞典皇家工学院等四所大学组成的跨国研究组获得 Knut and Alice Wallenberg 基金会近 2000 万美元的巨额资助。经过 4 年的探索研究，他们创立了 CDIO 工程教育理念，并成立了以 CDIO 命名的国际合作组织。CDIO 的理念不仅继承和发展了欧美 20 多年来工程教育改革的理念,更重要的是系统地提出了具有可操作性的能力培养、全面实施以及检验测评的 12 条标准。这 12 条标准是最佳的实践工作方法。

(1) CDIO 关联原则。

(2) CDIO 的教学目标结果:明确、具体化的教学结果(包括各种能力和学科知识);符合培养目标;为教育利益各方所确认(产业、学生、教师);可用于课程设置和教学大纲制定;作为学生学习结果评价的依据。

(3) 集成课程设置:要同时支持课程设计;学科性知识课程,并达到教学目标;个人/人际/产品-流程-系统建造能力;围绕 CDIO 项目关联学科知识。

(4) 工程概论:提供工程职场实践的框架结构,论及产品和系统构建,介绍产业需要的基本的个人和人际能力;描述工程师的任务和责任,如何使用专业知识完成任务;学生独立和分组实践简单问题求解和设计练习;引起学生对专业的兴趣并加强学习工程的动机;学生了解学习的目标成果,开始开发 CDIO 技能。

(5) 设计制作经验:课程设置包括"设计-制作"实践项目;基础层次和高级层次的项目;从概念设计开始,经历产品设计和实现阶段;应用工程科学知识设计产品和制作产品的能力;成为教学计划的一部分;涉及一门以上的课程,要求课程之间相互关联;纳入教学计划,要求每个学生都执行。

(6) CDIO 的工作环境:支持和鼓励 CDIO 模式;产品-系统构建、专业知识和社会群体经验;教室、报告厅、工程实践场地、实验室;学生边做边学,各组之间互动、互学;要根据条件就现有教学场地加以改造;使学生接触使用各种现代工程工具(硬件、软件、仪器、设备);自主设计、制造、检验产品和系统,以开发能力、学习知识和培养工作态度;原则是学生为中心、人人可用、良好界面、互动。

(7) 集成化教学过程:集成化的学习经验;将理论学习、教学和实践集成,双重利用学生的学习时间;工作过程学习化,学习过程工作化;教师在讲授工程理论同时向学生示范工程师 CDIO 工作的榜样。

(8) 主动学习:基于主动经验型学习方法的教与学;学生主动思考、求解问题,尽少被动接受信息;主动学习方法,分组讨论、辩论、演示、提问、学习后反馈;经验型学习,设计-制造项目、仿真、模拟、案例研究;听中学/看中学/做中学,主动思考和动手操作-深入学习知识,学会自学,养成终身学习的习惯;教师在概念关联和新的应用上帮助学生;大多数教师采用主动学习方法授课。

(9) 教师的 CDIO 能力:教师加强个人/团队合作/CDIO 能力;在专业的工程实践中开发这些能力;措施是利用学术假期到工业界去工作;在科研和教学项目中与产业界工程师合作;把工程经验作为聘用和提升教师的条件;大学中适当的专业开发活动;教师应成为学生心目中的工程师榜样。

(10) 教师的教学能力:集成化学习经验、主动学习方法、评价学生学习结果;支持教师的校内外教学方法交流活动;聘用有教学能力的教师,评估教师强调教学能力;为 CDIO 教师提供资源,应保证必要的对教师的投入;教师应在教学法和评价方法上称职;通过考察和自我评价用文件形式确认。

(11) 学生 CDIO 能力评估:采用不同的方法来衡量学生的能力(笔试、口试、学生表现的考察、评分、学生反映、论文、学生互评和自评等);CDIO 方法必须有有效的评价过程来衡量能力高低;不同能力的评价需要有不同的方法;掌握专业知识能力的评价,笔试和口试;"设计-建造"能力的评价,考察、记录方式;产业实践效果的评价。

(12) CDIO 项目评价:以持续改进为目的,向所有利益相关者报告评估结果;项目评估基于证据的评判,以项目目标为标准;证据包括课程评估、教师反馈、入学和毕业访谈、校外评价报告、毕业生跟踪、雇主反馈;证据要向所有利益相关者定期报告,并基于反馈意见决定改进计划;评估的关键是衡量项目达到目标的效果及效率;分析问题及产生根源以期改进;健全文档(证据、改进)、数据驱动、多种方法采样。

瑞典国家高教署(Swedish National Agency for Higher Education) 2005 年采用这 12 条标准对本国 100 个工程学位计划进行评估。结果表明,新标准比原标准适应面更宽,更利于提高质量,尤为重要的是新标准为工程教育的系统化发展提供了基础。迄今为止,已有几十所世界著名大学加入了 CDIO 组织,采用 CDIO 工程教育理念和教学大纲取得了良好效果,按照 CDIO 模式培养的学生深受社会与企业欢迎。

2.5.2　需求工程与CDIO

应用 CDIO 的概念,应从市场和产品的角度理解软件需求和需求工程。软件项目的需求与企业战略和市场战略有关。加拿大著名管理学家亨利·明茨伯格指出企业战略是企业生产经营活动的根本动力和源泉,也是我们为什么要做这个软件、产品、项目的根本原因。企业生活在市场的环境中,企业的任何战略和行为都不能离开市场这个大环境。社会、人文等构成了企业的社会环境,而机会、威胁、行业竞争和竞争对手构成了企业的竞争环境、市场环境。需求工程师应了解"以市场为导向"与具体的产品研发、项目实施间的关系。决定一个企业是什么而不是什么,不是看它所从事的某种具体的经营活动,而是看它的顾客——企业是由顾客购买产品或服务所能满足的需求决定的。

企业战略决定市场战略。在现代社会,市场具有巨大的导向作用,企业必须做如下工作。

(1) 识别、确认和评估市场需求:潜在客户的需要和需求(需要是不足,需求是诉求);

(2) 市场和产品定位:选择和决定企业能够最好地为之服务的市场或客户群;

(3) 产品和服务规划:指导产品开发和生产,与其他各个管理职能形成合力,共同适应市场;

(4) 市场培育:向目标市场和潜在顾客推荐产品,介绍价格,激发购买的兴趣;

(5) 销售过程:分销产品,把产品、服务送达顾客。

其中前三步是市场的导向功能,后两步是具体的市场营销。

市场战略引导产品战略。具体的核心技术开发、新产品研制和项目实施都是为了实现产品战略。从需求分析、设计到实现阶段,读者将了解到如何将选定系统的需求明确地分配到各软件子系统,并注重采用工程的系统方法。这样能简化软硬件的集成,也能确保软硬件系统功能匹配适当。通过此过程,读者逐渐掌握应用工程科学知识设计产品和制作产品的能力,了解需求在整个项目的位置,以及如何利用需求进行设计、开发和测试,并最终完成项目的部署、运行和维护。

根据 CDIO 的概念,需求工程中最需要培养的是需求分析人员,它是对相关人员的需求进行收集、分析、记录、验证等职责的主要承担者,是用户群体与软件开发团队间进行需求沟通的主要渠道。他们需要完成的活动包括:定义业务需求、确定项目涉众和用户类别、获取需求、分析需求、为需求建模、编写需求规格说明、主持对需求的验证、引导对需求的优先级划分、管理需求等。需求工程师的任务和责任是使用专业知识完成任务:与所有相关组织协商,尽早地接触广泛的客户代表,用多种方式有效地表达需求以确保每个人都能理解它们,确保需求的完整性和正确性,正确地描述需求、控制需求变更的路径。

需求分析人员必须掌握的技能包括倾听、交谈和提问的技巧,以及分析、协调、观察、写作、组织、建模、人际交往随机应变和创造的能力。这些能力可概括为业务知识、技术知识和沟通能力三个方面。以下给出三个能力的培养要点。

(1)业务能力:对业务能力的培养要点是类比和宏观思考。类比是由两个对象的某些相同或相似的性质,推断它们在其他性质上也有可能相同或相似的一种推理形式,如推断很多销售型企业和非销售型企业中都有"产、销、存"线索。宏观思考可以避免陷入细节性的需求。

(2)技术能力:对技术能力的培养要点是渊源和优缺点。渊源是分析技术的发展史,以便可以更好地了解其作用;优缺点是了解优缺点从而正确地使用它。

(3)沟通能力:沟通能力的培养要点是思维模式。通过改变思维模式,不断训练提高沟通能力。

需求分析人员中无论领域专家还是技术专家,都需要以沟通能力为主要能力。同时,因为需求分析人员的三大技能横跨文、理两个学科,所以需要有不同背景的人和需求分析人员组成一个团队来协作满足以上技能要求。需求分析团队可具体包括如下人员。

(1)开发人员:选择的解决方案往往更合理,但他们可能缺乏领域知识,沟通能力不强。

(2)用户:善于理清业务脉络,但他们欠缺软件知识,难以表述需求。

(3)领域专家:对业务领域十分精通,但易按自己的偏好来构建系统。

实践中推荐以具有用户背景的甲方需求分析人员为核心,由具有开发人员背景的乙方需求分析人员进行解决方案的选择和技术论证,领域专家作为顾问。

需求工程应基于CDIO的工作环境讲述职场实践的框架结构,论述需求和领域间的关系。领域是指能够用于创建一个或一组系统的专业知识,领域知识是一组专业领域从业者理解的概念和术语。领域知识包括:该领域的问题和解决方案。建造一个系统,可能需要几个领域的专门知识。例如:建设一个分布式银行应用系统,需要商业银行业务知识、银行信息系统知识、商业银行业务流和业务处理知识、用户业务习惯和业务操作界面知识、数据库技术和网络技术知识等。需求不能脱离实际领域存在,只能在实际领域中进行相关需求过程。

基于CDIO的集成课程设置,本书在讲述需求工程时将涉及软件工程、软件设计和软件测试等其他课程,讲述关联学科知识,同时支持学科性知识课程,以及个人、人际、产品、流程和系统的建造能力。正如其他任何事物一样,软件也有一个孕育、诞生、成长、成熟、衰亡的生存过程,我们称其为软件生存周期。现代软件项目已经不仅仅是一个软件开发的过程,而是包括核心技术开发,产品研制、合同项目实施及相应的支持与支撑工程在内的全方位过程。本书从软件需求定义、软件设计和软件验证等概念和应用入手介绍,让读者了解到需求与整个软件周期中的系统开发、运行、维护的全部过程和活动的关系。

习　题

1. RUP 是 Rational Unified Process 的简称。RUP 是一套软件工程过程,是最佳软件开发经验的总结,它包括了软件开发中的六大经验:迭代式开发、管理需求、使用基于组件的软件体系结构、可视化建模、验证软件质量、控制软件变更。其中管理需求认为系统的需求是一个连续的过程,开发人员在开发系统之前不可能完全详细的说明一个系统的真正需求。RUP 描述了如何提取、组织系统的功能和约束条件并将其文档化,用例和脚本的使用以被证明是捕获功能性需求的有效方法。试阐述如何通过 RUP 用例进行需求管理的可追踪性策略。

2. 由美国卡内基梅隆大学的软件工程研究所(SEI)创立的 CMM(Capability Maturity Model 软件能力成熟度模型)认证评估,在过去的十几年中,对全球的软件产业产生了非常深远的影响。CMM 共有五个等级,分别标志着软件企业能力成熟度的五个层次。从低到高,软件开发生产计划精度逐级升高,单位工程生产周期逐级缩短,单位工程成本逐级降低。据 SEI 统计,通过评估的软件公司对项目的估计与控制能力约提升 40% 到 50%;生产率提高 10% 到 20%,软件产品出错率下降超过 1/3。需求管理是 CMM 二级中列出的第一个关键域,CMM 认为关键过程中所说的需求是指"分配给软件的系统需求",试区分需求管理(CMM 中的概念)和软件需求分析的概念。

3. 讨论需求过程面临的困难及解决方法。

4. 讨论需求工程与传统软件工程及现代软件工程的关系。

5. 思考对需求分析人员技能培训的要点。

第3章 需 求 获 取

需求获取(Requirement Elicitation)定义为：涉众团体之间的相互沟通、识别需要的过程。涉众团体通过这个过程提取、定义需求。需求获取不但涉及技术问题，而且涉及社会交往问题。

需求获取是需求工程的主要内容之一。获取需求是一个确定和理解不同涉众需要和约束的过程。需求获取是在问题及其最终解决方案之间架设桥梁的第一步。获取需求的一个必不可少的结果是对项目中描述的客户需求的理解。

3.1 问　题　域

一旦理解了需求，分析者、开发者和客户就能探索出这些需求的多种解决方案。参与需求获取者只有在他们理解问题的基础上才能开始设计系统，否则，对需求定义的任何改动，都会造成设计上的大量返工。正是基于上述的情况，20世纪90年代中期，M. Jackson等对软件需求的本质和已有软件的开发方法进行了一系列讨论和反思，提出了面向问题域的方法，认为软件需求的本质在于从待求解问题的角度，考虑待开发软件系统在与待求解问题相关的域内产生的效果。面向问题域(Problem Domain)与结构化和面向对象方法相比，其需求建模的风格明显不同。目前，这种方法的应用正处于推广阶段，但相关文档并不多，本节将介绍问题域的基本概念。所谓问题域是指与问题相关的部分现实世界[17]。问题域是定义用户需求的前提条件，因为用户需求与所处的客观世界是紧密联系的，仅依赖可运行程序的计算机本身难以产生预期的效果。因此，需求工程的本质在于从待求解问题的角度，考虑待开发软件在待求解问题相关的域内的产生效果。

为了更好地理解问题域，以电梯控制系统为例。该系统包括任何现有的硬件(电机、电梯、按钮等)、建筑物的特征(楼层和电梯井的数目)、预期的使用模式、用户特征、客户的电梯使用方式等。在这个例子中，把电梯控制系统看作一个问题域，在该问题域内，问题是"需要一个控制系统使一座建筑物中的电梯更加有效的使用"。问题出现了，那么就需要对问题加以解决，与问题相对应的是问题的解决方案。

软件需求的相关描述应该包括以下三个方面的内容：问题所处问题域知识的描述，用K表示；用户最终期望在问题域中产生的效果，称为用户需求，用R表示；为实现用户期望的效果，运行待开发软件系统的计算机必须与问题所处的问题域进行交互，对这种交互的描述也与软件需求直接相关，称为规格说明，用S表示。为使三者构成一个相互联系的有机整体，它们之间必须满足"K,S⇒R"的关系，即在三者各自的描述均正确的前提下，S所定义的行为能在K所描述的问题域中产生所期望的效果R。

Jackson认为，软件设计作为一个整体，理论上需要做三个方面的描述：适用于问题域的描述、适用于机器域的描述和一般性描述[18]。适用于问题域的描述是指通过对问题域的分析，获得对该问题域特性的透彻理解并用文档记录下来，该文档称为需求分析文档。适用于机器域的描述是指运行在计算机上的程序,即开发后所生成的代码文本,它只能在计算机上运行,与在问题域中产生的效果没有任何直接关系。一般性描述用于连接上述两种类型的描述,它主要对在问题域和机器域的接口处发生的行为进行描述,定义并创建解决方案的行为,使之在问题域中产生所需的效果,这种描述称为需求规格说明文档。以上的三种描述方式所描述的域之间是相互作用的,它们之间的关系如图3.1所示。

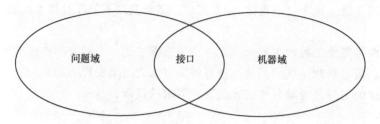

图 3.1　问题域描述、机器域描述和一般性描述之间的关系

图 3.1 界定的范围定义了各个域之间的相互作用,图 3.2 定义了各个域主要进行的活动。

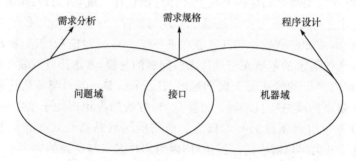

图 3.2　问题域、接口和机器域进行的活动

从图 3.2 可以看出,在问题域内进行的活动是需求分析,在机器域内进行的活动是程序的设计和开发,而接口处的活动则是编写需求规格说明。

3.2　问题框架

问题框架是一种模式,它捕获并定义了普遍被发现的简单子问题的类型。从形式上看,一个问题框架由三部分组成,如图 3.3 所示。

图 3.3　问题框架的组成元素及其关系

其中,问题域 D 表示该问题框架所包含问题域的类型、结构以及其中包含的过程和任务等,用矩形框表示。需求 R 表示期望在问题域中所产生的效果,因此它是对问题域的约束,用虚椭圆表示。需求对问题域的约束用指向问题域的带箭头的虚线表示。机器

M 即运行待开发软件系统的计算机,用带双线的矩形框表示。机器 M 与问题域 D 之间的实线表示二者在接口处的共享现象,共享现象包括实体、事件、状态等。需求 R 与问题域 D 之间可能存在 2 种不同类型的关系:①表示需求 R 对该域存在约束,期望在该域中产生需求中所描述的某种效果,用指向某特定域的带箭头的虚线描述,如图 3.3 所示;②表示需求 R 仅引用该特定域的知识,而不进行任何约束,即不要求该域作出任何改变以产生某种效果,用不带箭头的虚线描述。

Jackson 对以往软件开发中出现的典型软件问题进行了总结,在此基础上提出了 5 类问题:需求式行为问题、命令式行为问题、信息显示问题、工件问题和变换问题。每类基本问题都比较微小,所涉及的问题域通常也很简单,其解决方法也是显而易见的。虽然实际的问题往往比这些基本问题复杂很多,但基本上都可以由这五类基本问题及其变体组合而成。反过来以这些基本问题为导向,可以指导实际问题及其问题域的划分。

问题框架可根据问题域特征、接口特征和需求特征定义一个直观的、可标识的问题类。对于上面所提及的五类基本问题,可以用五个不同的基本问题框架分别进行描述和需求建模。在形式上,一个问题框架类似于一个问题图。与问题图稍微不同的是,问题框架中对每个域的类型与共享现象的类型都进行了描述。问题框架不对应具体问题,其中的组成元素也不具有任何实际的意义,具体应用一个问题框架于某个实际问题称为实例化该问题框架,实例化后的结果称为问题框架实例。

在详细定义这五种问题框架之前,有必要先介绍领域之间接口上的共享现象,被实例化为形为:〈领域名〉!〈现象集合〉的具体现象。其含义是指:该现象集合中的现象是由名为〈领域名〉的领域控制,这个领域可以控制的现象包括〈现象集合〉中的所有现象。下面的具体例子将展示这个抽象表示的具体含义。

3.2.1　需求式行为问题框架

需求式行为问题框架的思想是:存在客观世界的某个部分,其行为要受到控制,使得它满足特定的条件。问题是要建立一个机器,对该机器施加所需要的控制。其问题框架如图 3.4 所示。

图 3.4　需求式行为问题的框架图[19]

在图 3.4 中,被控制的问题领域右下角的 C 表明这个问题是因果(Causal)领域。机器领域(即控制机器)总是因果领域,因此不需要特别进行说明。C1,C2,C3 代表三组共享因果现象,分别出现在相应的位置上。其中,C1 由控制机器所控制,C2 由被控制的领域所控制。也就是说,控制机器通过现象 C1 来控制被控制的领域的行为,被控制的领域展现现象 C2 作为反馈。需求按照被控制的领域的因果现象 C3 来表达。由问题领域和机器领域所共享的现象(C1 和 C2)称为规格说明现象,现象 C3 则称为需求现象。

表 3.1 案例一(音响控制)

在一个多功能厅中,音响控制器对音箱组进行控制(可以打开、关闭音箱组,调高、调低音箱组的声音),按照声音的变化规则对音箱发出指令,从而音箱发出不同的声音。

表 3.1 所述的关于音响控制的需求问题就是一个需求式行为问题,符合这个音响控制的需求式行为问题框架图如图 3.5 所示。

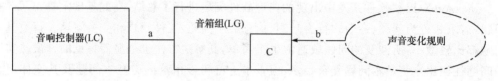

a:LC! {on,off,up,down} LG! {on,off,high,low} b:LG! {stop,go}

图 3.5 音响控制问题框架图

3.2.2 命令式行为问题框架

命令式行为框架的思想是:存在客观世界的某个部分,其行为要根据操作者发出的命令来控制。问题是要建立一个机器,该机器接收操作者的命令并施加相应控制。命令式行为问题的问题框架如图 3.6 所示。

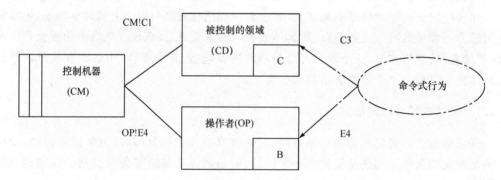

图 3.6 命令式行为问题的框架图[3]

在图 3.6 中,控制机器、被控制的领域和它们的现象 C1、C2 和 C3 的含义与需求式行为问题框架相同,但此图中多了一个操作者域,用 B 标识。操作者与机器共享的现象为事件 E4,它由操作者控制,是操作者发给机器的命令。需求称为命令式行为,它通过描述关于其行为的通用规则,如何被控制,以响应操作者的命令 E4 的特定规则,来限制受控制域的行为。操作者是自主的,也就是说操作者在没有受到任何外界刺激的情况下自主地产生 E4 事件,其中 E4 既是需求现象,又是规格说明现象。

表 3.2 案例二(不定时水闸控制)

一个小水库用升降水闸控制灌溉。需要一个计算机系统来升高和降低这个水闸,以响应操作者的命令。

这个水闸由一个垂直转轮来控制,转轮有一个小马达通过顺势针、逆时针、开和关四种脉冲来驱动,水闸的顶端和底端给有一个感应器;水闸门处于顶端时感应器显示水闸门全开,水闸门处于底端时感应器显示水闸门全关。水闸通过四条控制马达的脉冲线、两条连接水闸感应器的状态线以及一个对应每类操作者命令的状态线与计算机系统连接。

表 3.2 中描述的一个不定时控制水闸的计算机系统的需求,所陈述的问题实际上是一个命令式行为问题,其问题框架图如图 3.7 所示。

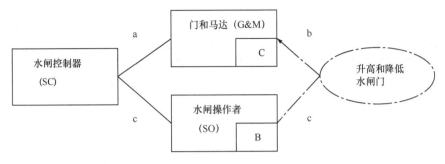

a:SC! {Clockw,Anti,On,Off} G&M! {Top,Bottom} b:G&M! {Open,Shut,Rising,Falling}
c:SO! {Raise,Lower,stop}

图 3.7　不定时水闸控制问题框架图[3]

3.2.3　信息显示问题框架

信息显示问题框架的思想是:客观世界某个部分的状态和行业的特定信息存在被连接的需要。问题是要建立一个机器,该机器从客观世界中获得相关信息,并按所要求的格式呈现在所要求的地方。其问题框架如图 3.8 所示。

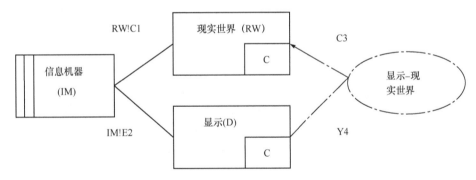

图 3.8　信息显示问题的框架图[3]

在图 3.8 中,提供信息的部分称为现实世界,显示界面是现实世界的另一部分,表明要在这里显示所需要的信息。需求称为显示-现实世界的对应规则,它规定了显示领域的符号现象 Y4 和现实世界的因果现象 C3 之间的对应关系。

现实世界领域和显示领域都是因果领域。现实世界领域是主动且完全自治的,它引起瞬间事件和状态的变化,并控制着它与机器领域的接口上的所有被共享的现象,而且需求没有对它施加任何限制,没有任何会影响现实世界领域的行为约束,它拥有自己的内部因果关系。除了必须受其内部因果关系的支配外,其行为是完全自主的。

机器领域必须从在其接口上的 C1 现象中,判断出现实世界领域的需求现象 C3,为了产生所需要的信息,机器领域必须通过引发在它与显示领域的接口上的事件 E2,引起显示领域的符号值和状态 Y4 的变化,从而满足需求约束。CI 和 C3 之间的联系必须由现实世界领域的因果领域特性来建立。

表 3.3　案例三(里程表显示)

里程表显示需要一个计算机芯片来控制汽车中的速度计和里程计。它们的显示形式如图 3.9 所示:
60 km/h　　　　　　　　　75005.8 km

车的后轮在旋转时产生脉冲,计算机能够检测到这些脉冲,并用它们来确定在仪表盘计数器上显示出来的当前速度和总行驶公里数。这个计数器的基本寄存器由计算机和显示器共享。

表 3.3 中描述了一个里程表显示的计算机系统的需求,所陈述的问题实际上是一个信息显示问题,其问题框架图如图 3.9 所示。

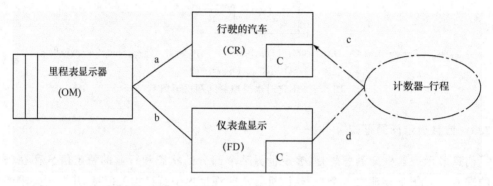

a:CR!﹛WheelPulse﹜　b:OM!﹛IncSpeed,IncDist,DecSpeed,DecDist﹜
c:CR!﹛Speend,CumDist﹜　d:FD!﹛SpeedCount,DistCount﹜

图 3.9　里程表显示的问题框架图

3.2.4　简单工件问题框架

工件是由工具或机器制造出来的一块材料,比如,用车床车出来的木块,或者用枕形钻床钻出来或用无心碾磨机磨出来的金属铸件等都是工件。当工具被用来创建或编辑文本或图形对象时,同样可以使用这个术语,例如,用字处理程序编辑的文档,或者用画图软件包画出的图形等都是工件。工件问题框架的直观思想是:需要一个工具,让用户创建并编辑特定类型的计算机可处理的文本或图形对象或简单结构,以便它们随后能被复制、打印、分析或按其他方式作用。问题是要建立一个机器,该机器可以充当这个工具,其问题框架如图 3.10 所示。

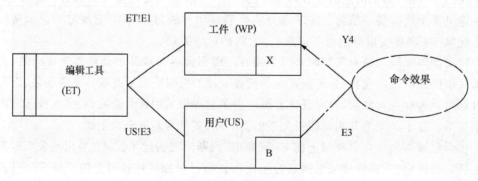

图 3.10　简单工件问题框架图[3]

在图 3.10 中,机器领域称为编辑工具,存在用户一般是人,因此是一个顺从的领域(用 B 表示)。用户是自治的,在没有任何外界刺激的情况下,瞬间引发 E3 事件。工件领域是一个词法领域(用 X 表示)。它与机器领域共享一个接口,在这个接口上,机器领域控制对工件进行操作的事件现象 E1,操作会引起工件领域中的符号值和状态的改变;在同一个接口上,工件领域允许机器领域检测工件的当前状态和值,即符号现象 Y2。

工件领域没有自动力,它可以改变状态以响应一个被控制的外部事件,但它不激发任何事件。用户与编辑机器共享事件现象 E3。这个事件现象由用户所控制,它们是用户发给编辑机器的命令。需求被称为命令效果,它规定由用户发送给编辑机器的命令 E3 应该对这个工件的符号值和状态 Y4 产生什么样的效果。现象 Y4 与 Y2 可以没有任何共同的部分,也可以以任何方式相互重叠,当然 Y2 和 Y4 都是工件领域的符号现象。

表 3.4　案例四(赛事编辑器)

某公司负责组织全国性的比赛,该公司需要一个赛事编辑器来保存他们所组织的许多比赛(每年一届)以及邀请的负责评审的专家的相关信息。从本质上来说,这个编辑器只是一个比赛列表和一个专家信息列表的集合。

表 3.4 中描述了可以对比赛赛事进行编辑的计算机系统的需求,所陈述的问题实际上是一个简单工件问题,其问题框架图如图 3.11 所示。

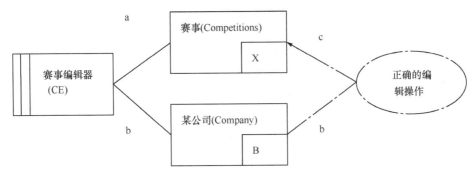

a:CE！〈CompetitionsOperations〉Competitions！〈CompetitionsState〉　b:Company！〈Commands〉

c:Competitions！〈CompetitionsEffects〉

图 3.11　赛事编辑器的问题框架图

3.2.5　交换问题框架

交换问题框架的直观思想是:存在一些计算机可读的输入文件,其数据必须交换,以给出所需的特定输出文件。输出数据必须遵守特定的格式,按照特定的规则从输入数据中导出。问题是要建立一个机器,该机器从输入中产生所需的输出。其问题框架如图 3.12 所示。

在图 3.12 中,输入域是给定的,输出域由机器产生。机器称为变换机器,它访问输入域的符号现象 Y1,并确定输出域的符号现象 Y2。需求称为 IO 关系,它规定输入域的符

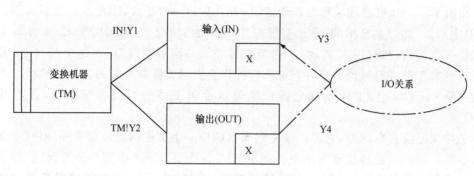

图 3.12　变换问题框架图[3]

号现象 Y3 和输出领域的符号现象 Y4 之间的关系。Y1 和 Y3 可以是相同的现象,也可以不同,Y2 和 Y4 也同样如此。

表 3.5　案例五(邮件分析器)

Fred 决定要写一个用来分析邮件模式的程序。他关心的是每个星期收到和发送的邮件的平均数量,平均长度和最大长度。他想要如下格式的报表:

Name	Days	#in	Max. Lth	Avg. Lth	#Out	Max. Lth	Avg. Lth
John	124	19	52136	6027	17	21941	2123
Lucy	92	31	13249	1736	37	34763	2918
…	…	…	…	…	…	…	…

该报表中,每个联系人占一行,显示该联系人的姓名、报表涵盖的天数、该联系人收发的邮件数和邮件的最大及平均长度。

表 3.5 中描述了邮件的需求,所陈述的问题实际上是一个交换问题,其问题框架图如图 3.13 所示。

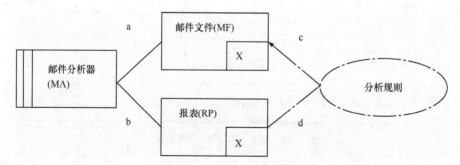

a:MF!｛MsgDir,File,Line,Char｝　　b:MA!｛ReportLine,char｝

c:MF!｛Msg,From,To,Date,Length｝　　d:RP!｛LineData｝

图 3.13　邮件分析器的问题框架图[3]

3.3　多框架问题

问题框架的作用类似于设计模式,它们的不同之处在于:前者用于问题的分析和描述,后者用于解决方案的设计。问题框架法的优点之一就是它为问题分解提供了合理性原则。以五种基本问题框架为基础,可能先对整个问题及其问题域进行合理的划分,然后依次对每个问题框架实例进行具体需求信息的获取、描述需求和建模。问题框架将整个问题域建模成一系列相互关联的域,不仅有助于把需求从问题域的内在性质中区分出来,还有助于确定问题域的类型。每种问题框架都有自己关注的焦点,然而在实际的软件问题分析过程中,情况是比较复杂的,问题的某一部分会适用于一种框架而其他一些部分则会适用于另一种框架,也就是说一个系统由多种不同类型的问题框架组成是有可能的,这就是多框架问题。在本节中,我们主要讨论一个问题由两种不同类型的问题框架所构成,我们称之为双框架。我们假定只有 5 个框架,那么它们可能产生 10 种不同的组合,也就是有 10 种可能的双框架问题(见表 3.6)。

表 3.6　10 种可能的双框架问题

	需求式行为 问题框架	命令式行为 问题框架	信息显示 问题框架	简单工件 问题框架	交换 问题框架
需求式行为问题框架		√	√	√	√
命令式行为问题框架			√	√	√
信息显示问题框架				√	√
简单工件问题框架					√
交换问题框架					

3.4　确定需求开发计划

确定需求开发计划的基本任务是确定需求开发的实施步骤,给出收集需求活动的具体安排和进度。由于需求工程的重点是分析、理解和描述用户的需求,着重于软件系统"做什么",而不是如何实现软件系统,再加上需求工程只是软件开发过程中的一个阶段,故其所占用的时间和费用有限。因此,为保证需求工程有充分的时间和经费,在安排需求工程的实施步骤、收集需求活动的进度和时间时,只能考虑与需求开发相关的工作,不能将软件开发其他阶段如设计阶段也在此考虑。否则,将会导致需求工程花费的时间过长、成本过大、不利于有效地进行需求工程的活动。

除此之外,在安排需求开发计划的进度时,应考虑困难性和灵活性。例如在收集用户需求的活动中,由于用户可能出差或开会,不一定能保证在规定的时间内进行交流,因此需要与用户预约时间,及时调整时间和计划。另外,书写和整理需求规格说明及其文档也是需花费大量时间的工作,所以在安排进度和时间时应予以充分地考虑。

3.5　需求获取方法

需求获取可能是软件开发中最需要交流的一项工作。需求获取只有通过客户与开发者的有效合作才能成功。分析者必须为客户建立一个对问题进行彻底探讨的环境,而这些问题与将要开发的产品有关。要让用户明确了解,对于某些功能的讨论并不意味着即将在产品中实现它。对于想到的需求必须集中处理并设定优先级,消除不必要的需求,以避免项目范围无意义地膨胀。获取涉众的需求是需求工作的重要环节,目前主要有以下的需求获取方法。

3.5.1 面向目标的方法

在 20 世纪末,目标这一概念在需求工程领域得到了前所未有的重视,并引发了一系列的研究活动。Lamsweerder[20]指出,这是一种从"面向对象"到"面向目标"的范式(Paradigm)转换。面向目标的方法具有以下的优点:容易理解和交流;可以保证需求的完整性、避免无关的需求;目标本身所具有的层次关系使得文档需求更加结构化,增强了可读性;有助于将软件需求与业务环境联系起来,有助于解决多视点之间的冲突。

除此之外,由于目标方法可以将问题空间的需求(稳定)和解空间的需求(经常变化)区分开,有利于需求的管理,对目标这一概念的一个常见解释是用户所期望达到的目的。层次性是目标的一个重要特征,从高层来说,目标是抽象的问题(Why)描述,从底层来说,则是具体的实现方式,即技术需求描述(How)。这一特征不仅有助于需求的逐步求精,而且可以通过需求对高层目标的可追溯性建立软件需求与业务目标的关系。因此面向目标方法不仅被用来进行需求获取、分析,还被应用于需求协商等领域。

已有的代表性的面向目标需求工程方法如 KAOS(Knowledge Acquisition in Automated Specification,KAOS),KAOS 中需求获取是一种典型的概念模型驱动的需求获取方法,它通过一个元模型定义了需求获取中所需收集的信息内容,如对象、关系、目标等,从而对需求获取提供指导,并支持对获取的完整性的检查。

3.5.2 基于场景的方法

场景(Scenario)这一概念在需求工程领域得到了广泛的应用,但是其具体的含义随着应用领域、方法的不同而各有差异。一般来说,它基于对应用环境的某一特定情境的描述来阐述用户的需求。

因为这一方法非常便于涉众之间的交流,并且提供了一种将需求与实际相结合的机制,因此对于需求的获取和确认有很大的帮助。通过对于场景描述(如用例)的形式化,对快速原型生成等也有帮助。

对于这一类方法,目前应用最广泛的一种就是基于用例(Use Case)的方法。用例是从用户的观点、以交互的方式对于系统的行为特征进行的描述,而场景一般认为是用例的一个实例。基于用例的方法请看第四章需求分析部分。

3.5.3 面向方面的方法

面向方面(Aspect)的软件开发 AOSD(Aspect-Oriented Software Development)[21]是使横切关注点更好地分离的一种技术。

在面向方面的编程 AOP(Aspect-Oriented Programming)中,对于"横切"(Cross-Cut)给出这样的定义:如果被构建的两个属性必须以不同的方式构造,但是它们之间又需要被协同,那么它们彼此横切。把问题分解为更小的部分,称为关注点分离。通过对关注点的分离,有助于从不同角度对软件系统进行理解、维护和扩展。

由于关注点主要是从需求方面对系统进行考察,因此,面向方面的需求工程AORE(Aspect-Oriented Requirements Engineering)在近年来被提出,并受到了研究者的重视。

在较早的 AORE 方法中,通常将功能性需求作为基础,而将非功能性需求作为方面级(Aspectual)的需求。Moreira 在其 2005 年的论文中[22],提出了一种统一的在需求工程中进行多维度的关注点分离及让步(Trade-Off)的分析方法,这种方法允许对于功能性需求和非功能性需求进行同样方式的横切分析。面向方面的方法从编程方法发展而来,它的基本思想和多视角的方法有相似之处,目前较为成功的应用主要集中在需求的实现如构件技术中。在需求分析方法中,由于需求之间的关系往往错综复杂,因此对横切需求的识别仍然是一个难题。

3.5.4　面向视点的方法

视点(Viewpoint)是对于涉众局部观察角度的一种抽象。对于大型、复杂软件系统的开发,不可避免地涉及众多项目相关人员,由于各自背景、知识和职责等的不同,不同项目相关人员对目标软件系统可能具有不同的看法和要求。

20 世纪 90 年代,A. Finkelstein 和 I. Sommerville 等人正式提出了面向多视点的需求工程,采用视点的方式获取和组织不同用户的需求,并根据视点间的关系分析和处理需求的一致性问题,以确保用户需求的完整性和一致性。多视点方法适应于涉众视角的局部性、分布性特征,反映各种涉众的需求,有助于提高需求工程的效果和涉众的满意度。

CORE[23] 是基于视点的功能化需求分析方法的典型代表,也是最早提出的多视点需求工程方法。在 CORE 中视点没有被正式、严格地定义,而是被看做数据的来源。

多视点就是在客观分析若干视点的内、外部关系的基础上对其进行有机的整理和综合。面向多视点的需求工程希望在不同的高度和层次上,对计算机软件系统进行预期的客观刻画和规划,进而指导开发行为并得到一个符合要求的目标系统。多视点的需求模型如图 3.14 所示。

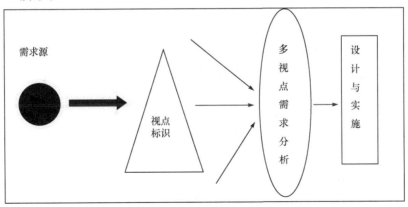

图 3.14　多视点的需求模型

面向多视点的需求工程方法具有如下的优势：

（1）复杂系统的本质特性与多视点思想吻合，利用多视点需求工程方法可以有效地减少某些重要需求被遗漏的可能性，从而保证了需求规约的完备性；

（2）每个视点只需关心它自己感兴趣的内容，不需或较少地考虑其他因素的影响，从而有效地降低了需求获取和描述的难度，有利于提高整个需求工程的质量；

（3）视点的形式使软件系统以一种更加结构化的形式被描述，从而为自动化的完备性和一致性检查提供了可能性；

（4）多视点为封装软件系统的不同描述模型提供了一个强而有力的手段；

（5）通过把需求和表达需求的视点关联起来，可增强需求的可追踪性。

多视点需求工程的需要经过 6 个步骤，多视点需求工程过程如图 3.15 所示。

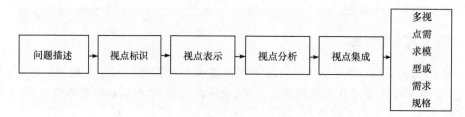

图 3.15　多视点需求工程的过程

在多视点需求工程的过程中，如何进行视点标识？I. Sommerville 给出了标识视点的一般方法：从视点类层次图中删除那些与待开发软件系统不相关的视点；考虑目标系统的各类相关人员，若某些类型的项目相关人员不是组织视点类的一部分，则增加该类型的视点；使用一个系统体系结构模型标识子系统的视点；标识以不同方式和频率使用系统的各类操作员，分别对应不同的视点；对每个已标识出的间接视点类，考虑与其相关的主要人员的角色，在需要的情况下使不同的角色对应不同的视点。

在对问题进行视点的标识以后，所要进行的下一步工作便是视点的表示。A. Finkelstien 采用模板的形式表示每个视点的内容及与其他视点的关系；I. Sommerville 在其 VORD 方法中以框架结构的形式来表示视点。除此之外，还可以用概念图、Z、LOTOS、一阶逻辑等方法进行视点的表示。

使用相应的视图标识方法对视图进行标示以后，紧接着就要进行视点的分析。对于视点的分析是基于视点的一致性定义而进行的。视点的一致性定义又分为基于规则型、基于逻辑型和基于可实现型。基于规则型是基于预先定义好的视点内部和视点间的一致性规则，以及一致性检查过程模型，这些规则和过程模型由视点模板的设计者根据该模板的用途进行定义。基于逻辑型是用一阶逻辑作为不同规约语言的语义域模型，然后从逻辑的角度定义和检查视点内部及视点间的一致性。基于可实现型就是以变换系统作为不同视点规格说明的公共语义模型，由于该变换系统包括静态结构、动态行为及体系结构等多方面的内容，故可作为多种不同类型规约语言的公共语义模型，克服了采用一阶逻辑作为公共语义模型的不足。

当在视点分析的过程中，出现了视点不一致的现象时，采取忽略、暂时回避、缓解不一致的程度、完全消除不一致等措施。

视点的集成是多视点需求工程的最后一个阶段。在多视点需求工程方法中，由于采用的视点方式分散地获取不同用户的需求信息,为生成一份统一的需求规格说明或需求模型,最终必须将各个视点中的需求信息集成为一个统一的整体,以作为后阶段系统开发及系统测试和验收的依据。

表 3.7 列车保护控制系统 TCS(Train Control System)

列车是由司机控制的,司机应遵守一些有效操作规则。TCS 是一个安全系统,其工作就是当检测到不安全状态时,对列车进行干预和控制。此外,如果司机不遵守规则时,TCS 将采取正确的措施。此处的有效操作规则包括速度限制和传递信号的协议,其中有些规则是不变的,有些可能随现场情况而发生变化。TCS 从轨道两旁的设备实时收集数据,以监控列车速度和检测信号。如果司机将列车开得太快,或者非法越过停车线时,TCS 将进行紧急刹车。TCS 必须与已有的运行环境和列车上其他系统集成,并通过硬件系统接口模块 HSI(Hardware System Interface)与其他所有硬件接口进行通信。这些接口为:

允许调用紧急刹车功能;

允许 TCS 查询列车速度和离停车线的距离等数据。

根据表 3.7 所描述的案例和多视点需求工程的过程的步骤,依次得到列车保护控制系统的视点标识,如图 3.16 所示。

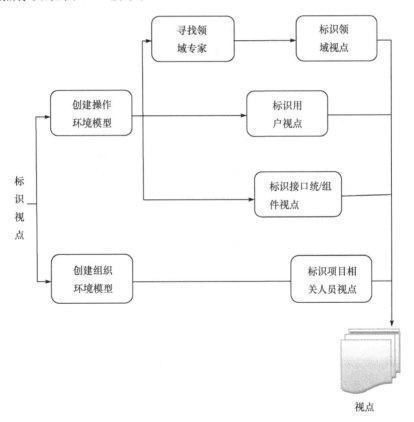

图 3.16　列车保护控制系统的视点标识

对列车保护控制系统的视点进行标识以后,以表格的形式对其视点进行表示,如表 3.8 和表 3.9 所示。

表 3.8 列车保护控制系统的安全状态保证的视点表示

名称	安全状态保证
焦点	检测危险条件,使用紧急刹车
关注	安全性 兼容性
视点源	客户采购经理 TCS 预备危险分析
需求	. SS1(超速检测) . SS2(越过停车线监测) . SS3(调用频率)
变更史	

表 3.9 列车保护控制系统的错误状态恢复视点表示

名称	错误状态恢复
焦点	紧急刹车后,列车恢复到正常操作状态
关注	安全性 兼容性
视点源	客户采购经理
需求	. ESR1(超速恢复) . ESR2(越过停车线恢复)
变更史	

视点的分析工作分为两个方面,一方面是视点内的需求与所涉及的具体问题是否一致,另一方面是分析视点内需求与外部需求是否一致。列车保护控制系统的检查满足关注的交互矩阵如表 3.10 所示,列车保护控制系统为了确保一致性的交叉检查视点如表 3.11 所示。

表 3.10 列车保护控制系统的检查满足关注的交互矩阵

		安全			兼容性			
		ER1	ER2	ER3	ER4	ER5	ER6	ER7
安全	SS1	1	0	1	0	0	0	0
状态	SS2	0	1	1	0	0	0	0
保证	SS3	0	0	0	0	1000	1000	1000

表 3.11 列车保护控制系统为了确保一致性的交叉检查视点

		错误状态恢复	
		ESR1	ESR2
安全	SS1	0	0
状态	SS2	0	1000
保证	SS3	0	0

视点集成的目的是为了生成多视点需求模型或需求规格说明,视点的集成按照以下的六个步骤来完成。

(1)规定需求规格说明文档的规范,将其分为几个主要部分,如系统概况、系统约束、功能需求、性能需求和接口需求等;

(2)建立需求规格说明文档必须满足的特征和质量等,并将其构造成表格形式(检查表),并通过此表对需求规格说明及其文档进行评估;

(3)对每个外部需求(目标需求),根据其是否描述系统约束、功能需求等,将其分配到各个部分中去;

(4)对每个需求重复活动 3;

(5)对每个需求(外部或者视点中的),应用活动 2 中定义的检查表,修改不符合检查表中内容的需求;

(6)评审各个部分或子系统,减少冗余性。

3.5.5　基于知识的方法

软件开发是一个知识密集型的活动,知识在其中起到关键的作用。基于知识的方法的出发点,是希望利用历史项目中积累的经验或领域分析的结果,来帮助人们理解和获取需求。事实上,大多数的需求获取方法都或多或少地用到这一类方法。这方面比较具有代表性的工作包括基于类比推理的领域模型重用、KAOS 方法中的元模型驱动的需求获取等。

3.6　需求获取技术

软件项目需求调研不充分、用户需求描述不完整不准确,轻则影响项目建设的顺利程度,重则影响应用系统的质量,甚至影响项目的成败。俗话说,"良好的开端是成功的一半"。需求获取作为项目伊始的活动,是非常重要的。在需求的获取过程中,开发方和用户对需求的理解程度是不一样的,在有些情况下,用户甚至不清楚自己的需求。因此,根据开发方和用户对需求的理解清晰程度,大致可以分为以下的四种情况:开发方和用户都清楚项目需求;开发方不清楚项目需求但用户清楚;开发方和用户都不清楚项目需求;开发方清楚项目需求但用户不清楚。针对这四种类型的项目,提出了四种对应的需求获取技术:问卷调查、会议讨论、界面原型和可运行原型系统。

1)问卷调查

所谓"问卷调查",是指开发方就用户需求中的一些个性化的、需要进一步明确的需求(或问题),通过采用向用户发问卷调查表的方式,达到彻底弄清项目需求的一种需求获取方法。这种方法适合于开发方和用户都清楚项目需求的情况。因为开发方和用户都清楚项目的需求,则需要双方进一步沟通的需求(或问题)就比较少,通过采用这种简单的问卷调查方法就能使问题得到较好的解决。

问卷调查的一般操作步骤如下。

(1)开发方先根据合同和以往类似项目的经验,整理出一份《用户需求说明书》和待澄清需求(或问题)的《问卷调查表》提交给用户;

（2）用户阅读《用户需求说明书》，并回答《问卷调查表》中提出的问题，如果《用户需求说明书》中有描述不正确或未包括的需求，用户可一并修改或补充；

（3）开发方拿到用户返回的《用户需求说明书》和《问卷调查表》进行分析，如仍然有问题，则重复步骤 2，否则执行步骤 4；

（4）开发方整理出《用户需求说明书》，提交给用户确认签字。

由于这种方法比较简单、侧重点明确，因此能大大缩短需求获取的时间、减少需求获取的成本、提交工作效率。

2）会议讨论

所谓"会议讨论"，是指开发方和用户召开若干次需求讨论会议，达到彻底弄清项目需求的一种需求获取方法。

这种方法适合于开发方不清楚项目需求，但用户清楚项目需求的情况。因为用户清楚项目的需求，则用户能准确地表达出他们的需求，而开发方有专业的软件开发经验，对用户提供的需求一般都能准确地描述和把握。

会议讨论的一般操作步骤如下。

（1）开发方根据双方制定的《需求调研计划》召开相关需求主题沟通会；

（2）会后开发方整理出《需求调研记录》提交给用户确认；

（3）如果此主题还有未明确的问题则再次沟通，否则开始下一主题；

（4）所有需求都沟通清楚后，开发方根据历次《需求调研记录》整理出《用户需求说明书》，提交给用户确认签字。

由于开发方不清楚项目需求，因此需要花较多的时间和精力进行需求调研和需求整理工作。

在应用会议讨论法的过程中，需要注意如下事项。

（1）事先确定会议议题、范围、参会人员；

（2）事先将相关资料送达参会人员，让参会人员开会前理解会议的整体背景，有利于会议的顺利开展；

（3）确定好会议室、开会的时间（需要掌控开会的长度），做好后勤保障；

（4）选一个好的主持人，可把握会议的方向、进度、调整会议的气氛；

（5）保证每个人都有 5-10 分钟的发言时间，不允许他人打断，他也不允许超过限定的发言时长；

（6）会后将会议纪要发送给参会人员、取得对结果的认同。

3）界面原型

所谓"界面原型"，是指开发方根据自己所了解的用户需求，描画出应用系统的功能界面后与用户进行交流和沟通。通过"界面原型"这一载体，达到双方逐步明确项目需求的一种需求获取的方法。

这种方法比较适合于开发方和用户都不清楚项目需求的情况。因为开发方和用户都不清楚项目需求，因此此时就更需要借助于一定的"载体"来加快对需求的挖掘和双方对需求理解。这种情况下，采用"可视化"的界面原型法比较可取。

界面原型的一般操作步骤如下。

（1）开发方根据其所了解到的需求（如通过合同或与用户交流），采用界面工作描画

出应用系统的功能界面;

（2）将应用系统的功能界面提交给用户并与用户沟通,挖掘出新需求或就需求达成理解上的一致;

（3）开发方就不断获取的需求进行增量式整理,根据新的需求丰富和细化界面原型;

（4）双方经过多次界面原型的交互,开发方最终整理出《用户需求说明书》,提交给用户确认签字。

由于开发方和用户都不清楚项目需求,因此此时需求获取工作将会比较困难,可能导致的风险也比较大。采用这种"界面原型"的方式,能加速项目需求的"浮现"和双方对需求的一致理解,从而减小由于需求问题可能给项目带来的风险。

4）可运行原型系统

所谓"可运行原型系统",是指开发方根据合同中规定的基本需求,在以往类似项目应用系统的基础上进行少量修改得出一个可运行系统,通过"可运行原型系统"这一载体,达到彻底挖掘项目需求的一种需求获取的方法。

这种方法比较适合于开发方清楚项目需求但用户不清楚项目需求的情况。这种类型的项目,开发方一般都有类似项目的建设经验,因此可以在以往项目的基础上,快速"构建"出一个可运行系统,然后借助于这一"载体"来加快对需求的挖掘和双方（特别是用户）对需求的理解。这种情况下,采用"所见即所得"的可运行原型系统法比较可取。

可运行原型系统一般操作步骤如下。

（1）开发方根据其所了解到的需求（如通过合同或与用户交流）,在以往类似项目的基础上,快速"构建"出一个可运行系统;

（2）通过向用户演示"可运行原型系统",逐步挖掘并让用户确认项目需求;

（3）开发方就不断获取的需求进行增量式整理,根据新的需求丰富可运行原型系统;

（4）双方经过多次可运行原型系统的交互,开发方最终整理出《用户需求说明书》,提交给用户确认签字。

由于开发方清楚用户的需求（证明以前有类似项目的开发经验和产品积累）,但用户自己不清楚,因此此时开发一个"可运行原型系统",开发方的投入不会很大,但对于用户理解和确认项目需求非常有利。因此针对这种类型的项目这是一种比较理想的需求获取方式。

这种方法的另一个好处是:正式系统一般可以在该"可运行原型系统"的基础上演化而成,为后续开发工作节省不少的工作量和成本。

值得注意的是,以上的这四种需求获取技术不是互斥的,我们可以根据项目的实际特点独立应用或组合应用。

习　　题

1. 什么是问题域?

2. 什么是问题框架? 一个基本的问题框架有哪几部分组成,他们之间的关系如何?

3. 如何理解多框架问题?

4. 多视点需求工程一般有哪几个步骤? 每一个步骤是如何实施的?

第4章 需求分析

需求分析和需求获取是两个密切相关的过程。大量的需求信息在需求获取阶段获得，不过收集到的需求信息并不完全都是需求，因为其中包含了一些与软件系统无关或关系不大的信息，以及可能发生重叠或冲突的需求信息等。软件需求分析的基本任务是分析和综合已收集到的需求信息。分析在于透过现象看本质，找出收集到的需求信息之间的内在联系和可能的矛盾。综合是去掉非本质的信息，找出解决矛盾的方法并建立系统的逻辑模型。

在软件工程中，所有的风险承担者都感兴趣的是需求分析阶段。这些风险承担者包括客户、用户、业务或需求分析员（负责收集客户需求并编写文档，以及负责客户与开发机构之间联系沟通的人）、开发人员、测试人员、用户文档编写者、项目管理者和客户管理者。这部分工作若果做好了，能开发出很出色的产品，同时会使客户感到满意，开发者也倍感满足、充实。若处理不好，则会导致误解、挫折、障碍以及潜在质量和业务价值上的威胁。因为需求分析奠定了软件工程和项目管理的基础，所以所有风险承担者最好是采用有效的需求分析过程。对大多数人来说，如果要建一幢100万元的房子，他一定会与建房者详细讨论各种细节，他们都明白完工以后的修改会造成损失，以及变更细节的危害性。然而，涉及软件开发，人们却变得"大大咧咧"起来。软件项目中百分之四十至百分之六十的问题都是在需求分析阶段埋下的"祸根"（Leffingwell，1997）。可许多组织仍在那些基本的项目功能上采用一些不合规范的方法，这样导致的后果便是一条鸿沟（期望差异）——开发者开发的与用户所想得到的软件存在着巨大期望差异。

4.1 需求分析和业务建模

具体来说，需求分析的基本任务就是提炼、分析和仔细审查收集的需求信息，划分需求优先级，划分出每项需求、特性或用例的优先级并安排在特定的产品版本或实现步骤中。评估每项新需求的优先级并与已有的工作相对比以做出相应的决策。此外，通过创建模型获得对未来系统更好的理解，有效地描述软件目标系统的数据信息、处理功能、用户界面及运行的外部行为，发现或找出需求信息中存在的冲突、遗漏、错误或含糊问题等。

需求分析阶段的目标有如下两个。

（1）检查业务上下文。首先需要弄清楚开发软件的原因——如果没有充分的理由，就不应该编写软件。一旦决定开发软件系统后，就需要理解业务，对业务的理解与客户的理解相同——这也是弄清楚客户是谁的好机会。

（2）描述系统需求。这不仅要决定系统的功能，还要找出所有的约束条件：性能、开发成本、资源等。

既然系统需求构成了需求分析阶段的一部分，那么为什么要给业务建模？因为很多程序员一开始就进行编程，这种盲目的方法在程序员新手中比较常见，他们还不知道自己在干什么。程序员通常认为"我们不能确定可以开发出客户需要的系统,但我们知道我们能开发出什么系统,只要系统开发完成,就可以先告诉客户,我们开发的系统就是他们需要的"。对要开发的系统的认识就比较模糊,而且对客户的关注也不够。这将妨碍他们成为高级专业人士。

尽管系统的开发可能很难离开编码,但首先必须保证程序员理解新系统的业务上下文,然后与客户一起工作,对系统要完成什么任务达成一致。术语"客户"表示对最后交付的系统有兴趣的人。例如,运行系统的内部或外部顾客,潜在的最终用户、经理,甚至是股东。

在考虑编写软件前,必须调查软件运行的业务上下文——如果没有彻底理解业务,就很难开发出能增强该业务的系统(必须把目的定为增强已有的业务,否则就没有必要编写软件了)。"业务"含义非常广泛,也可以看作"问题域"。

业务建模是需求工程中最初始的阶段,也是整个项目的初始阶段。业务建模(Business Modeling)也称为商业建模,是一个复杂的过程,对其下一个准确的定义是困难的事情。业务建模是一种建模方法的集合,是一种问题分析的技术,有助于定义系统及其应用。其工作可能包括:对业务流程建模、对业务组织建模、改进业务流程以及领域建模等方面。业务建模的最终目的在于理解现有业务组织的静态结构和动态运作方式并确保客户、最终用户以及开发人员对业务有共同的理解。需要指出的是,在不同的项目中业务建模时间的跨度有很大的差别。如在大型 ERP 系统项目中,可能需要几个月的时间;而对于普通的项目,业务建模可能仅仅需要几天的时间。

业务需求模型描述了业务上下文的手工和自动工作流。需求是技术无关(Technology Independent)的,技术的实现细节是在后面的分析、设计阶段才需要考虑的事情。在业务建模阶段,最重要的事情就是要了解业务的全貌,不但要保证需求的技术无关性,还要保证需求不要深入细节,深入细节会浪费时间和精力。在实际中,这两点都是很难做到的。例如,企业原先有一个系统,这就不得不讨论新旧系统的兼容问题。这时候就要注意,如果讨论已有系统架构的话,那还是属于技术无关的范畴,一旦讨论各具体模块/组件的细节,那就非但不是技术无关,而且还深入细节了。通常很难禁止项目涉众不讨论一些相关的业务细节。这个时候可以将这些细节记录下来,然后再回到业务建模上。

4.2 建立系统关联图

在需求获取阶段,确定系统范围的目的之一是要界定收集需求信息的范围,提高需求获取的效率。另外一个目的是把项目相关人员定位到一个共同的、明确的方向上。建立系统关联图主要是根据需求获取阶段确定的系统范围,用图形表示系统与外部实体间的关联。所谓关联图就是用于描述系统与外部实体间的界限和接口的模型,而且明确了通过接口的信息流和物质流。因此,整个将要开发的系统表示为一个椭圆,椭圆内标识该系统的名字,用带标识的有向边表示系统与外部实体间的关系和信息(或物质)流向,用方框表示系统外部实体等。此外,关联图不明确描述系统的内部过程和数据。下面通过一个实例来说明。

某公司的客户支持系统的主要工作是为本公司的客户提交促销资料以及订货、退货和细节查询,同时该系统接受客户的细节反馈信息。另外,该系统还与公司的管理层,发运部,财务部以及银行,信用部门等外部实体相关联,该系统通过信用部门进行用户信用信息的查询,与发运部进行订单退订以及完成细节信息的交换,为银行提交交易数据,为财务部提交交易汇总报表,为公司的管理层提供订单调节及完成报表。某公司客户支持系统的关联图如图 4.1 所示。

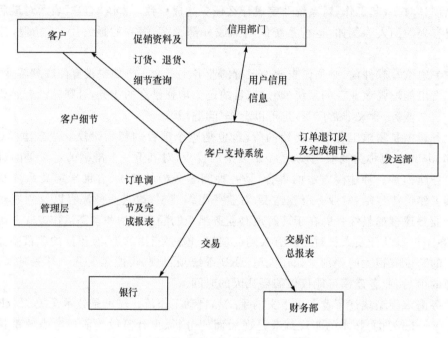

图 4.1　某公司客户支持系统的关联图

建立系统关联图的好处是项目人员一开始不必去考虑太多的细节,而是把注意力集中在软件系统的接口方面,亦即系统的输入/输出,从而确定系统的界限,同时为分析用户需求提供很好的依据,特别是在功能需求方面。显然,关联图以图形方式表示系统的范围使得项目人员更易于理解和审查。

4.3　构建用户接口原型

构建用户接口原型的基本任务是对于软件开发人员或用户不能明确化的需求,通过建立相应的用户接口原型然后评估该原型,使得项目相关人员能更好理解所要解决的问题。用户接口原型是一个可能的局部实现,而不是整个系统。这样可使许多概念和可能发生的事更为直观明了。例如,对于"用户界面友好"这一用户需求是比较含糊的,没有判定用户界面友好的标准。因此,只有通过构建用户界面原型(包括一系列的操作和系统响应),并将原型交由用户使用和评价,然后进一步修改,直到用户满意为止,最终形成友好的用户界面。

在构造一个用户接口原型之前,需要充分与客户交流,做出一个明确判断:在评价原型之后是抛弃原型还是把该原型进化为最终产品的一部分。这里需要说明两个概念,即抛弃型原型和进化型原型。所谓抛弃型原型是指在原型达到预期目的之后将其抛弃。在构建该原型时,可以忽略具体的软件构造技术,也就是以最小的代价构造抛弃型原型。因此,抛弃型原型中的代码不能移植到最终的系统中,除非达到产品质量代码的标准。通常,在需求分析中遇到具有不确定性、二义性、不完整或含糊特征的需求时,最合适的方法是建立抛弃型原型。所谓进化型原型是在需求清楚定义的情况下,以渐增式方式构建原型,并使原型最终能成为软件产品的一部分。进化型原型可以说是螺旋式开发模型的一部分。与抛弃型原型的快速和粗略的特点相比,进化型原型一开始就必须编制具有较好健壮性和高质量的代码。因此,对于描述同一功能来说,构建进化型原型要比构建抛弃性原型所花的时间多。当然,在需求分析中,也可以综合使用多种原型,而且构建原型要视实际情况来确定。

构建用户接口原型有以下的三种方法。

(1) 纸上原型化方法。这种方法代价小而且特别有效,主要是把系统的某部分以场景的形式实现,并通过书面材料呈现给用户。软件开发人员和用户通过这些场景来发现问题或达成共识。这种方法使用的工具也非常简单,只需一些日常的文具,如纸张、笔等。

(2) 人工模拟原型化方法。这种方法是根据用户的输入由人模拟系统的响应。这也是一种代价较小的方法。表面上用户是与系统原型进行交互,但实际上用户的输入被传递到模拟系统的人,然后由人做出响应。这种方法比较适合于系统与用户间进行交互的情况。

(3) 自动原型化方法。这种方法主要是用第四代语言或其他开发环境来开发一个可执行的原型。用这种方法开发原型成本较高,因为其需要编写软件来模拟系统的功能,而且在构建原型中要使用合适的高级语言和支持环境。例如,可用于构建原型的工具和环境有:

编程语言,Visual Basic,Smalltalk 和基于数据库系统的第四代语言等;

脚本语言,Peal 和 Python 等;

商品化构建原型的工具包和图形用户界面工具等;

基于 Web、可以快速修改的 HTMI 语言,以及 Java 语言等。

4.4　建立数据字典

结构化分析模型的核心是数据字典。分析模型中包含数据对象、功能和控制的表示。在每种表示中,数据对象或控制项都扮演一定的角色。数据字典提供一种有组织的方式来表示每个数据对象和控制项的特性。数据字典是定义目标系统中使用的所有数据元素和结构的含义、类型、数量值、格式和度量单位、精度及允许取值范围的共享数据仓库。数据字典是为描述在结构化分析中定义的对象的内容而作为半形式化的语法被提出的。数据字典通过对所有与系统相关的数据元素的一个有组织的列表和精确的、严格的定义,确保软件开发人员使用统一的数据定义,使得用户和系统分析员对于输入、输出、存储成分和中间计算有着共同的理解,如此可提高需求分析、设计、实现和维护过程中的可跟踪性。

为避免冗余和不一致性,每个项目建立一个独立的数据词典,而不是在每个需求出现的地方定义每个数据项。数据词典可把不同的需求文档和需求模型紧密地结合到一起。

数据字典在当今几乎是结构化分析工具的一部分,虽然在各种工具中字典的形式各不相同,但都包含以下信息:

名称——数据或控制项、数据存储或外部实体的主要名称;

别名——第一项的其他名字;

何处使用/如何使用——使用数据或控制项的加工列表,以及如何使用;

内容描述——表示内容的符号;

补充信息——关于数据类型、预设值、限制或局限等的其他信息。

为了说明数据字典的使用,我们以自动报警系统中的数据项电话号码为例,在自动报警系统中,我们通过传感器对外部环境进行监视,当有异常情况产生时,系统会自动发出警报声并拨号进行报警。电话号码的项如下:

名称——电话号码;

别名——无;

何处使用/如何使用——作为评估系统状态的程序的输出和拨号程序的输入。

内容描述:

电话号码＝[本地号码 | 长途号码];

本地号码＝前缀＋接入号码;

长途号码＝区号＋本地号码;

前缀是一个不以 0 或 1 开头的三位数字;

接入号码是一个人四位数字组成的字符串;

补充信息:无。

4.5　结构化分析建模方法

人们提出了许多分析建模的方法,其中的两种方法在分析建模领域占有主导地位,一种是"结构化分析",这是传统的建模方法,另一种是"面向对象的分析",这已逐步成为现代软件开发的主流。

结构化分析是一种建立模型的活动,它是依赖于数据建模和流建模来创建全面的分析模型的基础。使用实体——关系图,软件工程师创建了系统中所有重要的数据对象的表示。结构化分析是一种建立模型的活动,在这个过程中,将分别对数据、功能和行为进行建模。分析模型必须要到达以下的目的:

(1) 描述客户的需求;

(2) 建立创建软件设计的基础;

(3) 定义在软件完成时可以被确认的一组需求。

为了达到以上的目标,在结构化分析中导出的分析模型采用图 4.2 所描述的形式。

模型的核心是数据字典,它包含了软件生产或消费的所有数据对象描述的中心存储库。围绕着这个核心分别对数据、功能和行为进行建模得到三个层次的子模型:数据模型、功能模型和行为模型。三个子模型有着密切的关系,它们的建立不具有严格的时序性,是一个迭代的过程。

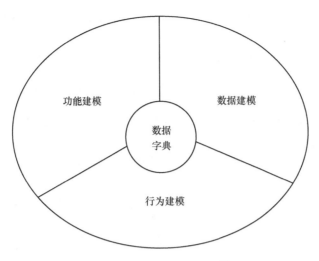

图 4.2 分析模型的结构[1]

4.5.1 数据建模

数据建模处理与任何数据处理应用相关的一组特定问题,如系统处理的主要数据对象、每个数据对象的组成、描述对象的属性等。数据模型主要包含三种互相关联的信息:数据对象、描述数据对象的属性和数据对象的相互连接关系。

1. 数据对象

数据对象是那些必须被软件理解的复合信息的表示。复合信息是指具有若干不同的特性或属性的事物。仅有单个值的事物不是数据对象,比如宽度(单个的值)不是有效的数据对象,但维数(包括高度、宽度和深度)可以被定义为一个对象。

数据对象可能是一个外部实体(例如,生产或消费信息的任何事物)、一个事物(例如,报告或显示)、一次发生(例如,一个电话呼叫)或事件(例如,一个警报)、一个角色(例如,销售人员)、一个组织单位(例如,统计部门)、一个地点(例如,仓库)或一个结构(例如,文件)。例如,人或车可以被认为是数据对象,因为它们可以用一组属性来定义。数据对象描述包括了数据对象及其所有属性。

数据对象是相互关联的。例如,人可以"拥有"车,"拥有"关系意味着人和车之间的一种特定的连接。关系总是由被分析的问题的语境定义的。数据对象只封装了数据,在数据对象中没有引用对数据的操作。

2. 属性

属性定义了数据对象的性质,它可以具有三种不同的特性之一,它们可以用来:①为数据对象的实例命名;②描述这个实例;③建立对另一表中的另一个实例的引用。另外,一个或多个属性应被定义为标识符,也就是说,当我们要找到数据对象的一个实例时,标识符属性成为一个"键"。在有些情况下,标识符的值是唯一的,尽管这不是必须的。

一个数据对象往往具有很多属性。可以根据要解决的问题和对问题语境的理解来确定数据对象的属性。选择一组本质的属性，排除与问题无关的非本质的属性。例如，教师的属性有教工号、姓名、性别、职称、专业、研究方向、担任课程、住址、电话等。如果设计一个教学管理系统，则所关心的是与教学有关的属性，应排除与教学无关的属性。

3. 关系

数据对象可以以多种不同的方式互相连接。以数据对象书和书店为例。这些对象可以用图 4.3 中的简单符号表示。

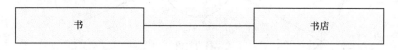

图 4.3　对象间的基本连接

这两个数据对象是相关的，在书和书店之间建立了连接。但这个关系是什么呢？为确定该答案，我们必须理解在将要建立的软件的语境中书和书店的角色。我们可以定义一组"对象——关系对"来定义有关的关系。例如：

书店订购书；

书店陈列书；

书店储存书；

书店销售书；

书店返还。

关系"订购"、"陈列"、"储存"、"销售"、"返还"定义了书和书店间的相关的连接。图4.4 以图形的方式显示了这些对象——关系对。

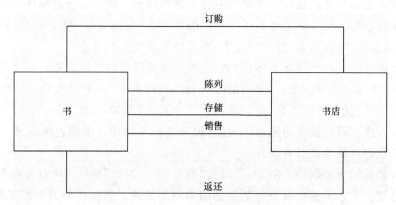

图 4.4　对象间的关系

在理解的过程中，需要注意，对象——关系对是双向的，即在两个方向读，书店陈列书或书被书店陈列。

4. 实体——关系图

对象——关系对是数据模型的基础，可以使用实体——关系图（Entity-Relationship Diagram，ERD）以图形的方式表示。ERD 最初是由 Peter Chen 为关系数据库系统设计提出的，之后被其他人进行了扩展。ERD 识别了一组基本的构件：数据对象、属性、关系和各种类型指示符。ERD 向分析员提供了一种简明的符号体系,表示数据对象及其关系,并用来进行数据建模活动,并可能方便地对数据处理应用语境中的数据考察。

在实体——关系图(ERD)中,带标记的矩形表示数据对象,椭圆形表示属性,连接对象的带标记的线表示关系。在 ERD 的某些变种中,连接线包含一个标记有关系的菱形。如图 4.5 是本科生应用系统中教师、学生和课程之间的实体关系图。

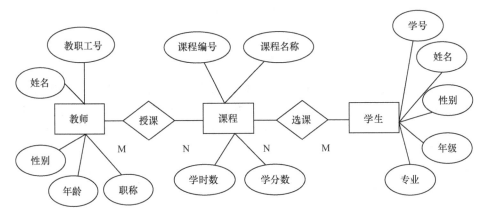

图 4.5 本科生应用系统中教师、学生和课程之间的实体关系

在结构化分析的语境中,ERD 定义了应用中输入、存储、变换和产生的所有数据。

4.5.2 功能建模

对于一个相当复杂的系统,往往使人感到无法下手。结构化分析方法的基本思想是按照由抽象到具体、逐层分解的方法进行功能建模,表示当某些数据输入到该系统,经过系统内部一系列处理(变换或加工)后产生某些逻辑结果的过程,并用数据流图表示。

当信息在软件中"流"时,它会被一系列变换所修改。系统以多种形式接收输入,应用硬件、软件和人员的元素将输入变为输出,并以多种形式产生输出。输出可能是由传感器传输的一个控制信号、由操作员键入的一列数字、通过网络连接传输的一个信息包或从 CD-ROM 提取的大量的数据文件。变换可以包括单个的逻辑比较、复杂的数值算法或专家系统中的规则——推理方法。输出可能是使一个 LED 发光或产生 200 页的报告。实际上,我们可以为任何基于计算机的系统产生流模型,不管其规模与复杂性。

数据流图(DFD)是描述系统内部处理流程、用于表达软件系统需求模型的一种图形化工具,亦即描述系统中数据流程的图形工具。数据流图的基本形式如图 4.6 所示。其中,矩形用于表示外部实体,即产生软件变换的信息或接收软件生产的信息的系统元素(如硬件、人、另一个程序)或另一个系统。圆圈(有时称为"泡泡")表示被应用到数据(或控制)并以某种方式改变它的加工或变换。箭头表示一个或多个数据项(数据对象)。数据流图中的所有箭头应该被标记。双线表示数据存储——存储软件使用的信息。DFD 也被称为数据流图表(Data Flow Graph)或泡泡图(Bubble Chart)。

在图 4.6 中,外部实体 A 为变换(加工)提供了输入数据,变换(加工)对输入数据和对从数据存储中读取的数据进行处理,处理完成以后,把处理的结果写入到数据存储中,并将输出数据提供给外部实体 B 使用。

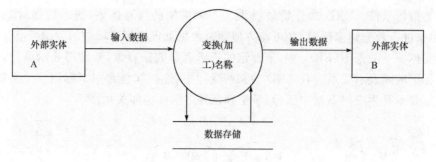

图 4.6　数据流图的基本形式

对于一个复杂的软件系统,如工厂管理信息系统、房地产管理信息系统或财务管理软件系统等,需要将该系统分解为若干子系统,并以多层数据流图表示。事实上,DFD 可以划分为表示信息流和功能细节逐渐增加的多个级别,既提供功能建模的机制,也提供信息流建模的机制。

第 0 层的 DFD 也称为基本系统模型或语境模型,它将整个软件元素表示为一个具有分别由进入箭头和离开箭头表示的输入和输出数据的泡泡。当第 0 层的 DFD 被划分以揭示更多的细节时,附加的加工(泡泡)和信息流路径被表示出来。例如,第 1 层的 DFD 可能包括 3 个或 4 个具有互相连接的箭头的泡泡。表示在第 1 层的每个加工是语境模型中的整个系统的子功能。

正如我们前面提到的,每个泡泡可以被细化或层次化以描述更多的细节。图 4.7 是数据流图的分层示意图。

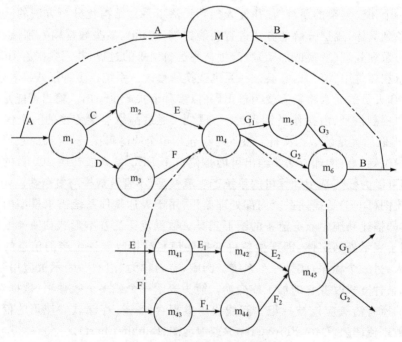

图 4.7　数据流图的分层示意图

在图 4.7 中,系统 M 的一个基本模型指出主要的输入是 A,最终的输出是 B。我们将模型细化为 m_1 到 m_6(在细化的过程中必须保持信息流的连续性,也就是说,保持每次细化的输入和输出相同)。对 m_4 进一步细化以变换为 m_{41} 到 m_{45} 的形式,更加详细地描述了变换 m_4 的细节,但是输入(E,F)和输出(G_1,G_2)则没有变化。

以某系统为例。某系统的功能是修改放在磁带中的一个主文件,对文件作修改的信息放在卡片上。该系统读入一叠卡片,按卡片上的修改信息对磁带中的记录作相应修改,然后产生新的主文件。该系统的顶层数据流图如图 4.8 所示。

图 4.8 某系统的顶层数据流图

对顶层的数据流程进行细化和分解,得到细化后的第一层数据流图如图 4.9 所示。

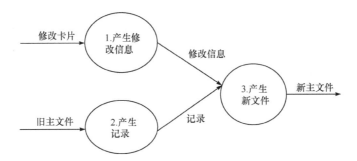

图 4.9 某系统细化后的第一层数据流图

对第一层数据流图中的三个加工"产生修改信息","产生记录"和"产生新文件"分别进行细化,"产生修改信息"细化以后得到的数据流图如图 4.10 所示,"产生记录"细化以后得到的数据流图如图 4.11 所示,"产生新文件"细化以后得到的数据流图如图 4.12 所示。

图 4.10 说明"产生修改信息"这一部分又分成三部分,它们分别是检查卡片的顺序、对卡片进行编辑以及构成一定格式的修改信息。

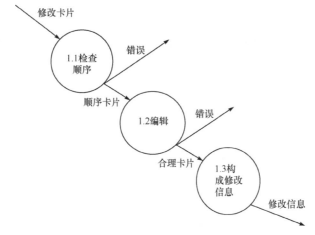

图 4.10 "产生修改信息"细化数据流图

图 4.11 说明"产生记录"这一部分分成核对检查和构成一定格式的记录两部分。

图 4.12 说明"产生新文件"这一部分分成四部分,分别是检查记录和修改信息是否匹

配、修改、产生新记录、配上检查和。

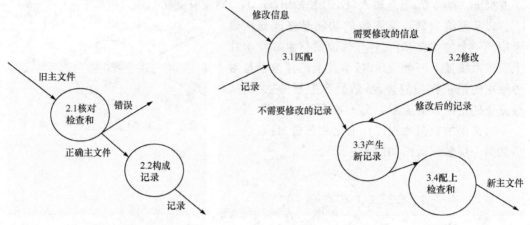

图 4.11 "产生记录"细化数据流图　　　图 4.12 "产生新文件"细化数据流图

　　把"产生修改信息"，"产生记录"，"产生新文件"细化的流程图合并就得到了该系统最终细化的数据流程，如图 4.13 所示。

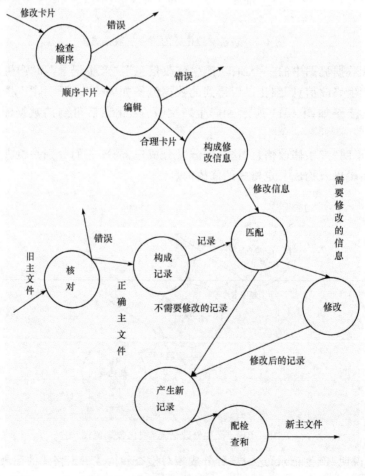

图 4.13 某系统最终细化的数据流程

4.5.3 行为建模

大多数商业系统是数据驱动的,所以,数据流模型适合于使用。但是,像复印机软件这样的事件驱动的实时控制系统,控制和事件流并没有被表示出来。此时,行为模型是最有效的系统行为描述方式。

行为模型常用状态转换图(STD)来描述,又称为状态模型。状态图中的基本元素有事件、状态和行为等。事件是在某个特定时刻发生的事情,它是对引起系统从一个状态转换到另一个状态的外界事件的抽象。简单地说,事件是引起系统状态转换的控制信息。矩形代表系统状态,箭头代表状态间的变迁。每个箭头用规则表达式标记,横线上方指明导致变迁发生的事件,横线下方指明作为事件的结果发生的行为。状态转换图指明作为外部事件的结果,系统将如何动作,它表示了系统的各种行为状态以及在状态间进行变迁的方式。状态转换图通过描述状态以及导致系统改变状态的事件来表示系统的行为。另外,STD 指明了作为特定事件的结果,要执行哪些行为。

状态是可观察的行为模式,每个状态代表系统的一种行为模式。状态规定了系统对事件的响应方式。系统对事件的响应可能是一个或一系列动作,也可能是仅仅改变系统本身的状态。状态图指明了系统如何在状态间移动。系统的状态图可以理解为在任意时刻,系统处于有限可能的状态中的一个状态,当某个事件发生时,激发系统从一个状态转换到另一个状态。图 4.14 描述了复印机软件的一个简化了的状态变迁图。

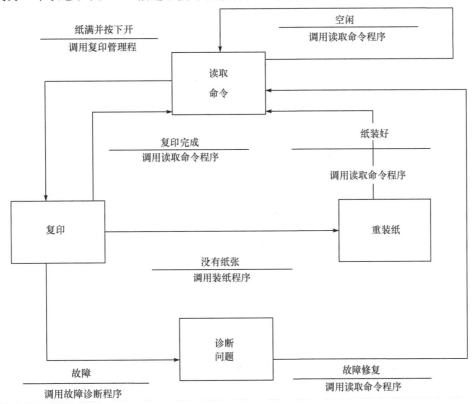

图 4.14　复印机软件的简化的状态变迁图

在图 4.14 中,当复印机的纸匣是满的并且开始按钮被按下时,系统由读取命令状态进入复印状态。在复印过程中,如果复印机出现了故障,那么将调用故障诊断程序,当故障修复以后,复印机将继续读取命令程序;如果复印机缺纸,那么将调用装纸程序进行装纸,装纸完成以后,那么复印机将继续读取命令程序;如果复印任务顺利完成,那么复印机将同样进入读取命令程序。

4.5.4 结构化分析总结

结构化分析是广泛使用的需求建模方法,它是依赖于数据建模和流建模来创建全面的分析模型的基础。使用实体——关系图,软件工程师创建了系统中所有重要的数据对象的表示。数据和控制流图用来作为表示数据和控制转换的基础。同时,这些模型用来创建软件的功能模型,并为功能划分提供机制。使用状态变迁图创建行为模型,使用数据字典开发数据内容。加工和控制规约提供了附加的细节说明。

结构化分析的初始记号是为传统的数据处理应用开发的,扩展使得该方法适用于实时系统。多年以来,工业界已使用了许多其他有价值的软件需求方法。每种方法都引入了构造分析模型的不同符号体系和启发信息。很多 CASE 工具支持结构化分析,它们辅助创建模型中的元素,并帮助保证一致性和正确性。

4.6 面向对象建模技术

由于构成一个系统的因素太多,要把所有因素的因果关系都分析清楚,再用面向过程建模技术把这个过程模拟出来较困难。因此对于描述的现实世界提出了面向对象建模方法。面向对象建模是一种新的设计思想,一种关于计算和信息结构化的新思维。

面向对象建模把系统看做是相互协作的对象。这些对象是结构和行为的封装,都属于某个类,那些类具有某种层次化的结构。系统的所有功能通过对象之间相互发送消息来获得。面向对象的建模,把系统看做是相互协作的对象,这些对象是结构和行为的封装,都属于某个类,那些类具有某种层次化的结构。系统的所有功能通过对象之间相互发送消息来获得。面向对象的建模可以视为是一个包含以下元素的概念框架:抽象、封装、模块化、层次、分类、并行、稳定、可重用和扩展。面向对象的建模思想的出现是面向过程和严格数据驱动的软件开发方法的渐进演变结果。

软件工程在 1995～1997 年取得了前所未有的进展,其成果超过 1995 年之前 15 年的成就总和。其中最重要的、具有划时代重大意义的成果之一就是统一建模语言——UML的出现。

4.6.1 UML 的提出

面向对象的分析与设计方法,在 20 世纪 80 年代末至 20 世纪 90 年代中期发展到一个高潮。但是,诸多流派在思想和术语上有很多不同的提法,在术语、概念上的运用也各不相同,统一是继续发展的必然趋势。需要一种统一的符号来描述面向对象的分析和设计活动,由此,UML 应运而生。它不仅统一了 Booch、Rumbaugh 和 Jacobson 的表示方法,而且有了进一步的发展,最终成为大众所共同接受的标准建模语言。UML 是一种定义良好、易于表达、功能强大且普遍适用的建模语言。UML 允许软件工程师使用一种由一组语法规则、语义规则和语用规则控制的建模符号体系来表示分析模型。它融入了软件工程领域的新思想、新方法和新技术。不仅支持面向对象的分析与设计,还支持从需求分析开始的软件开发全过程。

UML 是面向对象技术发展的重要成果,是一种定义良好、易于表达、功能强大且普遍适用的建模语言。获得科技界、工业界和应用界的广泛支持,成为可视化建模语言事实上的工业标准。

4.6.2 UML 对用例驱动需求工程的支持

面向对象思想曾经遭受一些人的批评。理由是用户关心和理解的只是系统的功能,他不可能去学习面向对象模型,所以虽然面向对象建模缩小了分析设计和编码的鸿沟,但却拉大了和用户的距离。幸运的是,用例(Use Case)的出现,使这一情况得到了大大的改观。在 UML 中,用面向对象建模的第一步是用例的分析,用例体现了系统的功能单元。系统的外部人员或其他系统通过和用例交换消息来了解和使用系统的功能,弥补了面向对象建模和用户之间的距离。UML 以对象图描述任一类型的系统,具有很宽的应用领域,可以对任何具有静态结构和动态行为的领域建模。UML 还适用于从需求规格说明到系统测试的不同阶段。在需求分析阶段,使用用例捕捉用户需求并建模,描述与系统有关的外部角色及其对系统的功能要求。分析阶段主要关心问题域中的主要概念和机制,并用 UML 类图来描述对象和类,用 UML 动态模型描述类之间的协作关系。UML 模型同时还是测试阶段的依据。不同的测试小组使用不同的 UML 图作为测试依据:单元测试使用类图和类规格说明,集成测试使用部件图和协作图,系统测试使用例图。

所以,UML 适用于以面向对象的技术来描述任何类型的系统,而且适用于系统开发的不同阶段,也可以应用于任何领域。其实现机制又极大地缩短了与用户的距离,易于被用户掌握和接受。UML 使用户不仅可以有效地参与需求定义,还能在建模过程中参与部分的设计、实现和测试,从而有效地进行需求验证。使用户在需求的定义、决策、验证和管理乃至整个软件开发过程中,充分发挥其主导作用。

习　　题

1. 什么是系统关联图? 试着建立一个简单的学生成绩管理系统的系统关联图。
2. 构建用户接口原型有哪些方法?
3. 结构化分析方法的核心是什么? 围绕着这个核心得到的三个子模型分别是什么?
4. 在实体关系图中,实体、属性和关系分别用什么图形来表示? 试着建立一个简单的工厂物资管理的实体管理图。

第 5 章　基于 UML 的需求建模技术

本章通过某医药公司进销存管理信息系统软件的设计过程来讨论基于 UML 的需求建模技术，共分为用例图模型设计、类图模型设计、状态图模型设计、顺序图模型设计、活动图模型设计等几个方面。首先对系统做一概括性描述，再进行面向对象的分析与设计。

5.1　项 目 概 述

5.1.1　项目背景

本项目的目的是建立一个医药公司进销存管理信息系统。要设计的这个医药公司进销存管理信息系统由进货、库存、销售三个子系统组成。

进货子系统进行药品验收处理，产生进货传票(进货传票编码、商品编码、品名、规格、厂商、有效期、进价、进货数量)。进货传票将被打印给供货商作为收货凭证。一次进货可有多项药品，由进货传票编码唯一标识；一种药品由商品编码唯一标识。系统设有一个商品目录(商品编码、品名、规格、厂商、有效期、销售价格)。当进货的药品是新药品(商品目录中没有的药品)时，进货子系统自动把新药品写入商品目录。

库存子系统由进货入库处理和销售出库处理维护库存账(商品编码、品名、规格、厂商、有效期、进货量、进价、出库量、销售价、库存数量、库存下限量、库存上限量)。库存账不能修改。当进货入库时，根据进货传票产生一条新记录，库存数量累加进货量；当销售出库时，根据销售传票产生一条新记录，库存数量减去出库量；商品编码是各药品的唯一标识。库存子系统设有库存自动报警，当库存数量大于库存上限量或者小于库存下限量时，给出警告信息。

销售子系统有定价处理和销售处理。定价处理有一个商品价格表(商品编码、品名、规格、厂商、有效期、建议价格、销售价格、批准责任人)，首先由销售管理员定建议价格，经过经理批准后确定销售价，并自动更新商品目录的销售价。销售处理在公司的销售窗口，售货员根据顾客要求查找商品目录和库存账，如果有货(库存数量满足顾客要求)，一项销售成立，产生销售传票的一条记录，一次销售可有多项记录，由销售传票唯一标识。销售传票的数据结构是销售传票编码、商品编码、品名、规格、厂商、有效期、销售价、销售数量。销售传票是顾客的付款凭证，付款后也是顾客的提货凭证和库存子系统记录库存账的凭证。

5.1.2　UML 的面向对象分析过程

我们知道，高质量的软件一定是设计出来的，而软件的设计目前仍然主要还是依赖人脑的思考和判断，人脑的思考过程恰好是一个对现实世界以及虚拟世界的建模过程[21]。

如何对软件进行有效地建模呢？面向对象的分析方法认为：我们可以把软件想象成一个虚拟的多面体，只要我们选择合理的视点、视角和视图，从各个方面、角度和层次对这个软件进行仔细的观察和描述,就一定可以建立起相应的模型来表达现实世界的物体。

作为面向对象建模技术的事实上的工业标准,统一建模语言(UML)正好为我们提供了一个运用面向对象思维进行软件建模和设计的工具。UML 为我们提供了多种视图,包括用例视图、逻辑视图、构件视图、并发视图、部署视图等,为我们对复杂软件的结构和行为建模提供了很好的指导。

UML 包括了一些可以相互组合为图表的图形元素。由于 UML 是一种语言,所以 UML 具有组合这些元素的规则。本章并不会详细地介绍这些元素和规则,而是直接介绍 UML 各种图在实例中的用法,因为这些图是进行系统分析时要用到的。这样的方法类似于学习外语时首先是使用它而不是先学它的语法和组词造句,当你花了一定的时间来运用外语后,就很容易理解这门语言的语法规则和组词规则[22]。

UML 提供这些图的目的是用多个视图来展示一个系统,这组视图被称为一个模型(Model)。你也许会问,对系统建立模型为什么需要这么多种图? 这是因为,任何认真细致的系统设计都要考虑各种人员对于这个系统的独特视角。每一种 UML 图都很好地为你提供了一种组成特殊视图的方式。采用多视角的目标是为了能够和系统开发的每一类风险承担人良好的沟通。

5.2 用例模型分析与设计

5.2.1 划分用户群

划分用户群是需求分析的一个重要步骤,适当的用户群划分,可以更好的帮助开发者理解用户需求,让开发者为用户提供更恰当的服务,甚至可以帮助开发者提前发现用户需求的演化方向。

但对于用户群的分析并不是轻松就能搞定的事情,需要逐步细致和明确。一般情况下,分为产品策划期以及产品设计期两个阶段。

1) 产品策划期

往往在产品策划期我们只有项目创意的"原始需求分析"和不一定有用的"大范围市场数据"。比如以本章项目建立一个医药公司进销存管理信息系统为例。

"原始需求分析":大多数医药公司都需要一个对于药品进行验收处理并进货入库和销售出库处理的信息化管理系统。

"大范围市场数据":医药公司多少、现阶段药品管理情况、增长量如何、信息化在医药公司所占比例、管理信息系统在各医药公司分布等等。

在这个时候产品的概念都还没有,很清楚地划分出"用户"只会限制思考产品方向的范围,因而此时只需要清楚"我们要面对的大概是什么样的一群人"即可。

2) 产品设计期

在原始需求分析和对大范围市场数据充分调研之后,我们就已经基本确定了产品概念和方向,清楚了用户的"整体需求"(整体需求:任何产品都是为了满足用户的需求而存在,"整体需求"可以简单理解为"用户最主要的那个需求")。此时就可以对"我们的产品主要面对什么样特点的人?"这个问题进行细致的讨论了。

比如建立一个医药公司进销存管理信息系统,在整体需求"帮助用户建立一套完善的进货、库存以及销售系统"已经明确之后,接下来就可以划分用户群了。首先,这个进销存管理信息系统针对的是各种医药公司。其次,各医药公司由于其资金实力以及规模的差别,他们对于系统的要求也有内部功能上的差别。再次,对医药公司进行粗略的评估,分出对信息化态度活跃的、一般的、观望的以及不感兴趣的用户,即主要用户、次要用户、参考用户等。

如此,我们就可以根据这些划分的用户群,并结合需求进行产品的架构设计了。

5.2.2　用例模型设计

用例是能够帮助分析员和用户确定系统使用情况的 UML 组件。一组用例就是从用户的角度出发对如何使用系统的描述。可以认为用例是系统的一组使用场景。每个场景描述了一个事件的序列。每个序列是由一个人、另一个系统、一台硬件设备或者某段时间的流逝所发起的。这些发起事件序列的实体叫做参与者(Actor)。事件序列的结果是由发起这个序列的参与者或者另一个参与者对系统某种形式的使用所发起的。

系统分析过程的一个目标是产生一组用例,即用例图。用例模型的表示法很直观。用例用一个椭圆形表示,直立人形图标表示参与者。关联线连接参与者和用例,并且表示参与者与用例之间的通信关系。关联线是实线,和类之间的关联线类似。参与者、用例和互连线共同组成了用例模型(Use Case Model)。

用例分析的一个好处是它能够展现出系统和外部世界之间的边界。参与者是典型的系统外部实体,而用例是典型的属于系统内部。系统的边界可用一个矩形(里面写上系统的名字)来代表。

对于医药公司进销存管理信息系统,我们知道它的基本系统一共包括:replenishGoods 进货业务、manageStock 库存管理以及 makeSale 销售业务三个子系统。

其中,对于 makeSale 销售业务。参与者:销售管理员 SaleAdminister、经理 Manager、售货员 Saler、顾客 Customer。处理内容:定价处理以及销售处理。关联业务:库存管理 manageStock。

对于 replenishGoods 进货业务。参与者:供货商 Merchandiser、库管员 Storer。处理内容:药品验收处理以及产生进货传票并打印给供货商作为收获凭证。关联业务:库存管理 manageStock。

对于 manageStock 库存管理。参与者:库管员 Storer。处理内容:进货入库管理以及销售出库管理。关联业务:进货业务 replenishgoods、销售业务 makeSale。

用例图模型如图 5.1 所示。

此外,通过调查我们还可以对目前这个医药进销存管理信息系统进行一些简单的扩展。如①manageStock 库存管理的扩展:addSrtock 进货入库管理;reduceStock 销售出库管理;makeAlarm 报警提示。②makeSale 销售业务的扩展:makePrice 定价处理;makeTrade 销售处理。

对于 makePrice 定价处理。参与者:销售管理员 SaleAdminister、经理 Manage。处理内容:销售管理员定建议价格、经理批准后确定销售价格、更新商品目录的销售价格。关联业务:销售业务 makeSale。

对于 makeTrade 销售处理。参与者:售货员 Saler、顾客 Customer。处理内容:售货

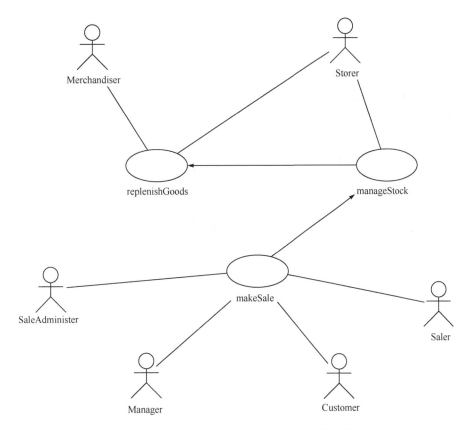

图 5.1　医药公司进销存管理信息系统用例图模型

员根据顾客要求查找商品目录和库存账。

IF 库存数量≥顾客要求

THEN

销售成立；

产生销售传票的一条记录；

ENDIF

将销售传票打印给用户作为提货凭证。

关联业务：销售业务 makeSale。

对于 makeSale 销售业务。参与者：销售管理员 SaleAdminister、经理 Manager、售货员 Saler、顾客 Customer。处理内容：定价处理、销售处理。关联业务：库存管理 manageStock。

对于 reduceStock 销售出库管理。参与者：库管员 Storer。处理内容：

WHEN 销售出库

根据销售传票产生一条新记录；

库存数量减去出库量；

WHEND

关联业务：库存管理 manageStock。

对于 makeAlarm 报警提示。参与者：库管员 Storer。处理内容：

WHEND 库存数量>库存上限 *OR* <库存下限

发出警告信息；

WHEND

关联业务：库存管理 manageStock

对于 addSrtock 进货入库管理。参与者：库管员 Storer。处理内容：

WHEN 进货入库

根据进货传票产生一条新记录；

库存数量加上进货量；

WHEND

关联业务：库存管理 manageStock。

对于库管员 Storer。处理内容：进货入库管理、销售出库管理。关联业务：进货业务 replenishGoods、销售业务 makeSale。

与此同时得到扩展的医药公司进销存管理信息系统用例图模型，如图 5.2 所示。

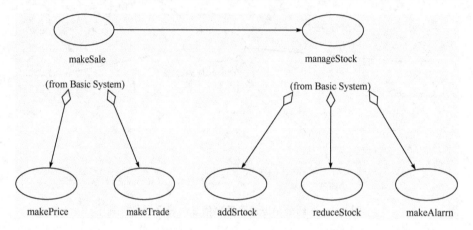

图 5.2 扩展的用例图模型

5.2.3 检查用例模型

用例模型完成之后，可以对用例模型进行检查，看看是否有遗漏或错误之处。主要可以从以下几个方面来进行检查。

（1）功能需求的完备性。现有的用例模型是否完整地描述了系统功能，这也是判断用例建模工作是否结束的标志。如果发现还有系统功能没有被记录在现有的用例模型中，难么就需要抽象一些用例来记录这些需求，或是将它们归纳在一些现有的用例之中。

（2）模型是否易于理解。用例模型最大的优点就在于它易于被不同的涉众所理解，因而用例建模最主要的指导原则就是它的可理解性。用例的粒度、个数以及模型元素之间的关系复杂程度都应该由该市指导原则决定。

（3）是否存在不一致性。系统的用例模型是由多个系统分析员协同完成的，模型本身也是由多个工件所组成的，所以要特别注意不同工件之前是否存在前后矛盾或冲突的地方，避免在模型内部产生不一致性。不一致性会直接影响到需求定义的准确性。

（4）避免二义性语义。好的需求定义应该是无二义性的，即不用的人对于同一需求的理解应该是一致的。在用例规约的描述中，应该避免定义含义模糊地需求，即无二义性。

5.2.4　调整用例模型

在一般的用例图中只表述参与者和用例之间的关系,即它们之间的通信关联。除此之外,还可以描述参与者与参与者之间的泛化(Generalization)、用例和用例之间的包含(Include)、扩展(Extend)和泛化(Generalization)关系。利用这些关系来调整已有的用例模型,把一些公共的信息抽取出来重用,使得用例模型更易于维护。但是在应用中要小心选用这些关系,一般来说这些关系都会增加用例和关系的个数,从而增加用例模型的复杂度。而且一般都是在用例模型完成之后才对用例模型进行调整,所以在用例建模的初期不必急于抽象用例之间的关系[23]。

1. 参与者之间的关系

参与者之间可以有泛化关系(或称为“继承”关系)。例如,在需求分析中常见的权限控制问题(如图 5.3 所示),一般的用户只可以使用常规操作,而管理员除了常规操作之外还需要进行一些系统管理工作,操作员既可以进行常规操作又可以进行配置操作。

在这个例子中管理员和操作员都是一种特殊的用户,他们拥有普通用户所拥有的全部权限,此外他们还有自己独有的权限。这里可进一步把普通用户和管理员、操作员之间的关系抽象成泛化关系,管理员和操作员可以继承普通用户的全部特性(包括权限),他们又可以有自己独有的特性(如操作、权限等)。这样可以显著减少用例图中通信关联的个数,简化用例模型,使之更易于理解,如图 5.4 所示。

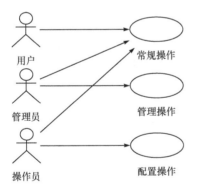

图 5.3　权限控制问题的用例图

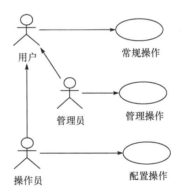

图 5.4　简化的权限问题的用例图

2. 用例之间的关系

用例描述的是系统外部可见的行为,是系统为某一个或几个参与者提供的一段完整的服务。从原则上来讲,用例之间都是并列的,他们之间并不存在着包含从属关系。但是从保证用例模型的可维护性和一致性角度来看,可以在用例之间抽象出包含(Include)、扩展(Extend)和泛化(Generalization)这几种关系。这几种关系都是从现有的用例中抽取出公共的那部分信息,然后通过不同的方法来重复使用这部分公共信息,以减少模型维护的工作量。

包含关系：是通过在关联关系上应用《include》构造型来表示的。它所表示的语义是指基础用例(Base)会用到被包含用例(Inclusion)，具体地讲，就是将被包含用例的时间流插入到基础用例的事件流中，如图5.5所示。

扩展关系：如图5.6所示，基础用例(Base)中定义有一至多个已命名的扩展点，扩展关系是指将扩展用例(Extension)的事件流在一定的条件下按照相应的扩展点插入到基础用例中。对于包含关系而言，子用例中的事件流是一定插入到基础用例中去的，并且插

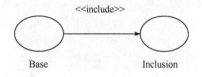

图5.5　用例之间的包含关系

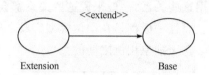

图5.6　用例之间的扩展关系

图5.7　用例之间的泛化关系

入点只有一个。而扩展关系可以根据一定的条件来决定是否将扩展用例的事件流插入基础用例事件流，并且插入点可以有多个。

泛化关系：一般所谓的"继承关系"(Inheritance)，在UML中则称为"泛化关系"(Generlization)。它的图标是一端带有大三角形的实线，从特殊化元素连接指向一般化元素，如图5.7所示。

5.2.5 描述用例规约

用例图只是在总体上大致描述了系统所能提供的各种服务，让人们对于系统的功能有一个总体的认识。除此之外，还需要描述每一个用例的详细信息，这些信息包含在用例规约中。用例模型是由用例图和每一个用例的详细描述——用例规约所组成的。叙述内容包括如下几点。

前置条件(Precondition)——执行该用例之前，必须成立的条件。也就是说，启动该用例时，会先行检测前置条件，只有前置条件成立，才会真正执行该用例，否则就不会执行这个用例。

后置条件(Postcondition)——执行该用例后，必须成立的条件。也就是说，执行完成该用例后，最终会检测后置条件，只有后置条件成立了，才算该用例真正执行完毕，否则这个用例就是执行有误。

事件流程(Flow of Event)——只要用例通过了前置条件的检测，便会开始执行事件流程，并且在事件流程执行完毕时，检测后置条件，确认该用例是正确的，以便获得参与者满意的服务或输出结果。当然，用例不一定要设立前置条件或后置条件，不过一定会有主要的事件流程。

系统分析师使用用例规约来记录需求，而不是用它来记录分析或设计的细节，所以用例叙述不写得太过细腻或复杂。虽然，用例叙述不需要细腻或复杂，但绝对要完整。

"完整"是个很抽象的词汇，具体做法是，在撰写用例规约时，必须有头有尾，也就是要

注意用例的起点以及终点。所以,在撰写用例规约时,要先指出用例会在什么情况下启动,同时在用例叙述的最后,也要指出这个用例会在什么情况下结束。

此外,在用例叙述时,我们除了描述"主要流程"(Basic Path)外,有的情况下还需要记录其他替代流程(Alternative Path),用来说明其他的、额外的、特殊的或例外的情况。

所谓主要流程,是指系统的一切都是正常的、无误的、没有例外的,这个一切无误的快乐情境,就是主要流程。所以,每一个用例,都必须有一份主要流程。

那么,我们又如何寻找替代流程呢?针对主要流程中的每一个步骤,你可以问问自己下面这些问题,这些问题对于查找替代流程很有帮助。

(1) 在这个流程步骤上,是否还有其他替代的操作?

(2) 在这个流程步骤上,是否会发生什么样的错误?

(3) 在整个用例执行过程中,是否随时可能发生其他未记录在叙述中的操作?

(4) 参与者输入数据时,是否会提供错误的数据,需要特别检查的?

(5) 参与者输入数据时,是否会提供不完整的数据,需要重新补上的?

(6) 参与者是否会在操作期间,临时中断流程?

(7) 参与者是否会在用例执行期间,随时取消交互?

(8) 参与者是否会想要挑选其他执行方法?

(9) 参与者在流程执行过程中,会不会有需要协助的地方?

(10) 系统发生宕机是,是否需要特殊的位置?

(11) 系统响应时间过长时,是否需要特殊的应对方法?

以大家都比较熟悉的订购书籍为例,其用例规约可描述如下。

用例:订购书籍。

前置条件:会员在启动这个用例之前,必须先执行过"登录"用例。

事件流程如下。

1) 主要流程

(1) 当会员选择订购书籍时,这个用例就会启动。

(2) 会员输入欲购买书籍的书号。

(3) 系统提供书籍简介与售价。

(4) 会员把书籍加入购物车内。

(5) 系统累加订购金额。

(6) 会员输入收件人的姓名与地址,以及信用卡付款信息,并且将订购交易提交给系统。

(7) 系统核对信息,保存订购信息,并且把付款信息转交给会计系统。

(8) 当付款信息确认后,订购交易会标记为"已结账"。

(9) 交易代号回传给会员,而且这个用例即告终结。

后置条件:如果这笔订购并未取消,它就会保存到系统中并且标记为"已结账"。

2) 替代流程

替代1:不完整的数据。

(1) 这个替代流程启动于上述主要流程的第 7 个步骤,当系统发现错误信息时。

（2）系统会出现提示信息，请求会员修正该数据。

（3）会员修正数据后，再度提交数据给系统。

（4）回到上述流程的第 7 个步骤，继续执行。

替代 2：错误的数据。

（1）这个替代流程启动于上述主要流程的第 3 个步骤。

（2）会员发现书号与实际的产品不符。

（3）系统提供错误回报信息，供会员挑选。

（4）会员提交错误信息。

（5）回到上述主要流程的第 2 个步骤，继续执行。

5.3 类图模型设计

考虑一下周围的世界。我们周围的事物大部分都可能具有某些属性（特性），并且它们以某种方式体现出各自的行为。我们可以认为这种行为是一组操作。你还会发现，事物很自然地都有其各自所属的种类（汽车、家具、洗衣机……）。我们把这些种类称为类。一个类（Class）是一类或者一组具有类似属性和共同行为的事物。

类代表的是领域知识中的词汇和术语。同客户交谈，分析他们的领域知识，设计用来解决领域中的问题的计算机系统，同时也就是在学习这些领域词汇，并用 UML 中的类建立这些领域词汇的类模型。在与客户的交流中，要注意客户用来描述业务实体的名词术语，这些名词可作为领域模型中的类。还要注意你听到的动词，因为这些动词可能会构成这些类中的操作属性，并将作为和类名词相关的名词出现。当得到一组类的核心列表后，应当向客户询问在业务过程中每个类的作用。他们的回答讲告诉你这些类的职责。

以本项目医药公司进销存管理信息系统为例，分析基本系统，我们可以得到如下一些类：

BuyList：进货传票，打印给供货商作为收获凭证。一次进货可有多项药品，由进货传票编码唯一标识；一种药品由商品编码唯一标识。

ProductCatalog：商品目录，记录商品的各种重要信息。

ProductDetail：商品详细说明，包括商品编码、品名、规格、厂商、有效期。

StorRecord：库存账，库存账不能做修改操作，当进货入库时，根据进货传票产生一条新记录，库存数量加上进货量；当销售出库时，根据销售传票产生一条新记录，库存数量减去出库量。当库存数量大于库存上限量或者小于库存下限量时，发出警告信息。

SaleList：销售传单，是销售处理的唯一标识，一次销售可有多项记录，被打印给顾客作为提货凭证。

ProductPrice：商品价格表，销售管理员定建议价格，经过经理批准后确定销售价格，并自动更新商品目录的销售价。

因此，得到类图模型如图 5.8 所示。

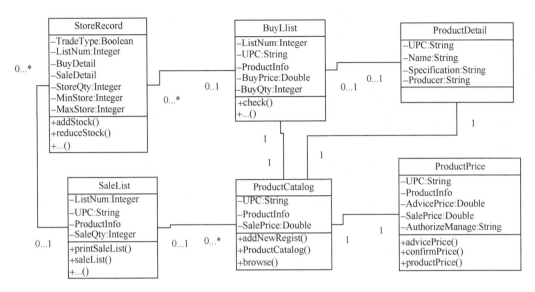

图 5.8　基本系统的类图模型

5.4　动态模型设计

前面所讲的用例图是从用户的观点对系统行为的一个描述,类图是静态结构方面对系统的一种表达。而在一个运行的系统中,对象在不同时刻总是存在着一个特定的状态,不同的对象之间也要发生交互,并且这些交互要经历一定的时间。因此,就有了下面几种动态视图:状态图、顺序图以及活动图。

5.4.1　状态图模型设计

一个表征系统变化的方法可以说成是对象改变了自己的状态(State)以响应事件和时间的流逝。下面是几个简单的例子。

当你拉下电灯的开关时,电灯改变了它的状态,由关变开。

当你按下远程遥控器的调频按钮时,电视机的状态由显示一个频道的节目变为显示另一个频道的节目。

经过一个特定的时间后,洗衣机可以由洗涤变为漂洗状态。

UML 状态图(State Diagram)能够展示这种变化。它描述了一个对象所处的可能状态以及状态之间的转换,并给出了状态变化序列的起点和终点。

记住,前面所提到的类图、用例图与本节所讲的状态图有着本质的不同。类图、用例图能够对一个系统或者至少是一组类、对象或用例建立模型。而状态图只是对单个对象建立模型。

仍以本项目为例进行说明,对于进货传票,需要先对药品进行验收处理,产生进货传票,然后进货传票将被打印给供货商作为收货凭证。当进货的药品是新药品(商品目录中没有的药品)时,进货子系统自动把新药品写入商品目录。从验收处理到打印传票到写入商品目录,这就是进货传票的一系列状态转换。如图 5.9 所示。图中,圆角矩形代表一个状态,状态间带箭头的实线代表状态间的迁移(转移)。箭头指向目标状态。实心圆代表状态转移的起点,公牛眼形圆圈代表终点。同理,对于销售传票我们也可以得到如图5.10所示的状态图。

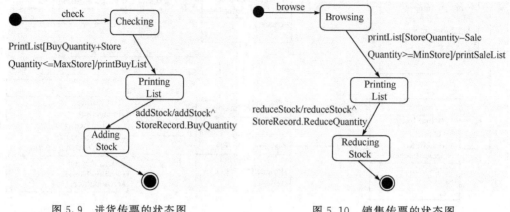

图 5.9　进货传票的状态图　　　　　图 5.10　销售传票的状态图

5.4.2　顺序图模型设计

UML可让你放大视野,显示出一个对象如何与其他对象交互。在这个"放大"了的视野中,要包括非常重要的一维:时间。顺序图的关键思想是对象之间的交互是按照特定的顺序发生的,这些按特定顺序发生的交互序列从开始到结束需要一定的时间。当建立一个系统时,必须要指明这种交互序列,顺序图就是用来完成这项工作的UML组件。

顺序图(Sequence Diagram)由采用通常方式的对象组成。对象用矩形框表示,其中是带下划线的对象名;消息用带箭头的实线表示;时间用垂直虚线表示。

对象从左到右布置在顺序图的顶部。布局以能够使图尽量简洁为准。从每个对象向下方伸展的虚线叫做对象的生命线(Lifeline)。在生命线上的窄矩形条称为激活(Activation)。激活表示该对象正在执行某个操作。激活矩形的长度表示出激活的持续时间。持续时间通常以一种大概的、普通的方式来表示。这意味着生命线中的每一段虚线通常不会代表具体的时间单元,而是试图表示一般意义上的持续时间。

一个对象到另一个对象的消息用跨越对象生命线的消息线表示。对象还可以发送消息给它自己——也就是说,消息线从自己的生命线出发又回到自己的生命线。

UML用从一条生命线开始到另一条生命线结束的箭头来表示一个消息。箭头的形状代表了消息的类型。在UML1.x中,有3种箭头可供使用。UML2.0取消了其中的一种,这种做法减少了混淆。

一种类型的消息叫做调用(Call)。这是一个来自消息发送者的请求,它被传递给消息的接收者。它请求接收者执行其(接收者)某种操作。通常,这需要发送者等待接收者来执行该操作。由于发送者等待接收者(即,发送者和接收者同步),这种消息又叫做同步的(Synchronous)消息。UML用一个带有实心箭头的实线来表示这种类型的消息。通常,这种情况包含了来自接收者的一个返回消息,尽管建模者经常忽略这个返回消息的符号。这个返回消息的符号是一条两条线的箭头的虚线。如图5.11所示。

另一种重要的消息是异步(Asynchronous)消息。在这种消息中,发送者把控制权转交给接收者,但并不等待操作完成。这种消息的符号是一个两条线的箭头,如图 5.12 所示。

图 5.11　UML 中表示调用消息(消息 1)和　　图 5.12　异步消息的 UML 符号
　　　　 返回消息(消息 2)的符号

顺序图中垂直方向代表时间维,时间流逝的方向为自顶向下。靠近顶部的消息发生的时间要比靠近底部的消息早。

因此,顺序图是两维的。自左至右的维数代表对象的布局,自顶向下的维数代表时间的流逝。

图 5.13 显示了本项目基本系统的顺序图。

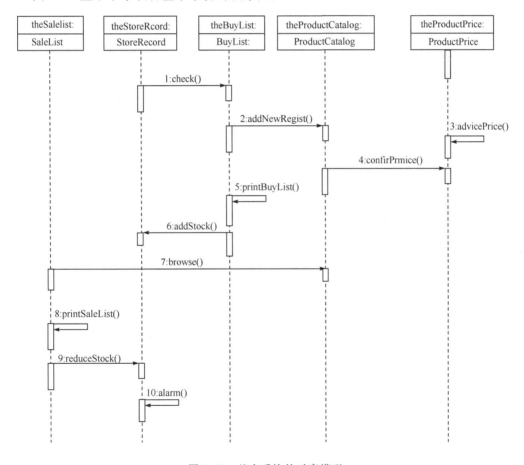

图 5.13　基本系统的时序模型

5.4.3　活动图模型设计

活动图向我们展示了一个操作或过程的步骤,它表示了一个步骤序列、过程、判定点和分支。通常提倡程序设计初学者使用作为可视化描述工具来表达问题并导出问题的解决方案。这种想法的目的是要使其作为程序代码的基础。

活动图被设计用于简化描述一个过程或者操作的工作步骤。活动用圆角矩形表示——比状态图标更窄,更接近椭圆。一个活动中的处理一旦完成,则自动引起下一个活动的发生。箭头表示从一个活动转移到下一个活动。和状态图类似,活动图中的起点用一个实心圆表示,终点用公牛眼形的图标表示。

图 5.14、图 5.15、图 5.16 分别展示了本项目进货子系统、库存子系统以及销售子系统的活动图。

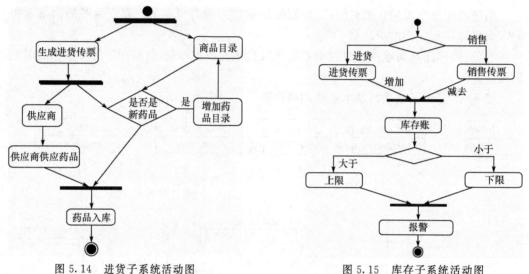

图 5.14　进货子系统活动图　　　　　图 5.15　库存子系统活动图

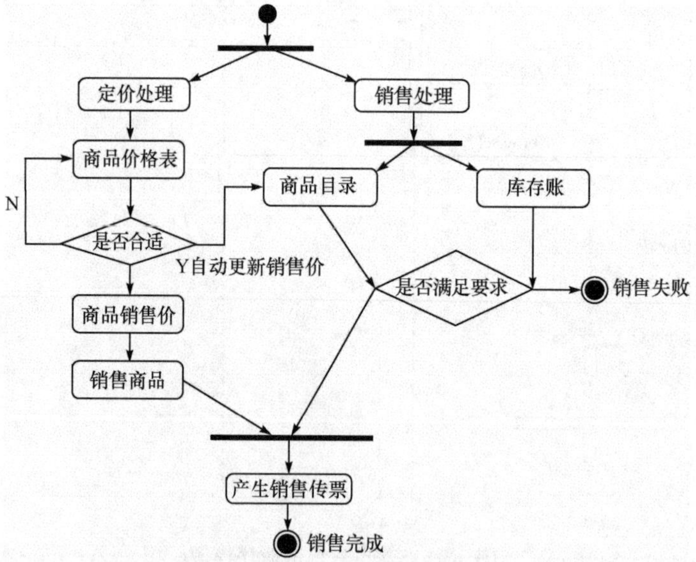

图 5.16　销售子系统活动图

5.5　可视化建模工具

应用最广的面向对象的可视化的建模工具有两种,一种是 IBM 的 Rational Rose,一种是 Microsoft 的 Office Visio。我们这里以 Rose 为出发点抛砖引玉,关于这一工具的深入研究应用还请读者经常动手操作,在实践中熟练掌握。

Rose 是美国 Rational 公司的面向对象建模工具,利用这个工具,我们可以建立用 UML 描述的软件系统的模型,而且可以自动生成和维护 C^{++}、Java、VB、Oracle 等语言和系统的代码。

5.5.1　Rose 界面简介

Rose 是个菜单驱动应用程序,它的界面分为三个部分:Browser 窗口、Diagram 窗口和 Document 窗口。如图 5.17 所示。Browser 窗口用来浏览、创建、删除和修改模型中的模型元素;Diagram 窗口用来显示和创作模型的各种图;而 Document 窗口则是用来显示和书写各个模型元素的文档注释。

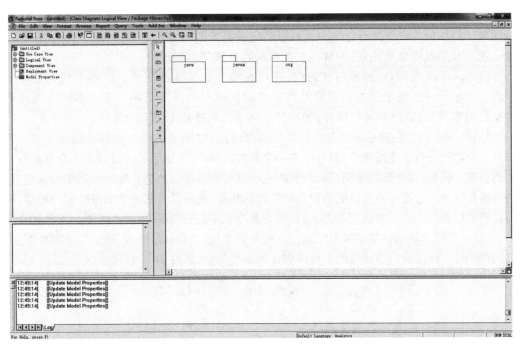

图 5.17　Rose 界面

5.5.2　Rose 的四种视图简介

Rose 模型有四个视图:Use Case 视图 、Logical 视图、Component 视图和 Deployment 视图。每个视图针对不同对象,具有不同用途。

Use Case 视图:包括系统中的所有角色、案例和 Use Case 图,还包括一些 Sequence 图和 Collaboration 图。如图 5.18 所示。

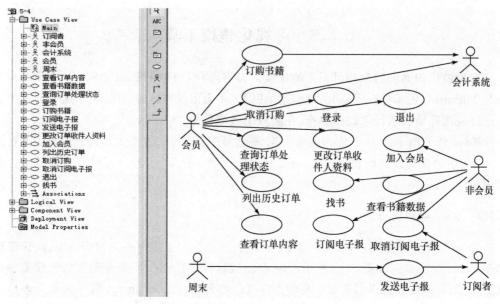

图 5.18 Use Case 视图

Logical 视图:关注系统如何实现使用案例中提到的功能。它提供系统的详细图形,描述组件间如何关联。此外,Logical 视图还包括需要的特定类、Class 图和 State Transition 图。利用这些细节元素,开发人员可以构造系统的详细设计。

Component 视图:包括模型代码库、执行库和其他组件的信息。组件是代码的实际模块。Component 视图的主要用户是负责控制代码和编译部署应用程序的人。有些组件是代码库,有些组件是运行组件,如执行文件或动态链接库(DLL)文件。

Deployment 视图:显示的是系统的实际部署情况,它是为了便于理解系统在一组处理节点上的物理分布。在系统中,只包含有一个部署视图,用来说明各种处理活动在系统各节点的分布。但是,这个部署视图可以在每次迭代过程中都加以改进。部署视图中包括进程、处理器和设备。进程是在自己的内存空间执行的线程;处理器是任何有处理功能的机器,一个进程可以在一个或多个处理器上运行;设备是指没有任何处理功能的机器。在部署视图中,可以创建处理器和设备等模型元素。在浏览器中选择"Deployment View"(部署视图)选项,右键单击,可以看到在该视图中允许创建的模型元素,如图 5.19 所示。

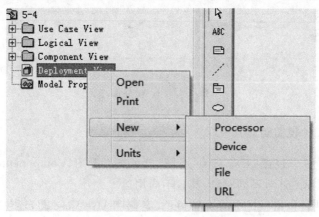

图 5.19 在部署图中可以创建的模型元素

5.5.3 用 Rose 生成代码

在 Rational 中提供了根据模型元素转换成相关目标语言代码和将代码转换成模型元素的功能,我们称之为"双向工程"。这极大地方便了软件开发人员的设计工作,能够使设计者把握系统的静态结构,起到帮助编写优质代码的作用。

Rational Rose Enterprise 版本对 UML 提供了很多支持,可以使用多种语言进行代码生成,这些语言包括 Ada83、Ada95、ANSI C++、CORBA、Java、COM、Visual Basic、Visual C++、Oracle 8 和 XML_DTD 等。我们可以通过选择"Tools"(工具)下的"Options"(选项)选项查看其所支持的语言信息,如图 5.20 所示。

使用 Rational Rose 生成代码可以通过以下四个步骤进行,以目标语言为 Java 为例[24]。

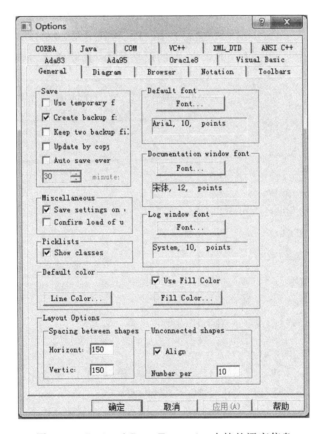

图 5.20 Rational Rose Enterprise 支持的语言信息

1. 选择待转换的目标模型

在 Rational Rose 中打开已经设计好的目标图形,选择需要转换的类、构件或包。使用 Rational Rose 生成代码一次可以生成一个类、一个构件或一个包,我们通常在逻辑视图的类图中选择相关的类,在逻辑视图或构件视图中选择相关的包或构件。选择相应的包后,在这个包下的所有类模型都会转化成目标代码。

2. 检查 Java 语言的语法错误

Rational Rose 拥有独立于各种语言之外的模型检查功能,通过该功能能够在代码生成以前保证模型的一致性。在生成代码前最好检查一下模型,发现并处理模型中的错误和不一致性,使代码正确生成。

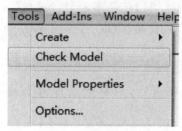

通过选择"Tools"(工具)下的"Check Model"(检查模型)选项可以检查模型的正确性,如图 5.21 所示。

将出现的错误写在下方的日志窗口中。常见的错误包括对象与类不映射等。对于在检查模型错误时出现的这些错误,需要及时地进行校正。在 Report(报告)工具栏中,可以通过 Show Usage...、Show Instances...、Show Access Violations 等功能辅助校正错误。

图 5.21　检查模型实例

通过选择"Tools"(工具)中"Java"菜单下的"Syntax Check"(语法检查)选项可以进行 Java 语言的语法检查,如图 5.22 所示。

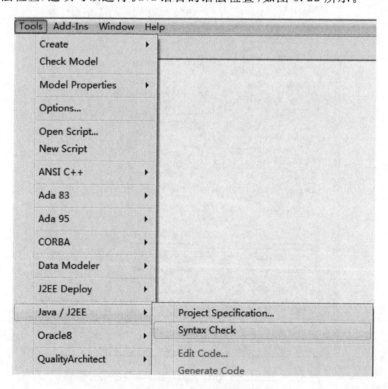

图 5.22　检查 Java 语言的语法

如果检查出语法错误,也将在日志中显示。如果检查无误,出现一个 successfully 的提示信息。

3. 设置代码生成属性

在 Rational Rose 中,可以对类、类的属性、操作、构件和其他一些元素设置一些代码生成属性。通常,Rational Rose 提供默认的设置。我们可以通过选择"Tools"(工具)下的"Options"(选项)选项自定义设置这些代码生成属性。设置这些生成属性后,将会影响模型中使用 Java 实现的所有类,如图 5.23 所示。

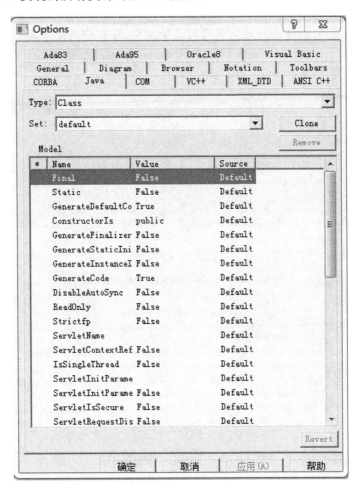

图 5.23 设置 Java 语言的代码生成属性

另外,对单个类进行设置的时候,可以通过某个类,选择该类的规范窗口,在对应的语言中改变相关属性。

4. 生成代码

在使用 Rational Rose 进行代码生成之前,一般来说需要将一个包或组件映射到一个 Rational Rose 的路径目录中,指定生成路径。通过选择"Tools"(工具)中"Java"菜单下的"Project Specification"(项目规范)选项可以设置项目的生成路径。在项目规范对话框中,我们在 Classpaths 下添加生成的路径,可以选择目标是生成在一个 jar/zip 文件中还是生成在一个目录中。

在设定完生成路径之后,可以在工具栏中选择"Tools"(工具)中"Java"菜单下的"Generate Code"(生成代码)选项生成代码。

5.5.4 逆向工程

在 Rational Rose 中,可以通过收集有关类(Classes)、类的属性(Attributes)、类的操作(Operations)、类与类之间的关系(Relationships)以及包(Packages)和构件(Components)等静态信息,将这些信息转化成为对应的模型,在相应的图中显示出来。下面,将下面的 Java 代码 teacher.java 逆向转化为 Rational Rose 中的类图。

程序逆向工程代码 teacher.java 示例,如图 5.24 所示。

```
1.   public class Teacher {
2.       public Teacher(String name,int num){
3.           this.name=name;
4.           this.num=num;
5.       }
6.       public void printName(){
7.           System.out.println("姓名: "+getName());
8.       }
9.       public void printNum(){
10.          System.out.println("论文数: "+getNum());
11.      }
12.      public void isGood(){
13.          if(getNum()>3)
14.          {
15.          printName();
16.          printNum();
17.          }
18.      }
19.  }
```

图 5.24　程序逆向工程代码 teacher.java

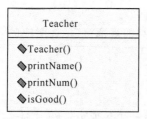

图 5.25　逆向工程生成的类

在该程序中,定义一个 Teacher 类的构造函数,还定义了三个公共的操作,分别是 printName、printNum 和 isGood。在设定完生成路径之后,我们可以在工具栏中通过选择"Tools"(工具)中"Java"菜单下的"Reverse Engineer…"(逆向工程)选项进行逆向工程的生成。生成的类如图 5.25 所示。从图中,可以一一对应出在程序中所要表达的内容。

习　题

1. 假设要构造一个和用户下棋的计算机系统,哪些种类的 UML 图对设计该系统有用处?为什么?

2. 对于上题中你所要建立的系统来说,列出你可能对用户提出的问题,以及为什么你要对用户提出这些问题。

3. 什么是对象？

4. 对象之间如何协同工作？

5. 两个对象之间能够以多种方式关联吗？

6. 为你在学校所学过的所有科目和课程建立继承层次，同样不要忘了抽象类和类的实例。在这个模型中要包括依赖关系（例如某些课程是不是要求先修课程？）。

7. 绘制一个电视机遥控器的用力模型草图。确保要将遥控器的所有功能作为用例包含在该模型中。

8. 假设你正着手设计一个烤箱。建立一个跟踪烤箱中面包状态的状态图。要包括必要地触发器事件、动作和保护条件。

9. 为电子削铅笔刀建立一个顺序图。图中的对象包括操作者、铅笔、插入点（也就是铅笔插入铅笔刀的位置）、马达和其他元素。包括哪些交互信息？有哪些激活？可以在这个图中表示出递归吗？

10. 建立一个小轿车启动时的活动图模型。首先是插入点火钥匙，然后是引擎发动。图中还要考虑到如果引擎没有立刻发动怎样执行活动。

第6章 需求模式

　　除了无关紧要的系统,所有系统需求本质上彼此相似,或者它们出现在大部分系统中,而且可能数量众多。例如,可能有很多查询功能,每个功能都有自己特有的需求。当定义一个业务系统时,相当大比例需求归属相对少量的类型,以一致的方式定义同样类型的需求是必要的。在此我们介绍 Stephen[25] 提出的需求模式概念,这些模式提供了一种关于不同类型需求的全面的结构化知识的表达。

　　Stephen 描述了 37 个真实的、可重用的模式,为编写软件需求提供了特定情形下的框架。每种模式详细描述需要包括哪些信息,提醒常见的缺陷,以及建议需要考虑的额外需求。相关内容适合软件分析人员、软件架构师和项目管理人员等参考,应用其中的概念可以开发具体行业、应用领域或者产品线的特殊需求模式,编写出更好的需求。

6.1　需求模式构思

　　需求开发是困难的。需求分析师永远面临的问题是需求应在何处、何时结束,需求是否完整。问题重复或改变时常常外在不同,而本质相同,这些问题的本质就是模式。模式可以把其他开发人员的知识和经验应用于某个特定的问题。模式还可以把知识和经验进行交流。每个模式都描述了在现实世界中完成某个任务的行之有效的方式。模式的宗旨是"描述一种在我们周围反复出现的问题",这暗示了在我们周围还有大量的模式没有被捕获。在完成的需求中搜寻模式是捕获模式的第一步。即使不想严格地使用模式,也可以使用它作为参考,使用它们更好的探索、分析、记录、定义和使用软件需求。需求模式中的模式描述了一种方法,解决在所有系统中反复出现的一种特定的情况。

　　需求模式定义一种特定类型需求的方法,描述使用需求模式的每一个需求应该怎样定义。需求模式的最主要的目的是帮助定义一个新系统需要做什么,方便将来重用。即使是最敏捷的、不编写正规需求的开发人员,也可以使用模式。在这种情况下,需求模式可能直接作用于思考,而不是通过中间的需求分析步骤。需求模式是技术的结晶,方便建议添加哪些额外的特性,使系统更好或者更卓越。如商业业务系统中只有一小部分属于特定的业务范围,不管系统是做什么的,大部分是反复出现的。这些模式覆盖了一些系统中超过一半的需求(如果添加模式建议的额外需求,会覆盖更多)。

　　通过详细地指导如何定义一个需求将节省工作量,使需求能更精确。需求模式可以帮助分析师编写出更好的需求。这些模式提供了一种方法表达关于不同类型需求的全面的结构化知识。需求模式可以帮助分析师询问合适的问题,以恰当的详细程度正确地理解和定义很多类型的需求。从需求使用者角度来看,模式协助开发人员和测试人员在开发阶段了解需求。人们通常从实例中学习,而且模板可以使他们的工作更有效。需求模式适用于多种多样的项目和产品。可以应用需求模式的概念开发相应的行业、应用领域或者产品线的特殊的需求模式。太多的项目从零开始定义需求,而需求模式使开发组织可以有效地重用以前项目获得的需求知识。

6.1.1　包含要素

需求模式需要描述什么时候使用模式以及基于模式如何编写需求。它还可以提示如何实现以及如何测试这种需求。为了传达这些信息,它包含以下要素。

(1) 基本细节:模式声明、自己的领域、相关模式(如果有)、预期使用频率、模式分类以及模式作者。

(2) 适用性:需要清楚、准确、简洁地给出需求模式适合使用和不适合使用的情况。让用户尽快地了解模式的使用环境。需求模式只能适用于一个确定的环境,不同的环境要求不同的模式。如果在大小和复杂性上有很大不同需求有相同的需求特征,它们可能使用同一需求模式。

(3) 讨论:描述如何编写具体类型的需求,解释所有相关方面的事情,例如提醒潜在的缺陷,提出一些需要特殊考虑的主题,描述不够明白的需求应遵循的流程。

(4) 模式名称:是整个模式的标题。每一个需求模式必须有一个唯一名称来明确标识它。模式名称应该是有意义的——可以清楚地抓住模式的本质。模式的名称应该尽可能简洁——最好是一个词,最多不要超过三个词。模式名称推荐使用名词短语。功能需求模式的名称反应功能的名称(例如,查询模式指导如何定义查询功能)。

(5) 内容:详细列出具体类型的需求必须传达哪些信息。给出具体名称,以及解释该信息存在的理由,给出建议,提供有用的帮助,使读者有效地理解和使用该信息。描述的内容的顺序表示了它们在需求中最合适的顺序。

(6) 模板:模板是典型需求的填空定义,需要模式的目的是可能复制它作为需求描述的出发点。模板的内容可描述需求可能涉及的可选主题,只将有较高比例需要的需求放入模板中。一个有用的经验是将有高于 20% 需求的主题放入模板中。使用模板可以节约编写需求的时间。但是使用模板时需要注意不要遗漏某些思考,导致思考导致不完整,或是误用不同情况下的模板。

(7) 实例:每个需求模式至少包含一个(通常是多个)实例来示范如何在实践中使用模式。实例力求是现实的,同时最好是实际使用的精练。

(8) 额外需求:这种需求通常跟随什么需求、这种类型的需求可能需要什么普遍性系统级需求。

(9) 开发考虑:提示软件设计者和工程师如何实现这种类型的需求。

(10) 测试考虑:当决定如何测试这种类型的需求时,必须记住什么。

每个模式的组成部分尽量保持最少,这使模式容易阅读,容易建解。存在多种需求模式,其中包括:扩展最初需求的跟随性需求,要求或者鼓励定义一些额外需求以及支撑模式本身的系统级普遍性需求(例如,这种类型需求都需要的一个基本特性),系统必须提供的功能需求,非功能要求,非普遍性要求,会影响系统数据库设计的需求,不直接影响数据库的需求。这些模式的目的各不相同,如普遍性需求是提醒开发人员注意,不管他们正在开发系统的哪一部分,这个需求都影响他们。

因此,知道自己使用了哪些模式是有用的,这样可以检查每一个需求是否需要额外支撑需求,以及是否定义了它们。以下两小节给出需求模式中基本细节和额外需求的详细描述。

6.1.2 基本细节

以下是用于描述模式的基本细节。

(1) 模式声明:具体的需求模式可以有多于一个的声明,需求模式的不同声明代表它的不同版本或改变。模式的第一个声明是通用的,传达以下各项内容。

①模式版本号;

②模式上次修改时间;

③需求方法(或作者);

④客户组织(公司名称);

⑤需求规范语言(例如中文)。

(2) 所属领域:描述需求模式所属的领域。

(3) 具体给出支撑需求模式某些需求的基础架构,例如:报表基本架构支持报表需求生成报表,基础架构本身的需求也应被定义。

(4) 确定一个特定的模式是否存在支持软件的目的是提醒考虑这个软件的需求是否被充分定义。

(5) 如果从模式所在部分就能确定模式的所属领域,就不需描述模式的所属领域。如果不能从模式所在的上下文确定领域,如独立文档中的孤立模式,这一项就很重要。

(6) 相关模式:这一项列出适用于相关情况的其他需求模式,描述出模式间存在的一些关系。

(7) 预期频率:用来描述需求规格中模式的使用次数。通常可表示为一个正常的区间范围变化,对于使用很少的模式,预期频率用确定的次数表示,而对于频繁使用的模式,可用百分比表示。因为系统的变化比较大,对于大部分的模式,这只是一个预期值,有时实际值会超出指定范围的情况。同时需要注意没有反映在研究规格中的各种因素。

(8) 模式分类:每个需求模式可以有多种分类方式,此项给出模式覆盖的主要需求类型的分类。

(9) 分类列表的标准格式是"名称:值",以分号隔开。如功能:是;性能:是。

(10) 这种格式简洁,易读,易于理解。允许增加新的分类却不改变需求模式的标准结构。

(11) 模式作者:可以根据模式的作者决定是否采用它,对于机构编写的模式,方便寻找帮助。

如果模式的声明多于一个,需要给出模式的最初作者,以及裁剪模式的人。

6.1.3 额外需求

额外需求可以为空,它可以表示主要需求之外需要考虑的事情。例如只给出一个必须遵循的特定标准是不够的,需要说明该需求的哪些部分与系统有关,系统需要做什么才能满足需求。有以下两种类型的额外需求:

(1) 跟随性需求:这些需求应直接跟在原有的需求之后,定义一些附加的事情。它们扩展了原有的需求。

(2) 普遍性需求:这些需求只针对整个系统定义一次,并且适用于此类型的所有需求。通常一个特定方面只有一个普遍性要求,如公司文档应给出公司的标识。有时一个特定方面有多个普遍性需求,每一个适用于特定的环境,如各代理的报告均要显示代理的标识。这样使用普遍性需求可以使每个原始的需求更简单,覆盖较少的主题,而且避免不一致性。普遍性需求可以包含非常多的内容,可以定义适用于此模式的所有需求的隐含功能。例如:一些查询的所有数据均可显示。

额外需求的编写本身也可能需要需求模式的帮助。同时,这个模式也可能有自己的额外需求。

下图展示了如何使用模式得到原有需求和两套额外需求:跟随性需求为原有需求添加一些细节,普遍性需求定义此类型原有需求的公共方面如图 6.1 所示。

相关的普遍性需求应组合在一起,放在原有需求的前面或者后面。需求模式的普遍性需求乍看好像是属于规格里支撑模式所在领域的基础架构,但实际上两者应该是分开

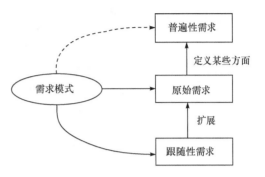

图 6.1　普遍性需求和跟随性需求与需求间的关系

的。基础架构需求定义基础架构可以做什么;普遍性需求定义系统需要什么(因为另一个系统可能以不同的方式使用同样的基础架构)。这没问题,尽管如果两个系统使用同样的软件实现基础架构,会引起对这个软件的额外功能要求。这种情况下,可以把这些普遍性要求单独编写一个公共的需求规格,使得两个系统都可以引用。

很难想象每一个用户都应该有的特征没有实现时的情况。因为普遍性需求经常对设计和开发有深刻的影响,所以,需要提醒所有的读者,尤其是开发人员注意普遍性要求。以下是需要注意的具体情况。

(1)不要指望读者会阅读整个需求规格。开发人员可能只阅读看上去与他有关的部分,加上介绍部分。

(2)不要把重要的普遍性需求放在不引人注目的地方,例如需求规格的最后。

(3)在任何合适的地方引用相关的普遍性需求。

(4)在需求规格的介绍部分解释普遍性需求的重要性,以及遗漏的危害。

(5)考虑将所有普遍性需求放在一个位置,并告诉所有的开发人员。

(6)考试以某种方式强调每个普遍性要求,比如需求定义结尾的一段清晰的陈述。例如:这是一个普遍性需求,本需求适用整个系统,或本需求应用系统中所有的用户功能。

额外需求可以包含自己的需求实例,演示额外需求的样子。如果这样,跟随性需求和普遍性需求应该被分开,并清楚的标记,以防止混淆在一起。普遍性需求的实例经常适合直接拷贝到需求规格中。很少的情况下,模式的普遍性需求的数据能达到十二个以上或更多。

在极端情况下,一个需求的跟随性需求可能比其他需求加起来的总和还要多。例如遵循一个吹毛求疵的安全标准可能比开发一个简单系统还要困难。

6.1.4　需求模式分类

Stephen Withall 根据具体的需求实例情况,把需求模式分为以下 8 类,如表 6.1 所示。

表 6.1　需求模式分类

类别	细分	类别	细分
基础需求模式	系统间接口需求模式 系统间交互需求模式 技术需求模式 遵从标准需求模式 参考需求需求模式 文档需求模式	性能需求模式	响应时间需求模式 吞吐量需求模式 动态容量需求模式 静态容量需求模式 可用性需求模式
信息需求模式	数据类型需求模式 数据结构需求模式 标识符需求模式 计算公式需求模式 数据寿命需求模式 数据归档需求模式	适应性需求模式	可伸缩性需求模式 可扩展性需求模式 非狭窄性需求模式 多样性需求模式 多语言需求模式 安装性需求模式
数据实体需求模式	活实体需求模式 交易需求模式 配置需求模式 编年史需求模式 信息存储基础架构	访问控制需求模式	用户注册需求模式 用户认证需求模式 用户授权需求模式 特定授权需求模式 可配置授权需求模式 批准需求模式
用户功能需求模式	查询需求模式 报表需求模式 易用性需求模式 用户界面基础架构 报表基础架构	商业需求模式	多组织单元需求模式 费/税需求模式

6.1.5　使用需求模式的优点

使用需求模式有以下几个优点。

(1) 需求模式提供指导:建议包含哪些信息、提出忠告,提醒常见缺陷以及指出其他应该考虑的问题。

(2) 需求模式可以节省时间:不需要从头开始写每一个需求,因为模式给予了合适的出发点,以及开发的基础。

(3) 需求模式促进同种类型需求的一致性:其中提供指导是最有价值的。节省定义的时间和增加一致性固然很好,但是合理的指导可以获得更好的需求,避免后续工作中的巨大麻烦。

(4) 需求模式使得需求更容易阅读:需求更容易与同样类型的其他需求相比较,可以判断是否有遗漏。

(5) 需求模式使得编写需求更容易:读者可以参考编写的模式获得更多的信息,编写需求规格时可能参考模式。

(6) 需求模式可以深入洞察即将发生的问题:它可以帮助提出问题。在一些情况下,它可以引导编写出一个(或多个)非常不同于第一印象的需求。解答一个大问题经常引出很多更小的问题。需求模式针对大问题给出方案以及化为更小的问题。

（7）需求模式可识别系统间的接口、技术以及文档需求：定义详细的信息需求，包括归档、数据类型以及数据实体。

（8）需求模式可指定系统的可用性、容量、伸缩性、扩展性以及易用性。

（9）需求模式可定义访问控制，包括用户注册、认证以及授权。

（10）需求模式指定查询、报表、计算公式以及费和税的需求。

6.2 领域和设计模式

6.2.1 领域

通过给每个需求模式分配一个领域，可以使需求模式有条理而不是整块的提出来，这样更为有效。每个领域都有一个主题，领域内的所有模式分享它，但是领域主题的本质有极大的差别。领域中应包含任何系统都需要的基础、关于信息（数据）存储和操作方面的信息、关于如何处理特定种类数据的数据实体、一些属于公共类型功能的用户功能、性能、灵活性、访问控制以及商业或面向业务的事情。当然领域的内容是可能改变的，比如为特定行业编写的需求模式，就应该有它们特定的领域。领域也可适用不同范围情况，如某一行业的一些系统，或某公司的一些系统，或几乎所有系统。

当开始定义系统时，通过查询所有的需求模式领域，可决定具体系统与哪些领域有关。系统将采用的需求模式取决于具体系统与哪些领域有关。如果想使用其他模式，要注意是否需添加新领域，或关注额外主题。在特定领域众多的模式中确定应该使用的模式是更有用的。

每个领域需要一个介绍部分，解释它的主题。然后可以描述领域中的所有模式共有的特性。根据需要介绍的详略程度，介绍部分可以是一小段，也可以是几面。领域也需要描述它的模式依赖的基础架构。

一些类型的需求依赖于基础架构，需求模式使我们有机会确定一种类型的需求所依赖的基础架构，而不必为某一个需求考虑。每个基础架构只在一个领域中进行描述，由需求模式的所属领域解释需求模式所需的任何基础架构，而不需每个需求模式进行描述。领域、需求模式和基础架构的关系如图 6.2 所示。

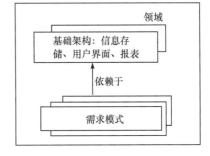

图 6.2　领域、需求模式、基础架构之间的关系

需求模式可以自由使用其他领域中的基础架构。但应尽量避免领域间的相互依赖，即若一个领域 A 被领域 B 所依赖，领域 A 不应依赖于领域 B。

因为每个组织、每个系统的不同要求，需求差别很大。一般针对基础架构的描述不应针对实际的需求，也不应过于详细，应只做基础架构概述。基础架构概述指导和建议如何定义一个特定系统的基础架构的需求，提出需求需要覆盖的主题。至少，它应陈述系统需要基础架构提供什么、它存在的目的是什么、它的主要功能。有些问题有明显的替代解决方案，概述应避免做判断。每个概述可以分成以下几部分。

（1）目的：解释基础架构存在的理由，以及扮演的角色。

（2）调用需求：关于系统与基础架构如何交互的需求定义的建议。基础架构必须提供这些功能给系统，以及系统期望的其他能力，如访问控制等。需求的功能可以看做是基础架构提供给调用者的接口。

（3）实现需求：为了使基础架构站得住脚所需要的一些特性的想法，如查询、维护和配置功能。这些是比较简短的，只是在定义基础架构时提醒一些需要考虑的可能的主要功能域。

例如对于报表基础架构，调用需求可能是很简单的：只是请求系统运行一个选定的报表的功能。而另一方面，实现需求则相当复杂，包括交付报告给用户的各种方式、其他请求报告的方式、设计报告等等。以建造房屋类推，我们需要的基础架构之一是电力供应。这种情况下，调用需求是每个屋子需要多少插座，实现需求处理的是看不见的部分，例如与电网的连线和遵守建筑质量法。

此外，在有关领域事件收集过程期间，业务规则经常会被提出来。若对它们是什么、如何进行分类有一个感性的认识，会对工作有很大的帮助。为提高效率，管理流程必须自动化，即使现代商业规则异常复杂；市场要求业务规则经常变化，IT 系统必须依据业务规则的变化快速、低成本的更新；为了快速、低成本的更新，业务人员应能直接管理 IT 系统中的规则，不需要程序开发人员参与。

术语"业务规则"在 20 世纪 90 年代获得了相当多的关注。许多实践者在该领域完成了重要的工作，其中最值得注意的是 RONALD ROSS。进行事件收集时，通常会将遇到的业务规则单独列出，目标是对需求阶段出现的业务规则进行分类，业务规则分类如下。

（1）结构性事实：要求某些事件或条件为真。例如，每个雇员都必须有一个工资发放日期。

（2）限制操作：根据其条件禁止一个或多个操作。例如，仅当雇员是小时工雇员时，才允许对其进行时间卡的录入和维护。

（3）触发操作：在其条件为真时触发一个或多个操作。例如，在雇员的工资发放日，发放工资给雇员。

（4）推论：如果某些事实为真，则推出一个结论或了解一些新的知识。例如，如果一个雇员是普遍员工，他的工资发放日是每个月的月末。

（5）推算：进行推算。例如，有佣金的员工的工资等于固定工资加上佣金。

规则是知识的表示，模拟人类问题求解的产生式规则。业务规则是业务如何运营的某一方面的定义。例如，业务规则定义在一定情况下业务如何应对（比如当客户的信用卡支付被拒绝时）或者一个限制（比如不能卖酒给不到 16 岁的任何人）。开发系统的业务规则方法承认业务规则的重要性，目的是使业务运营的方式更容易理解和变更。在理想的情况下，一旦业务规则发生变化，所有被影响的系统可以立刻修改并投入使用。这是非常吸引人的场景。有很多业务规则产品可以帮助做到这些。就像有一个大师透彻地了解你的业务，你可以向他访问问题，当然不仅仅是这些。不是说必须有一个特别的产品才可以采用业务规则。

相当多的需求类型反映了业务规则，但是没有一套普遍认可的业务规则类型，所以无法确定是哪一个需求类型。同样，也很难对业务规则进行分类或将一个需求映射到业务规则。有必要指出的是采用一个特定的业务规则分类方案可能只能等到需求编写完成之后才能确定。因此,当一个项目有多个投标方时,投标方可以使用不同业务规则方案或不使用业务规则方案。但是,一旦招标方决定该项目使用一种特定的业务规则方案后,投标方编写需求时要考虑到方案(而且可能的话,在合适的地方列出每个需求反映的业务规则的类型)。如果决定使用业务规则产品,可能把它看做是系统必须依赖的基础架构。因此,就像任何其他的基础架构,必须定义需要它提供的需求,使用这些需求作为选择合适产品的基础。

业务规则模式处于需求模式另一边,下面是设计领域,每种模式用来指导解决一种特定的应用问题。业务规则模式比需求模式更高一级,而设计模式轮流以需求模式和业务规则模式为基础。

6.2.2 设计模式

在复杂环境中,模式可以发挥很多作用,不同种类模式可以和谐共处。GOF 设计模式[26]的提出是一套反复使用、多数人知晓的、经过分类编目的、代码设计经验的总结。设计模式是重构的工具、使用设计模式是为了可重用代码、让代码更容易被他人理解、保证代码可靠性。设计模式使代码编制真正工程化,还提供了观察问题、设计过程和面向对象的更高层次的视角,使得从"过早处理细节"的桎梏中解放出来。

软件开发的一个大挑战是如何避免重复发明轮子。对许多软件系统来说,程序库和框架让开发者能重用那些有用的工具。程序库和框架提供的工具解决了常见的问题,但这些问题是底层的。设计模式致力于处理一些常见的高层设计问题。它们不提供可用于解决一个问题的代码,而是帮助得到在许多软件项目中重复出现的软件问题的设计方案。一个设计模式描述了一种设计方案,可以稍作调整之后用于特定的情况。设计模式使人们可以更加简单方便地复用成功的设计和体系结构。将已证实的技术表述成设计模式也会使新系统开发者更加容易理解其设计思路。

GOF 设计模式包含以下四个要素:

(1)模式名称:一个助记名,它用一两个词来描述模式的问题、解决方案和效果。命名一个新的模式增加了我们的设计词汇。设计模式允许我们在较高的抽象层次上进行设计。基于一个模式词汇表,我们自己以及同事之间就可以讨论模式并在编写文档时使用它们。模式名可以帮助我们思考,便于我们与其他人交流设计思想及设计结果。找到恰当的模式名也是我们设计模式编目工作的难点之一。

(2)问题:描述了应该在何时使用模式。它解释了设计问题和问题存在的前因后果,它可能描述了特定的设计问题,如怎样用对象表示算法等。也可能描述了导致不灵活设计的类或对象结构。有时候,问题部分会包括使用模式必须满足的一系列先决条件。

(3)解决方案:描述了设计的组成成分,它们之间的相互关系及各自的职责和协作方式。因为模式就像一个模板,可应用于多种不同场合,所以解决方案并不描述一个特定而具体的设计或实现,而是提供设计问题的抽象描述和怎样用一个具有一般意义的元素组合(类或对象组合)来解决这个问题。

(4)效果:描述了模式应用的效果及使用模式应权衡的问题。尽管我们描述设计决策时,并不总提到模式效果,但它们对于评价设计选择和理解使用模式的代价及好处具有重要意义。软件效果大多关注对时间和空间的衡量，它们也表述了语言和实现问题。因为复用是面向对象设计的要素之一，所以模式效果包括它对系统的灵活性、扩充性或可移植性的影响，显式地列出这些效果对理解和评价这些模式很有帮助。

GOF 根据以下两条准则对模式进行分类。

(1) 目标准则。依据模式所完成工作的性质，将模式分为：创建型、结构型、和行为型三种。创建型模式与对象的创建有关；结构型模式处理类或对象的组合；行为型模式对类或对象怎样交互和怎样分配职责进行描述。

(2) 范围准则。制定模式主要是用于类还是用于对象。类模式处理类和子类之间的关系，这些关系通过继承建立，是静态的，在编译时刻便确定下来了。对象模式处理对象间的关系，这些关系在运行时刻是可以变化的，更具动态性。从某种意义上来说，几乎所有模式都使用继承机制，所以"类模式"只指那些集中于处理类间关系的模式，而大部分模式都属于对象模式的范畴。

创建型类模式将对象的部分创建工作延迟到子类，而创建型对象模式则将它延迟到另一个对象中。结构型类模式使用继承机制来组合类，而结构型对象模式则描述了对象的组装方式。行为型类模式使用继承描述算法和控制流，而行为型对象模式则描述一组对象怎样协作完成单个对象所无法完成的任务。

GOF 给出了 23 种设计模式的描述，下面按创建型模式、结构型模式、行为型模式这三类的分类方式给出具体的 23 种设计模式。

创建型模式主要包含以下具体模式。抽象工厂模式：提供一个创建一系列相关或相互依赖对象的接口，而无需指定它们具体的类。建造模式：将一个复杂对象的构建与它的表示分离，使同样的构建过程可以创建不同的表示。工厂方法：定义一个用于创建对象的接口，让子类决定将哪一个类实例化。工厂方法使一个类的实例化延迟到其子类。原始模型模式：用原型实例指定创建对象的种类，并且通过拷贝这个原型创建新的对象。单例模式：保证一个类仅有一个实例，并提供一个访问它的全局访问点。

结构型模式主要包含以下具体模式。桥梁模式：将抽象部分与它的实现部分分离，使它们都可以独立地变化。适配器模式：将一个类的接口转换成客户希望的另外一个接口。适配器模式使得原本由于接口或类不兼容而不能一起工作的类可以一起工作。合成模式：将对象组合成树形结构以表示"部分——整体"的层次结构。它使得客户对单个对象和复合对象的使用具有一致性。装饰模式：动态地给一个对象添加一些额外的职责。就扩展功能而言，它能生成子类的方式更为灵活。门面模式：为子系统中的一组接口提供一个一致的界面，门面模式定义了一个高层接口，这个接口使得这一子系统更加容易使用。享元模式：运用共享技术以有效地支持大量细粒度的对象。代理模式：为其他对象提供一个代理以控制对这个对象的访问。状态模式：允许一个对象在其内部状态改变时改变它的行为。对象看起来似乎修改了它所属的类。

行为型模式主要包含以下具体模式。责任链模式：为解除请求的发送者和接收者之间耦合，而使多个对象都有机会处理这个请求。将这些对象连成一条链，并沿着这条链传递该请求，直到有一个对象处理它。命令模式：将一个请求封装为一个对象，从而可用不同的请求对客户进行参数化；对请求排队或记录请求日志，以及支持可取消的操作。解释器模式：给定一个语言，定义它的语法的一种表示，并定义一个解释器，该解释器使用该表示解释语言中的句子。迭代子模式:提供一种方法顺序访问一个聚合对象中的各个元素,而又不需暴露该对象的内部表示。调停者模式:用一个中介对象来封装一系列的对象交互。中介者使各对象不需要显式的内部表示。备忘录模式:在不破坏封装性的前提下,捕获一个对象的内部状态,并在该对象之外保存这个状态。这样以后就可将该对象恢复到保存的状态。观察者模式:定义对象间的一种一对多的依赖关系,以便当一个对象的状态发生改变时,所有依赖于它的对象都得到通知并自动刷新。策略模式:定义一系列的算法,把它们一个个封装起来,并且使它们可相互替换。本模式使得算法的变化可独立于使用它的客户。模板模式:定义一个操作中的算法的骨架,而将一些步骤延迟到子类中。模板方法使得子类可以不改变一个算法的结构即可重定义该算法的某些特定步骤。访问者模式:表示一个作用于某对象结构中的各元素的操作。该模式可以实现在不改变各元素的类的前提下定义作用于这些元素的新操作。

在设计第一章中 Ac 公司的工资支付系统时,经过和客户的交流,并且收集、协商、修改产品需求后,我们得到对上述工资支付系统得到较为详细的需求描述:

Ac 公司主要有以下三类员工。

(1) 小时员工,按工作小时付工资。他们每天填写工作时间卡(填写时,要从项目管理数据库中获取某项目的 Charge Code——项目代码,填写工作小时数)。如果超过 8 小时每天,加班工资为正常的 1.5 倍。每周五支付工资。

(2) 普通员工,工资固定,每月的最后一天发工资(他们一样要每天提交时间卡)。

(3) 有佣金的员工,他们除了固定工资还根据他们的销售业绩(销售订单有时间和数额)发佣金(销售额的 10%,15%,25%,或者 35%)。每月的最后一天发工资。

系统每周五和每个月的最后一天自动运行发放工资,该过程是自动的(自动打款到账户,或者自动打印支票)。系统获取是否在当天员工应该被支付工资(注意发放的是从上次到当天的工资)。

管理员可管理员工信息(增加/删除/更改姓名,地址,员工类型),查看管理报告。

按照工资类型对雇员分类,则产雇员的三个派生类:小时员工、普通员工、有佣金的员工。而进行系统的设计时,我们注意到需要维护员工的个人信息,包括添加、更新和删除员工信息。在更新员工信息时,系统可以修改员工的工资类型,亦即一个员工可以从小时员工修改为支付月薪的普通员工,或者修改为有佣金的员工。这种员工分类方式与更新员工信息操作产生了矛盾。如果根据计算工资的方式不同将员工分类,就意味着一个员工自始至终只能采用一种计算工资的方式。

按照工资支付方式对雇员分类,则产生雇员的三个派生类:持有支票员工、直接存款员工、邮寄支票员工。同样,在设计工资的支付时也可注意到,员工可选择工资支付方式:支票邮寄到家中、打入指定账户、或到财务部门自取支票。这种员工分类方式与更新员工信息操作产生了矛盾。如果根据工资支付方式不同将员工分类,就意味着一个员工自始至终只能采用一种工资支付方式。

若在前面需求中员工按照工资类型被分为三类:小时员工、普通员工、有佣金的员工;按工资支付方式分为三类:持有支票员工,直接存款员工,邮寄支票员工。在此,考虑到薪金类型和支付方式可能独立变化,就会得到两两组合的 9 个派生类,比如:"采用直接存款方式支付工资的小时员工"和"邮寄支票方式支付工资的普通员工"等。这样的设计显然不合理,且不易于修改和维护。注意到良好的问题解决方式可从上面的设计中梳理出三个不同的概念:雇员,雇员的薪金类型和薪金的支付方式。雇员的薪金类型有三种:按小时计算、按月薪计算和按月薪加佣金计算;薪金的支付方式也有三种:持有支票、直接存款和邮寄支票。而雇员的薪金类型和薪金的支付方式都是可以改变的。利用设计模式,我们可将雇员本身和可能发生变化的"薪金类型"以及"薪金支付方式"分离开,让后两者作为雇员对象中可以修改的内容,而且可以各自独立地演化。

同时,员工可以登录维护个人的时间卡信息,更改工资支付方式,以及订单管理。时间卡和销售凭条也不能直接与雇员类关联,而是让其分别与对应的薪金类型关联具体设计如图 6.3 所示。

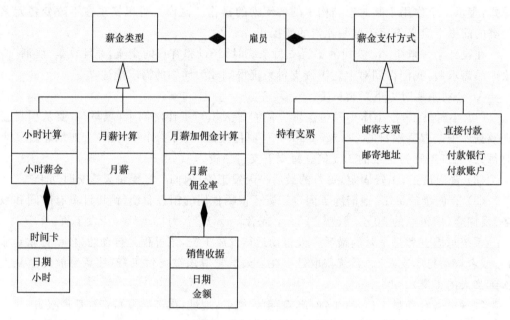

图 6.3　工资支付系统类图

以上的系统设计中使用了设计模式的策略模式

使用设计模式的目的是为了适应未来的变化,变化之所以存在是因为它的不可预知性——如果可以预知,则不能称其为变化。如何判断哪些需求可能变化,哪些需求可能不变,并且在最大程度上保持设计的干净、简单,这是些工艺问题,而不是工程问题。既然是工艺问题,那么就只能给出原则,不能给出标准。使用设计模式的大体原则可能是:对未来极有可能发生变化的问题给出最简单、修改成本最低的解决方案。设计模式的主题实际上是对可变性的封装原则。

不同设计模式的复杂程度相差很大,有的简单,有的复杂。有的已成为了标准 Java 对象集合库的一个基本特征。有的比较复杂,要认识它们的用处需要更多的经验。绝大多数的模式不是天生就复杂并难以理解。实际上,好的设计师多年来一直在使用这些模式所描述的解决方案,只是并没有正式认识到它们可以被描述为通用的设计指南。设计模式可将经验和知识传递给其他程序员,帮助他们得到更好的设计。使用设计模式需要一些经验。使用者必须至少对所有可用的模式有一个基本了解,然后才能识别出该设计问题可以受益于何种模式。通常这只需要通读所有模式，看看哪一个适合解决手头的问题。如果某个模式适合，它会提醒设计者识别出来。使用模式的时间越长，就越易使用。

需求模式应用于单个需求，一次帮助定义一个单一需求。例如，对于某一种报表需求可以使用报表需求模式帮助定义需求。一旦编写完需求（以及任何它引起的额外需求），需求模式的任务就完成了。但是当软件设计人员或开发人员开始决定如何实现这个需求时，模式仍可以给他们一些工作提示。测试人员同样可以使用模式获得测试的方法。除此外，还有针对大规模需求相关的模式，如针对一组需求的模式[27]和针对整个系统需求的模式[28]。另外，Fowler[29]还提出了分析模式，分析模式中每种模式用来指导一种特定的问题。分析模式在一定程度上高于需求模式，它们可以一起作用于设计模式。由于需求的原子性，应用于单一需求层次的模式更为有用。相对设计而言需求相互之间有更多共性。需求模式比分析模式更容易使用，因为需求对象容易自我独立，且每个需求模式都提供一个具体需求实例作为使用起点。Morgan[30]也提出了一些有用的业务规则模式。

6.3　需求模式间的关系

当几个需求模式有共同的特性时，可以建立一个需求模式组，用于描述它们共同的方面，而不必在每个模式中重复。一个需求模式组不是一个需求模式，不能建立这种类型的需求。但是一个组可以包含下列出现在需求模式定义中的任何部分："额外需求"、"开发考虑"和"测试考虑"。包括哪一部分而省略其他部分的原则在于是否有一些事情值得说。任何时候如果某一部分出现在了需求模式组里，模式的相应部分应该包含一个注释，提醒参考需求模式组。

领域和需求模式组的区别在于领域中的模式共有一个主题，而在模式组中的模式有共同的细节特性。一个组中的模式不一定属于同样的领域（对于熟悉Java编程的人，需求模式与领域的关系类似于类与包之间的关系：每个类属于一个包，就像每个模式属于一个领域。同样，需求模式可以在属于不同领域的模式基础上开发，就像Java类可以继承自不同包的类）。

当使用一个需求模式时，应该描述建立这种类型需求需要知道的所有事。但是一个模式可能会因为一些原因引用其他模式。需求模式之间的关系存在两种基本类型。

1）引用

一个需求模式可以在定义中提到另一个模式。一个模式引用另外一个模式有几个原因。

（1）一个需求定义的一些东西包含（有）另外一个需求定义的一些东西。

（2）一个模式的需求实例使用了第二个模式的需求实例定义的信息。例如一个需求定义了一个数据结构可能使用了一个数据类型需求定义的一个值。

（3）一个需求可能建议建立一种额外需求，可以应用一个模式定义它。

（4）转移模式可能引导使用不同的模式建立需求。

（5）需求模式可以引用另一个模式，这个模式包含一个特别主题的相关推理信息。

2）扩展

一个需求模式以另外一个模式为基础开发（或者是特殊化）。在面向对象的术语中，这是继承关系。除了扩展另外一个模式,需求模式可以扩展为需求模式组(在面向对象术语中,组类似于模式的抽象基类)。需求模式不允许扩展多个模式或组。

6.3.1 需求模式分类

需求可以按多种方式分类(例如,按功能和非功能分类)。使用需求模式有一个优点:如果对模式分类,则自动对使用这些模式的需求分类。分类显示了使用模式的一些需求本性,表6.2给出了分类定义的内容。

表 6.2 分类定义的内容

名称	分类是唯一的,明显的名称
读者	
目的	
允许值	定义在模式中这个分类可以有的值,解释它们的含义。最通常的方法是定义数值列表。只要读者了解这些数值的含义数字的或者文字的或者任何其他数值都可以使用
缺省值	如果在模式中的分类没有定义(明确陈述),这就是采用的数值。这样可以不必在模式中明确的定义分类,如果这个分类只对相对少量的模式有意义(换句话说,就是只对少量模式重要)

使用这些分类的其他方式是按照分类找到需求以及统计需求。对系统的需求统计可以在很多方面有用,可以帮助大概了解系统的复杂性和规模。为了这个目标,需要对每个需求标记所需统计的数值。需求管理工具通常定义一些额外的需求属性,然后对每个需求输入属性的数值。使用需求模式可以节省这方面的工作,因为使用模式产生的所有需求有共同的属性。它们只需要在模式编写的时候定义一次。这个信息记录在每个模式的"模式分类"部分。一旦需求以这种方式标记,就可能搜索分类查找到符合条件的所有需求。如何把模式中的分类信息传送给需求取决于如何保存需求。

本章中的需求模式只包含了少量的基本分类方式,表6.3给出了需求模式的功能分类。读者可以定义自己额外的分类方式。分类可以帮助使用需求的任何人,包括开发人员。因此,不必要所有人都理解每一个分类。基于这个原因,每一个分类要有一个主要读者,并且明确的陈述,不属于这部分的读者,可以不考虑它。

表 6.3 需求模式功能分类

名称	功能
读者	对挑选系统功能感兴趣的任何人,或者对功能数量感兴趣的人
目的	指出这种类型的需求是否定义了系统必须提供的功能
允许值	是:每一个这种类型的需求是功能需求 可能是:有些这种类型的需求是功能需求,有些不是。 否:这种类型的需求不是功能需求
缺省值	否

6.3.2　修改需求模式

没有唯一正确或最好的制定或表述需求的方法。对于给定的系统,没有唯一一套完善的需求。不同的需求方法以不同的方式分解问题,得到的需求的粒度以及表达的方式也不同。在此,需求方法指的是概括地定义需求的一种方式或者是定义某些类型的需求。每种方法可能有自己的一套需求模式。它们可能是这种方法承认的标准模式的独特表现方式,或者是这种方法的特定模式。分析师可以提供各种各样不同的方法,按之建立满足要求的需求模式,以及模式特有的声明。明确承认不同的方法,可以使分析师更清楚可用的选择。

然而,标准模式越一致、表现形式越少越好。同时,为了避免可能的混淆,不要在同样的需求模式中混合多个需求方法的材料。模式有多个声明,但是在一个系统中只选择一种会更清楚。

当使用一个特定的需求方法建立新的模式(或者现有的模式声明)的时候,在模式的"声明"部分陈述这个方法。需要注意的是使用不同的方法建立的声明具有自己的生命,可能经历一连串的版本,独立于最初的"标准"方法的声明。

如果存在两套需求模式覆盖相同的范围,有两种组织的方法。

(1) 一个领域规格可以包括两套需求模式。一个领域规格是一个文档,或者文档的一部分,它包含它的需求模式,还有一节关于它的基础架构。

(2) 领域规格可以有两个声明,每一个声明包含一套需求模式。

第二种方法更容易,更不易使人迷惑。第二种方法允许裁剪基础架构规格的声明,以适合模式使用的方法论,如果基础架构的需求使用了这些模式将会很有用。

保持每个需求定义的大小在合适的范围是良好的做法。通常具体类型的需求可能只描述一个或两个,如果一个需求达到 10 个段落以上就太长了,其中可能包含了太多信息,结果是过度复杂。这种情况下,把需求分成两个或多个需求更有意义。

当需求过多时,将之分割成多个部分,提炼主要需求,其他的成为附加需求。每个提炼的需求应该定义一个特别的方面,每个提炼应该定义它依赖的需求。为了便于阅读,规格中的提炼应该紧跟在主要需求后面。无论是否使用需求模式,这种方式都是值得借鉴的。但是如果使用模式,模式应该可以应用于主要需求也可以应用于提炼需求。如果需求模式建议描述若干条信息,这些信息不管在哪条需求里描述都可以。分割需求的第二个原因是不同的部分可能有不同的优先级。

根据不同的系统特性,可能有四分之一的需求是其他需求的提炼。如果使用非常细的需求粒度,将增加需求的数量,提炼需求的百分比。

通常使用一个需求模式时,结果是得到想要的需求。然而,模式可能比这个要隐蔽一些:它可能引导你采取不是很明显的、但是是更好的方式得到需求。它解释明显的方式可能引起的困难(通常是针对开发人员),建议如何避免这些问题,使用不同的方式陈述需求,并且达到同样的目标。转移需求模式或者解释另外一种方式,或者转向一个完全不同的需求模式,或者兼而有之。

很多性能模式就是转移模式,因为大部分的定义需求的方式经常是不可能实现的。例如,系统应该是 24×7,开发人员根本不知道如何完成这个需求。

6.3.3 需求模式用例及组

完全可以对于一些需求模式编写用例,这些需求模式产生的需求提供明确的功能(或者不止一个功能)。例如,对于查询需求模式,可以编写一个用例展示典型的查询功能的步骤。需求模式用例与需求模式是归纳关系,这是一种正式的 UML 概念,它是"是一种"的关系,可以应用于任何合适的环境中。

一个需求模式对使用它得到的需求要求可能不止一个功能。例如,配置需求模式要求对每一个可配置数据项有建立、读取(查询)、修改、删除功能。一个功能可以编写一个用例,对于所有的配置 4 个用例就足够了,而不用对每一种配置编写 4 个(或者可能只为某一些配置编写有例,而省略其他的)。

编写适合特定环境的需求模式用例才有意义。如果要编写通用的用例,可能用例层太高而不具有实际的价值。例如,通用的"建立配置数据"用例没有什么可说的——可能只是一个发起者输入数据,然后系统保存这些数据。但是如果环境是远程客户使用基于浏览器的用户界面,而 Web 服务器不在系统的范围内,用例将会完全不同。用例的前提条件是发起者必须登录系统,并且授权访问这种类型的配置数据——要满足一定的安全需求。(这些是为了展示不引入解决方案的前提下编写详细的用例有多么困难,即使用例只是想反映要解决的问题)。

当几个需求模式有共同的特性,可以建立一个需求模式组,用于描述它们共同的方面,而不必在每个模式中重复。一个需求模式组不是一个需求模式:不能建立这种类型的需求。但是一个组可以包括下列出现在需求模式定义中的任何部分:"额外需求"、"开发考虑"和"测试考虑"。包括哪一部分而省略其他部分的原则是是否有一些事情值得说。任何时候如果某一部分出现在了需求模式组里,模式的相应部分应该包含一个注释,提醒参考需求模式组。

领域和需求模式组的区别在于领域中的模式共有一个主题,而在模式组中的模式有共同的细节特性。一个组中的模式不一定属于同样的领域。对于熟悉 JAVA 编程的人,需求模式与领域的关系类似于类与包之间的关系:每个类属于一个包,就像每个模式属于一个领域。同样,需求模式可以在属于不同领域的模式基础上开发,就像 JAVA 类可以继承自不同包的类。

6.4 使用和编写需求模式

需求模式比需求更接近本质,因此使用和编写需求模式也相应更复杂、更花心思。需求模式的文档应该清晰地解释它是为了什么,尽量言简意赅,让读者了解到重点。为了能更有效地使用和编写需求模式,需要考虑被编写的需求可能遇到的所有的情况和变化。模式有不同的详细程度(精确性)和价值。一些类型的需求可以定义得非常详细,它们的实例几乎一样。其他类型的需求虽然有一些普遍有价值的东西,但是这些需求如此多变甚至不能描述应该表达什么。这些变化是正常的。使用模式以一致的风格编写需求可以增强每个分析师编写高质量需求的智慧和洞察力。

6.4.1　使用需求模式时应注意的问题

本小节主要关注的是适合使用需求模式的时间和方式。需求模式最主要的目的是帮助定义一个新系统需要做什么。即使是最敏捷的、不编写正规需求的开发人员,也可以使用模式。在此情况下,需求模式可以直接作用于思考,而不是通过中间的需求分析步骤。在定义系统期间,以下几种场合适合使用需求模式。

(1) 当定义需求时,首先看已有的模式是否可以指导此需求的定义,然后根据此模式的详细建议进行定义。如应该描述什么,如何描述,有什么额外主题。额外主题将会深刻影响系统的本质和质量。还要注意使用的模式依赖的每个基础架构:把它加到需求规格的"基础架构"部分,并确信被合适的定义。

(2) 当考虑需求是否完整时,浏览主题覆盖的整套模式——看是否还有遗漏,或者是否需要添加什么东西。其次,需求模式也可以在需求编写完成后使用。使用模式与否以及遵守的程度决定了事后使用是否方便,以及效果如何。

(3) 当评审需求规格时,模式可以帮助检查需求的质量,确定还有哪些主题没有定义,理解特定需求的意义和内涵。

(4) 当评估系统的规模以及开发所需的工作量时,基于需求,使用模式可以对实现的复杂性有更准确的感觉。根据在以前项目中有关记录一个特性花费的时间,可以计算实现一种特定类型的需求所需的工作量。亦即通过记录每个模式的度量,可以快速估算基于模式的所有需求的工作量。

(5) 当实现需求的时候,模式可以使你更深刻地理解需求的意图。针对软件的设计和开发人员,将提示如何着手实现和建议需要记住的事情。

(6) 当测试需求的时候,将建议测试人员测试这种需求的方法。

有3种方法可以知道一个需求编写时是否使用了模式。第一,如果摘要匹配特定模式的格式,需求摘要可能显示出来。第二,可以在需求定义的最后加注释。第三,如果使用需求管理工具,可以将模式名称保存在一个额外的属性里。

不是每个需求都有对应的模式,大量的需求没有纯粹的模式可以应用。使用模式的意图是减少工作量,尽可能做到更好,而不是机械地应用模式。根据对实际需求规格的研究,模式可以覆盖的需求的比例在每个系统中变化相当大,可能从15%到60%。系统越独立,可能使用模式的需求的比例越高。可以编写更多的模式来覆盖更多类型的需求,但是收益会很快降低,最后不再值得编写。一个真实的系统总是会有很多需求需要从头编写。

对于一些类型的需求,把它们统一放在需求规格专门的部分是很有效的,可以减少重复的可能。比如专门的系统报表部分,可能减少重复的可能,不用在不同的部门定义同样的需求。但是对于总体来说,最好把所有的需求按照功能域的方式安排。每个功能域都会有用户关心,如果每个功能都放在自己的部分,这样用户更易于阅读规格。如果必须,可以引用在另一节定义的功能需求。

6.4.2　裁剪需求模式

需求的措辞很大程度上取决于个人的偏好,不需要过度限制这一点,因为个人偏好会使需求更生动,而不是华而不实的技术文档。以客户的语言编写需求规格是并且永远是最重要的,措辞还需要考虑组织的文化,比如语言是否是合适的正式程度。综上所述,需求模式模板中使用的语言应该与使用模式的需求规格中的语言一致。风格的突然改变会让读者感到突兀和不舒服。最坏的情况是由于规格的一些语言来自组织外部而损害作者的信誉。

非英语国家懂英语的软件设计师可以很好的使用以英语表达的设计模式。然而同样的环境下,纯英语的需求模式只能在以英语编写需求规格时才可以接受。如果情况不是这样,至少需求模式的模板应该翻译成本国语言。

可以基于使用模式的经验在组织内提炼需求模式。一些有见解的组织在完成一个项目后会花一些时间反思项目运作的情况,从而帮助将来用更好的方法。如果由于恶劣的需求引起问题,可以通过添加建议提炼所使用的模式以预防该问题。如果对有问题的需求没有适用的模式,即使只是一小段建议,也可以考虑编写一个。如果是模式本身原因引起的问题,纠正它使之不再发生。

由于这些原因,有必要裁剪需求模式而不是设计模式。模式的基础是一样的,裁剪只是对使用模式产生的需求做一些调整。有时候只是需要改变需求定义模板,因为它们是唯一一部分在实际的需求中需要引用。然后修改例子反映对模板的修改。同时要检查其他的模式是否与修改的模板一致,并按照需求调整它。

每次裁剪需求模式时都要建立一个与之对应的新的需求模式声明。声明是经过裁剪后适合特定环境和方法的模式的一个实例。在有的组织里,这意味着多个需求模式的声明是有必要的。需要添加一个解释指示这是哪一个声明,以及应该什么时候使用,从而确保在每个项目中使用正确的声明。

6.4.3 寻找潜在的需求模式

在工作中,一些类型的需求总是反复的出现,以一致的方式编写会受益。或者只是有时候定义的很糟糕,就应为它们编写一个需求模式。有如下两种方法可以帮助我们决定何时需要编写模式。

(1) 系统化——有系统地彻查一个区域,检查大部分的目标。如果正在考虑建立一套特定行业和/或特定公司的模式,可以采取这种方法。收集所有现存的需求规格为目标,以便始终在感兴趣的需求中查找。研究每一个目标需求并尽量对其分类。如果有模式可以适用,记下来然后继续。如果现有的模式不是很合适,研究需求看是否可以设计一个新的、更专用的模式。或者,是否可以设计一个模式帮助定义这个需求?如果是这样的话,为这个模式建议一个名称,并把它加入候选名单。这个阶段不要过分挑剔;需求不总是正合适模式,也没有硬性的确定模式的规则。当检查所有现有的规格,评审候选模式名单时,当发现有重复或重叠时,需要解决这些不一致。

(2) 机会化——捕获偶然发现的任何目标。当定义一个需求时,你可能意识到会有同样类型的需求出现,如果觉得编写这种需求很棘手,也许就值得编写一个模式帮助其他人解决类似的需求问题——并促进一致性。在编写之前,尽量脱离手头的需求考虑,看是否还有其他的变化。不要仓促的建立太细节的模式。例如,在一个银行系统中,可能有一个需求定义一种银行账号类型的特征。如果针对此需求确定模式,就会使思路狭窄。

如果预计编写不止一两个需求模式,最好首先采用系统化的研究,而不是单独编写每一个。这样可以看到模式相互之间的联系,编写的模式也更一致。

考虑分析师或开发人员是否容易理解模式的目的。如果很抽象或者很难用一句话解释,或者用户很难理解模式的命名,意味着模式存在问题,使用模式编写的需求也会很难理解。此时可以考虑将模式分成更小的部分,使目标更明确。同时候选模式的变种比单一的模式更适合特定的环境。多目标明确的模式比试图适应多种情况的一个模式更好。模式越适合,分析师和开发人员越能从中得到指导。反之,也不要把模式分解到无话可说的地步,模式只有提供充分的价值才有存在的理由。

不要试图对所有的需求找到模式,比如有些一次性的需求,就不值得这样做。只有使用模式的收益超过编写模式的工作量时,当模式被多次使用时,模式才值得使用。模式不必只反映目前的需求。需求模式的一个目标是在将来更好地定义需求。这不仅意味着找到更容易的方法像过去一样编写需求,也意味着以全新的方式阐述需求。

决定每个需求模式所属的领域,将之添加到已有领域中。如果模式不属于任何现有领域,可为之建立新领域。如果同时编写几个新模式,特别当新模式间有相关的,可以同时给它们分配领域,这样可以帮助决定每个领域的范围。如果建立新领域,首先确保新领域有一个清晰的主题,清楚简洁地解释它的职责。如果领域只有一至两个模式,只需将它放到系统的需求规格的最后。否则,需要专门为它建立一个新文档、描述它的模式、它需要的任何基础架构。

查看领域中的模式,查看是否有任何差异,是否有其他模式可以属于此领域。尽可能避免领域间的相互依赖。若有,可拆分、合并领域。如果领域需要基础架构,可编写基础架构概述,或添加基础架构实例,并为之定义需求。

6.4.4 如何编写需求模式

需求模式的一个目标是在将来更好地定义需求。这不仅意味着找到更容易的方法像过去一样编写需求,也意味着以全新的方式阐述需求。开始缩写需求模式最好的方式是编写需求实例,收集尽可能多的需求,然后从头到尾编写模式的其他部分。这是一个不断迭代的过程,恰当的重新审查和提炼以前写好的材料。它也不是机械的流程,需要每个阶段投入认真的思考。

下面是编写需求模式的具体建议流程。

(1)是否有足够的价值。在编写模式之前,需要基于模式的使用次数、频率、使用带来的价值以及编写模式花费的时间,做一个简单的成本收益分析。

(2)建立模式的骨架。包括所有要求的标题和"基本细节"部分的条目。最容易的办法是复制需求模式模板文档的内容,然后填写"基本细节"部分。

(3)编写模式的"适用性"部分。描述模式是为了什么,必须尽可能精确。另外,在独立的部分,描述模式不做哪些事——减少被不正确地使用的可能。

(4)收集需求实例。构造所有能找到的实例列表——尽可能多,不要限制你的需求完全符合被定义的需求类型的概念。如果找不到任何合适的已有需求实例,可能编写一些有代表性的需求,并将之列为候选性实例。同时随时收集可能的额外需求。

(5)检查需求实例。需求通过是不完整的、不精确、难于理解的,需要决定它们的共同之处,以及如何变化。特别注意一些不平常的需求,或者以与众不同的方式解决问题的需求。

(6) 描述需求可能包含的信息。提炼实例的内容组成一套独特的片段。给每一项信息一个简洁的描述性名称,使之容易映射到模板,另外陈述它的目的。

(7) 编写需求模板。首先找到最好的(最有代表性和最详尽的)需求实例。设计一个需求摘要格式,把特定的信息替换为描述性的填充项,它是描述性的、简洁的。编写时应注意:两个模板是否真的代表不同的主题,是否也可以把内容和额外需求一分为二,是否应该为两个模式建立一个需求模式组,可以使它们公用一些材料,是否每一个分开的部分有足够的存在价值。

(8) 编写剩下的"讨论"和"内容"部分。考虑哪些类型的需求应该担心,哪些方面需要考虑,哪些考虑可能容易忽略。

(9) 开发潜在的额外需求实例的列表。集中在那些遵循模式实例的需求,如果任何需求与模式有关,把它加入列表中。

(10) 确定额外需求的候选主题。把相似的需求放在一起,然后考虑还有什么要说的,是否有任何方面的遗漏。

(11) 编写"额外需求"部分。首先列出额外需求可能需要编写的主题,解释每一个主题。每一个额外需求至少要有一个例子。编写普遍性需求的例子时,应该可以使例子直接复制到需求规格中。比如,报表需求模式,有很多普遍性额外需求(如报表标题、报表结尾行、运行日期等)非常适合重用。

(12) 编写"开发考虑"部分。与一个或多个高级开发人员讨论,询问他们有什么建议给满足这种需求的没有经验的开发人员。

(13) 编写"测试考虑"部分。询问一个或多个高级测试人员对没有经验的测试人员的建议。他们如何着手测试实现这种需求的系统,测试这种需求时他们以前遇到什么困难,测试人员对于产生模糊的原因以及容易遗漏的信息有很好的判断。

(14) 评审模式。请求分析师检查是否清晰和易用。请软件设计人员和工程师(也可能是数据库设计人员)检查实用性,以及实现考虑部分。请求测试人员检查(以及丰富)测试考虑部分。严肃对待评审反馈,如果有问题,随时改变模式的方向。

若发现一个或多个需要编写的模式,可以编写一个新模式。编写一个新模式也包括分析和评审的步骤,这个流程在很多方面与定义需求的流程很相似。不要因为只是喜欢一个想法而轻率地对待一个新模式。只有新模式能够交付足够有用的价值时才去做。这是主观判断,可以基于定义这种类型需求将会节省多少时间、有多少需求适合、每一个将节省多少时间还有编写需求会得到多大的收益。

6.5 需求模式实例

本节针对 Stephen Withall 描述的 37 个真实的、可重用的模式,给出了其中的一个信息需要模式实例和一个系统间接口需求模式实例。

6.5.1 信息需求模式实例

以信息需求模式为例,针以本书第一章给出的工资支付系统,给出一个需求模式的实例。信息需求模式中包含:数据类型需求模式、数据结构需求模式、标识符需求模式、计算公式需求模式、数据寿命需求模式、数据归档需求模式。

数据类型需求模式中包含简单形式的数据类型:字符、数字、值列表、是或否、日期、日期和时间。在编写需求时,可相应的修改使用。同时,由不止一个简单形式的数据类型组成的为混合型数据类型。对于用户来说,直接输入一个混合值比单独输入每一个部分会更快,但是不容易规定取值范围,也不容易发现错误。对于混合型数据类型可使用校验位来发现用户输入值时犯的错误。检验位是通过一定的算法计算出一至两位标记加在输入数字后,若用户输入的数字不满足算法,就说明输入有误,需要重新输入。具体实例如表 6.4 所示。

表 6.4　雇员卡号的数据类型模式实例

摘要	定义
卡号格式	雇员身份卡卡号是 16 位数字,最后一位为校验位。卡号的形式为 N,校验位的算法如下: ODD+ EVEN= CHECK=(ODDXEVEN)+ ODD+ EVEN+ 7 C= CHECK MOD 10(即 CHECK 最后一位)

数据结构需求模式是用来定义由多个信息项组成的混合数据项,它是一组信息的逻辑定义。它适用于避免重复、不一致的风险、不宜于定义在一个需求中的过多信息。具体实例如表 6.5 所示。

表 6.5　雇员姓名和联系信息的数据结构模式实例

摘要	定义
个人姓名详细资料	一个人的姓名的详细资料由以下信息组成: 名 中间名 姓 头衔
个人联系详细信息	一个人的详细联系信息由以下信息组成: 个人姓名详细资料 地址 工作电话号码 家庭电话号码 移动电话号码 传真号码 电子邮件地址

标识符需求模式是用来为一些类型的实体分配唯一标识符,或者指定一个数据(或数据项的组合)作为唯一标识符。具体实例如表 6.6 所示。

表 6.6　雇员号的标识符模式实例

摘要	定义
雇员号	每一个雇员被一个雇员号唯一标识,它的形式是一个外部分配的 5 位数字,第一次输入员工的详细信息时,手工输入。每个雇员号在整个系统范围内唯一,即使雇员去世,他的雇员号也不被其他员工使用。

　　计算公式需求模式定义如何计算一个特定的值,或者如何通过特定的逻辑步骤决定一个值。计算公式需求模式可以帮助建议需求应该提到哪些内容,不能直接用于过于复杂的公式和逻辑上。具体实例如表 6.7 所示。

表 6.7　小时工雇员的计算公式模式实例

摘要	定义
小时工	每一个小时工的工资计算公式如下 : 计算天数为当前星期内的时间数 每天的基本工作时间为 8 小时 超过 8 小时的为加班时间 基本小时工资为 80 加班小时工资为 100 总工资为:8 小时×80＋本周内加班工作小时数×100
有佣金的雇员	每一个有佣金的雇员的工资计算公式如下 : 计算当前月的总销售额 销售提成为:总销售额×提成率 总工资为:当月基本工资＋当月销售提成

　　数据寿命需求模式定义一个特定类型的信息必须被保留多长时间,或者必须保持多长时间的方便性。数据寿命需求模式常用来满足法律、账号规则、以及其他的条例要求。例如公司要求保留多长时间内的工资记录。数据寿命有 3 个不同的变量。第一是多长时间保存在主系统中可直接访问,第二是多长时间被保存到其他地方,第三是多长时间被离线保存。具体实例如表 6.8 所示。

表 6.8　雇员工资的数据寿命模式实例

摘要	定义
7 年的工资数据	雇员工资数据将至少保留 7 年。 在本需求中,雇员工资数据指的是公司对雇员的工资支付信息,或扣除信息,包括计算所需求的所有信息,如小时卡或雇金计算等。 相关数据保存在磁带或其他离线备份可以认为是满足这个需求。

　　数据归档需求模式定义从一个永久存储设备上移动、复制数据到另外的设备上。不要用数据归档模式定义定期的数据库备份。缺省地认为正在使用的数据库都支持定期的数据备份。具体实例如表 6.9 所示。

表 6.9　雇员工资的数据归档模式实例

摘要	定义
报表数据库归档	工资支付系统中雇员工资数据的所有变化将被归档到工资报表系统。归档应该足够频繁,以便对工资数据库的任何修改在 60 分钟内放到工资报表数据库。
整个公司归档	可以对一个公司的所有数据归档。 归档的目的是允许公司得到自己的一份数据,特别是当公司想不再使用系统提供的数据。

数据归档有一些额外需求,以重装归档数据为例。将归档数据装回原始系统存在将带来很多问题,如:重系统可能影响原系统的运行,与统计功能、改变后的数据库结构等发生冲突。具体实例如表 6.10 所示。

表 6.10　恢复归档数据有关的需求模式实例

摘要	定义
直接半截离线存储	直接从离线存储媒介中装载数据。 这个需求的目的是防止人工干预装载离线媒介的过程。

6.5.2　系统间接口需求模式实例

1）基本细节

相关模式:系统间交互,吞吐量,可用性,扩展性,遵从标准,文档,技术。

预期频率:在小型或中型的系统中,有四个或更少的需求;在复杂系统中可能有一打或更多的需求。

模式分类:无。

2）适用性

使用系统间接口需求模式定义被定义的系统和任何与之交互的外部系统或组件之间的接口的基本细节。

不要将系统间接口需求模式应用于用户界面(尽管可以将与用户的设备和用户界面的基础架构的交互看做是系统间接口,如果这些交互类似于外部系统的方式)。而且,不要将这个模式应用于系统不同部件之间的内部交互,除非一个外部系统可能在将来的某些时候参与这些交互(也就是说,如果它可能变成一个外部接口)。

3）讨论

使一个系统与另外一个系统配合是一项耗时而且不可预测的工程。开发人员可能不知道实现一个特定的接口将有多么的困难,直到他们真正开始着手去做。如果我们在使用别人定义的接口,它可能不能准确的完成我们的目标,或者不像我们所想象的;如果我们自己设计接口,我们依赖其他系统正确的实现它。因此,我们要重视系统间接口,不能低估了它们的复杂性,这是非常重要的。着重强调它们,尽早把它们确定下来,给它们分配足够的资源。这些经常都被忽略,在很多情况下是因为需求规格对接口一掠而过——或者根本就没有认识到它们。结果,一个系统的接口可能是薄弱的环节。

这个需求模式既不关心接口的本质也不关心外部系统是本地的还是远程的。它使用概括性的词汇"交互"描述跨越接口的活动(通常意味着信息的交换)。

每个系统规格应该包括一个系统上下文图,它应该是接近开始接口定义。在这里接口第一次出现,所以要抓住这个机会让它们闪亮登场。上下文图显示了所有需要与我们的系统交互的外部系统(以及其他组件),并对每个与它们的连接明确的标记一个接口标识符。图 6.4 展示了一个上下文图的样例,其中带有接口。

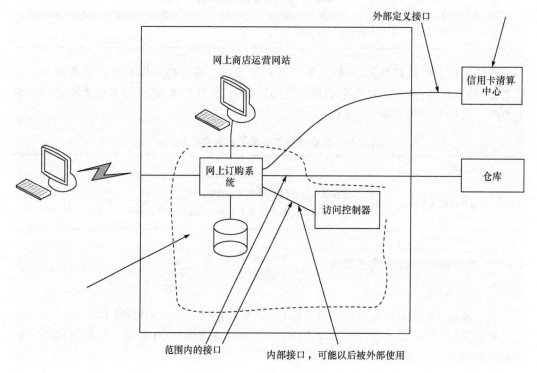

图 6.4　系统上下文图样例

有几个重点要遵守。首先,每个接口必须有一个唯一标识的接口标识符(本模式后面的"内容"部分描述了标识符的惯例)。其次,每个接口必须确定是完全属于内部的还是外部的。如果接口的所有者还没有决定,接口可以被标识在系统的边界上;用一个大问号强调这个未解决的问题。最后,当有多个相似的系统的接口时(比如图 5.2 中的多个信用卡清算中心),每一个必须单独对待,因为它们都是不同的。每一个连接是独立的接口。不要把一堆数字合在一起。下面的"接口适配器"中讨论了如何处理同样目的的与多个系统的接口。如果需要处理一个特定类型接口的多个实例,那么就有不同的额外因素需要考虑——比如决定使用哪个以及何时使用。

4)内容

一个系统间接口需求包含下列内容。

(1)接口名称:给每个接口一人简洁的有意义的名称,方便人们讨论时使用。

(2)接口标识符:给每个接口一个标识符,它在系统范围内是唯一的,这样可以很容易明确地引用它。一个惯例是用"i"(小写以便区别于数字 1)后跟一个连续数字。同样目的的多个接口,则有两部分数字组成,第一个数字代表目的,而第二个区分接口(i1.1,i1.2)。

（3）两端的系统：同样的接口有可能在系统上下文图中出现不止一次。但是只有是两个接口服务于同样的目的时，才显示同样的标识符。在这种情况中，解释两个系统在接口上扮演的角色，或者明确地引用每一对系统。同时确定两个系统中是哪一个系统发起的交互；或者两者可能都可以。

（4）接口的目的：描述每一个不同的目的。

（5）接口的所有者：哪个组织负责定义接口。可能是合作定义，但是有一个组织者是最后的决定者（为了最终避免误解和解决争议）。拥有和不拥有接口定义权利的相对优缺点，见前面的"接口所有权的沉浮"。

（6）定义接口的标准（如果有）：明确的陈述它的版本。参考本章后面的遵循标准需求模式指导如何描述标准；特别是获取标准的地方。

（7）用于接口的技术（如果相关）：如果必须使用特定的技术，描述它。否则就省略这一项；不做任何技术的选择。进一步详细的信息见本章后面的技术需求模式。

表 6.11 给出一个具体实例。

表 6.11　接口实例

摘要	定义
支付清算接口	在系统和支付清算中心之间应该有一个清晰定义的接口。它只能被系统调用。它的目的是允许客户支付一个订单。接口的所有权在系统范围内。
告警监视接口	在系统和外部告警监视系统之间应该有一个清晰定义的接口。它只能被系统调用。接口的所有权在系统范围内。 它的目的是通知适当的人员与他们有关的任何事件（通常意味着有严重的问题）。
会计系统接口	在系统和外部会计系统之间应该有一个清晰定义的接口。接口的所有权在系统范围内。 它的目的是由于系统内的一些活动对财务有影响，通过接口传递会计条目（或者是产生会计条目的信息）。
认证授权接口（i7）	在系统和认证授权系统之间应该有一个清晰定义的接口（叫做 i7）。它只能被系统调用。它的目的是验证客户提交的数字证书。 它应该可能支持多个认证授权系统（例如，eSign，Baltimore）。每个认证授权系统应该规定它自己的接口（不过有一部分应该是使用 PKCS♯10 标准——详情见 http://www.rsasecurity.com/rsalabs/pkcs/pkcs-10）。

5）额外需求

系统间接口需求可能会有一些额外的需求，不过有时候可能都不需要。浏览下面的主题列表，看看是否有需要注意的。

（1）个别类型的交互：主接口需求陈述了接口的目的，但是也可能希望多说一些主要的交互类型，以及一些次要交互，对每一种交互可以应用系统间交互需求模式。

（2）吞吐量：应遵循流量需求模式描述接口能够处理的流量。

（3）伸缩性：遵循伸缩性需求模式看接口是否可以很好的应对流量的增加。

（4）扩展性：如果需要能够扩展额外的这种类型的接口，参考扩展性需求模式编写合适的需求。扩展性需求模式中也处理开关接口和需要的配置参数等。

（5）弹性和可用性：描述出现故障接口时如何快速地恢复，决定流量丢失的检测或者重复，及接口需要运行的钟点。

（6）流量验证和记录：决定是否进行发出和接受的验证，验证发出和接受的内容，及是否需要其他系统确认。

（7）升级：描述接口发生变化时能否同时支持新旧两个版本。

（8）安全：接口是进入（以及退出）系统的门。决定验证访问和阻止入侵需要做到的程度，及是否避免让陌生人看到接口中传递的信息。

（9）文档和第三方接口开发：定义接口时如何告诉接口另一端的系统开发人员需要做什么，以及如何测试相关软件。

一个通常的接口需求只需要担心其中的几个主题，大部分可以留给开发人员去考虑。额外需求紧跟着相关接口的主要需求是最易读的。把所有的系统间接口的主要需求放在一起，然后跟着是额外需求（甚至可能放在需求规格的后面部分），主要的好处在于可以一次就对所有的接口有清晰的概貌，而不必纠缠于细节。

6）流量验证和记录需求

这是一个特性的大杂烩，它们全体作为一种接口的通行控制。它们在消息安全完成后开始活动（或者在消息发出前）。考虑是否需要做以下事情。

（1）验证发出者的身份 这可能意味着其他系统的身份，它所属的组织，个人（比如电子邮件的作者），或者所有这些东西。

（2）记录消息（日志）：单独思考流入和流出的流量，考虑是否需要知道发出去和接收的内容，是否需要记录部分或是所有的流量类型。如果记录所有事情，容量可能会相当大，存储会相当缓慢，也更不容易找到某一个消息，即使是在当前的硬件容量大，数据对性能影响很小的时代。

（3）记录接受的确认：这是为了特殊的目的记录消息的一种特殊的情况，为了能证明其他人接收到发送的信息。例如，它可以与其他步骤一起使用证明彼此间在一个特定时间拥有特定的信息（或者一个文档或其他资源）。讨论的三个主题的需求实例如表 6.12。

表 6.12　三个主题的需求实例

摘要	定义
验证会员身份	任何时候会员建立一个远程的系统连接，它们的身份应该被验证。对于这种验证应该使用安全机制，以使会员与系统之间的通信链路不被监听，不会泄露任何信息帮助第三方模仿会员身份。
记录所有的电子邮件	系统发送和接收的每一封电子邮件都应该被保存。
记录所有的接收确认	对于发送给数据仓库系统的所有请求，系统应该记录所有的接收确认。每个确认应该被当做据证明数据仓库系统已经接受了完成请求的责任。

7）升级需求

如果功能需要改变，或者新版本的接口标准出现了，那么就需要进行接口升级。转换到新版本的接口有两个策略。

（1）策略 1 是同时在接口的两端改变软件，这是最容易的实现方式。但因需要两端的升级系统的紧密合作，所以即使只涉及两个系统通常也是不可行的，随着系统数目的增加就变得更不切实际。

（2）策略2是每个参与的系统都提供新旧两个版本，直到每个系统都停止使用旧版本才可以结束。如果需要花费很长的时间才能关闭系统（或者，确实如果有一些永远不关闭），那么可能要同时支持不止两个版本的系统。复杂性还不止这些：为了足够灵活，每个系统需要能够告诉与之交互的系统支持哪个版本。这涉及要保存版本信息，还要添加交互功能使系统可以询问另外一个系统所支持的版本。如果这种交互在接口的第一个版本中就存在，那么工作会更简单一些。

这些像是设计问题，但是它们必须在需求阶段考虑清楚，因为它们影响外部系统。如果要编写一个接口开发指南，应该描述将要采取哪个策略。表6.13给出具体实例。

表6.13 策略和情况的需求的实例

摘要	定义
数据仓库接口同时升级	系统与数据仓库系统之间的接口的任何变化应该在系统两边同时安装。 这个需求的目的是通过减少同时支持多个版本的需要，简化接口和它的实现。
多版本的会员接口	系统将同时支持多个版本的会员接口。所有在三年内交付的接口的版本都将支持。 这个需求的目的是避免只有交付新的版本，就强迫所有的会员升级，会员不必在同一时间升级。
信用引用接口升级	当信用引用中介交付一个新版本的信用引用服务接口，系统将被修改以适应新的接口。这种修改将在新版本交付之后的三个月内安装。

8）安全需求

任何时候安全话题都可能是复杂和棘手的。在此首先将问题分为两个部分：接口使用的通信媒介和其上的流量。

接口使用的通信媒介需要被保护，防止入侵获取对系统的访问权（黑客入侵）。需求无疑应该以独立于方案的词汇描述这一问题，不要提防火墙或者虚拟专用网等。但很难量化地决定或表达需要多大程度的保护。

至于流量，可能遭受到各种各样的攻击，分为主动攻击和被动攻击两种。在主动攻击中，攻击者改变流量：产生伪造的信息，修改真正的信息，或者阻碍信息的发送。被动攻击则监听流量获取敏感信息。编写需求时应该涉及每一种担心的攻击。此外，定义要实现的目标，避免根据方案定义需求，尽管可以提到非常明显的方法。（常见的方法包括加密防止信息被阅读，哈希编码检测是否被篡改，数字签名验证谁发送的信息。）表6.14是几个需求实例：

表6.14 接口安全需求的实例

摘要	定义
数据仓库接口伪造流量监测	应该可能检测数据仓库接口上的伪造流量。所谓伪造流量就是不是由接口的合法的组件产生的任何消息，或者合法组件产生的错误的信息。
数据仓库接口流量不可读	入侵者应该不可能监听穿过数据仓库接口的流量阅读它的内容。 （预计本功能可以通过加密所有消息实现）

在敏感的应用中,偷听者可以只通过了解有流量或者了解它的数量就可以收集到有用的片段。这不可能是商业环境中所关注的。如果是这样,雇佣一个安全专家为你定义安全需求。

9）文档和第三方接口开发需求

通知另一端的系统开发人员需要知道做什么是拥有接口方的责任。这意味着需要为接口编写类似《接口开发人员指南》的文档,哪怕只是初步的。文档需要做到的程度取决于对方的背景和人数:如果开发一个有很多客户实现这个接口的产品,为避免开发人员整天通过电话或电子邮件解释接口,那么需要一个漂亮全面的指南。如数据仓库接口开发指南应该包括足够的信息允许有合适技术的能干的软件工程师开发软件实现数据仓库接口。

外部开发人员也需要能够测试他们的接口软件。这可能意味着只要需要就提供测试系统让他们运行和使用。如果编写软件帮助测试接口,要让他们可以使用,这涉及软件的打包安装。最后开发人员指南需要解释所有这些测试问题。编写需求覆盖所有你认为需要的东西,并指出被拒绝的建议。

10）开发考虑

当设计系统间接口时,首先浏览本模式中"额外需求"部分开始处的所有主题。这些主题可能在需求中涉及,但是大部分应该不涉及。一个成熟的接口设计和实现应该考虑这些事情,这样在将来发生变化时可以很容易的处理。

考虑编写软件模拟接口(以及另一端的系统)。它的价值依赖于接口的重要性,公司将来对它的依赖性、复杂性,测试系统是否可以被另一个系统的所有者使用。测试错误条件可能是困难和乏味的,一些根本就不可能模拟。若允许在测试时定义信息本身,模拟某种类型的错误,这个功能是有用的。但是在软件投入使用之前,需要小心去除所有这些特性的痕迹。

11）测试考虑

在系统的范围内,开发系统的组织必须测试参与到接口的每一个组件。单独的对待每一个参与的组件。从以下三个来源,识别穿过接口的所有种类的交互。

(1) 明确的交互需求:按照它遵循的系统间交互需求模式。

(2) 隐含的交互,帮助满足间接陈述的目标。例如,弹性,流量验证和安全需求(可能还有其他)可能涉及附加的交互。

(3) 从需求根本不可识别的交互。

更多有关每类交互如何测试,参考相应的系统间交互需求模式。最通常的情况,接口的一端处于正在被实现的系统的外部。检查是否有测试另一端系统的软件存在。如果不是,那么事情就变得棘手而且危险。这经常是重要的问题,特别是涉及大型权威的组织,比如金融机构中测试信用卡交易和政府机构。有时候,甚至必须要开发另一个系统的模拟软件,这可能涉及相当大的时间和工作量。

鼓励开发团队开发一个测试接口的软件,然后利用它。但是不要依赖测试软件做所有的测试,以防软件本身不完善,或者不能如实地模拟接口。

习　　题

1. 详述需求模式与分析模式的关系及不同。

2. 给出需求模式的基本细节和额外需求。

3. 商业领域是有关运行一项业务的功能,商业需求模式包含多组织单元需求模式和费/税需求模式。多组织单元需求模式中有两种多组织单元需求。第一种定义一种特定类型单元,具体包括:如"部门"等的单元类型名称、单元类型定义、父单元类型、特征、预计的实例数;第二种要求可以动态定义组织结构,具体包括:结构、特征。试针对这两种多组织单元需求描述相应的模板。

4. 针对一组需求实例,分析其中存在的需求模式。

5. 利用本章给出的需求模式定义的概念,尝试定义一个新的需求模式。

第7章　需求与面向对象软件开发

7.1　系 统 需 求

现在,我们被某大型乐器经销商委托开发一套乐器租赁系统。应该如何开始需求分析工作? 我们可能会问一些问题:"用户如何从这家乐器租赁连锁店借出乐器","当乐器被用户借走后,我们要如何更新乐器列表"等等。

通过这些问题可以归纳出:待开发软件产品的需求包含如下两个方面。

(1) 业务需求。它描述了用户通过系统需要完成的任务,也就是说用户需求决定业务需求。比如,"用户如何从这家乐器商店借出乐器?"。通过业务建模的方法来理解、表示系统的相关操作和操作之间的关联。

(2) 系统需求。确定系统有什么功能。通过建立系统模型,明确系统能做什么和不能做什么;还要明确,一项功能在什么时候完成,是否能成功的执行。在这阶段,我们要问的问题则是"当乐器被借出后,我们如何更新乐器列表?"。系统需求常常分为两类:功能性需求和非功能性需求。功能性需求是系统必须完成的工作,为响应外部事件而必须做出的反应,如"浏览","预约乐器"等等。非功能性需求是需要指定的其他需求,如"支持客户能通过不同的 Web 浏览器来访问系统","用户界面要简洁易用"等等。

7.1.1　系统的诞生

客户委托软件开发商开发软件系统,可能会提供详细的文档,也可能只是口头描述了客户希望系统可以完成的功能。开发人员必须把客户的需求文档或者任务描述转化为完整的、清晰的、可用于系统开发的文档。准确无误的描述系统应完成的所有工作和系统不应完成的工作。

1) 案例

某大型乐器租赁公司的任务陈述。

任务来自某大型乐器租赁公司。公司使用条形码、柜台终端和激光阅读器来自动的跟踪的乐器状态。这带来很多优点:租赁的效率提高了 20%,乐器失踪概率大大降低,客户群体迅速变大,专业化程度和办事效率显著提高。

公司管理层认为,将乐器租赁系统继承到 Internet 上会进一步提高租赁效率,降低运营成本。例如,客户可以利用 Internet 在线浏览乐器目录,在线预约租赁乐器,通过新系统的使用,目标使得每个店面的运营成本降低 15%。在三年内,实现电子商务的所有功能,通过 Web 浏览器,在客户方完成乐器的交付和收回,达到虚拟租赁的最终目标,使业务的运营成本降到最低。

2) 分析

这个需求调查产生了两个很好的问题:这家乐器租赁公司提供什么服务? 哪些服务适合集成在 Internet 上?

上述任务陈述是后面使用案例的基础。我们把待开发的乐器租赁系统命名为 iMusic。

本系统的特点是：乐器的租赁采用先到先获得服务的方式，用户可以在当前系统的乐器库中进行选择。如果用户要租赁的乐器有库存时，要找到一家连锁店面领取乐器，或者通知公司送货上门。如果，乐器被借出，用户可以预约这个乐器。当预约的这个乐器有库存时，系统就会和客户直接联系，用户需在规定的时间内领取乐器。

3）说明

需求的目标有两个。

（1）搞清楚开发软件的原因，理解业务。对业务的理解要与客户的理解相同。如果没有彻底理解业务，就很难开发出能增强该业务的系统。

（2）描述业务需求。这不仅决定了系统的功能，还找出了所有约束开发的条件：性能、开发成本、资源等。

一旦理解了业务，并把这些业务整理为业务需求时，就要考虑软件系统应为客户完成什么任务。如果没有对系统、全面的理解，开发出的系统可能不符合用户需求，浪费了宝贵的开发资源。

7.1.2 用例

用例是在不展现一个系统或子系统内部结构的情况下，对系统或子系统的某个连贯的功能单元的定义和描述。用例就是对系统功能的描述，一个用例描述的是整个系统功能的一部分，这部分具有相对完整的功能流程。用例是描述系统功能需求的最有效工具：需求是用用例来表达的，界面是在用例的辅助下设计的，很多类是根据用例来发现的，测试实例是根据用例来生成的，包括整个开发的管理和任务分配，也是依据用例来组织的[37]。

从用户的角度来看参与者和用例，他们并不想了解系统内部的结构和设计，他们所关心的只是系统所能提供的服务，这就用例方法的基本思想。

用例模型主要由以下模型元素构成[31]。

（1）参与者：参与者是指存在于被定义系统外部并与该系统发生交互的人或其他系统，他们代表的是系统的使用者或使用环境。

（2）用例：用例表示系统所提供的服务，它定义了系统是如何被参与者所使用的。

（3）关联：关联表示参与者和用例之间的对应关系，它表示参与者使用了系统中的哪些用例。

1）案例

"预约乐器"这个业务用例描述了乐器的预约方式。这可以使用行业中业务术语来表达，也可以详细说明这个业务的运作方式。在业务建模过程中查找业务用例是需求分析的第一步。

用例的细节描述如下。

（1）顾客告诉系统要租用某种乐器型号；

（2）如果发现没有这种乐器，就给顾客提供一种备用乐器型号；

（3）如果有这种乐器，系统要求顾客提供有效证件，以确认他们的身份；

（4）对于会员，系统检查会员是否欠费，是否被禁止租用乐器；

（5）对于非会员，系统将非会员资料录入系统中，记录顾客的姓名、电话号码和证件号；

（6）如果顾客的信用合格，顾客要为租用的乐器进行付费；

（7）如果付费成功，助手就在系统中把该乐器设置为已租用。

2）分析

如果顾客打电话给某个乐器租赁连锁店预约某种型号的乐器，顾客不会在意电话另一端的工作人员怎么进行交易。业务用例既可以使用已有的软件系统，也可以根本不涉及计算机系统。

系统用例"预约"将描述要开发的系统如何通过 Internet 进行预约。系统用例描述新系统或替代系统要提供的一个服务。在这个例子中，会员使用 Web 浏览器来访问后台服务器，我们的工作就是明确指定用户应提供的输入和他们可以得到的结果。

3）说明

为了简单起见，用例尤其是系统用例，不应重叠。用例以自然语言编写，分解为一系列的步骤。

7.1.3　业务建模

业务模型，是建立系统功能模型的前提条件。业务模型可以只是一个或几个类图。用例可以用来显示业务实体之间的关系，但不是唯一方式。用例比较简单，构建用例不需要专业知识，只需要常识和对业务的理解。比较复杂的方式有业务过程建模和工作流分析。

下面将按照一般创建顺序，依次介绍业务模型和组件。与面向对象开发的所有方面一样，可以从前、从后迭代，或多次重复，直到得到完整的业务需求为止。

1. 标识业务参与者

参与者是在业务中扮演某个角色的人（如名称所示）、部门或独立的软件系统。把部门和系统当做参与者的原因是，在逻辑上，它们像人那样进行交互操作：我们只对参与交互操作的人（或部门、系统）感兴趣，而不关心参与者"实现"为一个人，还是部门或软件。

标识参与者有助于标识业务的使用方式，这有助于标识出用例的含义。

iMusic 业务参与者案例如下。

（1）旧的系统：处理顾客信息和提供服务的已有系统。

（2）员工：帮助顾客租赁乐器和预约乐器型号。

（3）顾客：为获得一个标准服务而付费的人。

（4）会员：其身份和信用状况已得到验证的顾客，根据消费情况，可得到相应的付费打折优惠。

（5）非会员：其身份和信用状况没有验证的顾客，这类顾客，预约乐器需要交付定金。

（6）乐器租赁系统：处理顾客信息、预约、出租和查询可用乐器目录的已有系统。

（7）支付系统：处理顾客的信用卡付费。

2. 标识业务用例

有了参与者后,下一个任务就是标识业务用例,每个用例都是业务的一部分,在这个阶段,用例可能涉及许多参与者之间的双向通信,尤其在参与者是人的情况下,就更是如此。而系统用例更结构化,因为人们会告诉系统要做什么,而不是采取其他方式完成。

在找出业务用例时,应提出这个问题:"使这个业务运转起来的一些重要操作是什么?"。这些"操作"就构成了业务用例。

iMusic 业务用例如下。

B1:顾客租用乐器:顾客从可租用的乐器中挑选合适的乐器,并扣除相关费用。

B2:会员预约乐器型号:当预约的乐器可用时,将即时通知会员。

B3:非会员预约乐器型号:非会员交纳押金,当预约的乐器可用时,即时通知非会员。

B4:顾客取消预约:顾客可亲自上门或通过电话或 Internet 取消有效的预约。

B5:顾客归还乐器:顾客归还租用的乐器。

B6:顾客通知:当有特定型号的乐器,通知感兴趣的顾客。

B7:报告租赁的乐器问题:当乐器丢失或损坏时,报告相关问题。

B8:顾客重新预约:超过规定的预约期后,顾客重新预约。

B9:顾客浏览目录:顾客在所有连锁店内或通过 Internet 通过浏览乐器目录。

B10:顾客因没有领取已预约的乐器而罚款:若顾客未在有效时间期限内领取预约乐器,收取罚款。

B11:顾客领取预约的乐器:顾客在有效时间期限内领取预约的乐器。

B12:非会员顾客成为会员顾客:顾客提供信用卡和联系信息,成为会员。

B13:租赁乐器过期通知:系统通知顾客乐器已超过租用期限。

B14:更新会员卡:当系统升级或会员卡过期时,更新会员卡。

在业务建模过程中,我们对新系统的运作方式不感兴趣,在这个阶段,只是描述业务当前的运作方式。

3. 用例的活动图

活动图用于构建整个业务模型,或记录某个软件对象使用的算法。活动图显示了从起点到最终目标的过程中活动之间的依赖关系。该图类似于流程图,它们传统上用于给程序流程或人类的活动建模。

图 7.1 给出非会员预约乐器型号的用例细节。

(1)非会员告诉员工要预约的乐器型号。

(2)员工要求非会员交纳押金,提供证件号码。

(3)非会员提交押金和证件。

(4)员工在系统上查找该乐器型号,如果查找不到,推荐其他备用乐器。

(5)员工检查押金和证件号码。

(6)如果检查有效,乐器预约成功,活动结束。

(7)活动结束。

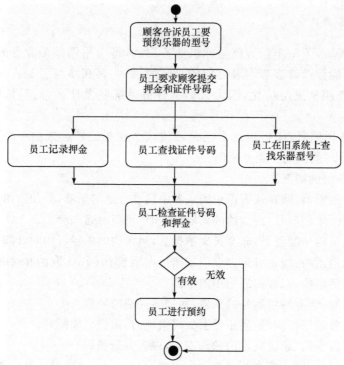

图 7.1 非会员预约乐器的活动图

活动图中的每个圆角方框表示一个动作;箭头(边界)表示源动作应在目标动作开始之前完成;黑点表示活动的起点;白圆中的黑点表示活动的结束;菱形表示决策。

对于每个动作,都可以在动作名称的前面,在括号中放置一个名字,显示由谁负责该动作。该名字表示活动中的一个参与者,可以用于标识参与者、部门、系统或对象。参与者还可以通过把动作组合到行、列或单元格中来表示。

7.1.4 系统建模

需求分析给要开发的软件进行系统建模,以改进业务。系统的用例模型比业务的用例模型更详细、更具说明性。

1. 标识系统参与者

首先,需要在客户的帮助下标识和描述系统参与者。这个阶段标识的参与者应只包括直接与系统交互的人。

iMusic 系统参与者案例如下。

(1) 顾客:通过 Web 浏览器访问 iMusic 的人。

(2) 会员:在一家商店提供了信用卡和联系信息的顾客;每个顾客都有一个会员号和一个密码。

(3) 非会员:没有注册为会员的顾客。

(4) 员工:商店的一个员工,他与会员联系,办理相关业务。

2. 标识系统用例

一旦有了参与者,就可以编写用例,这也可以从客户那里获得帮助,每个用例都必须进行简短说明。

iMusic 系统的用例如下。

U1：浏览目录：顾客浏览感兴趣乐器型号的相关目录。

U2：查看结果：显示检索到的乐器信息。

U3：查看乐器型号的细节：显示检索到的乐器型号细节，例如乐器的出厂日期，使用情况等。

U4：搜索：顾客根据系统给定的检索条件，搜索相关乐器。

U5：登录：顾客登录系统进行一定特殊的操作。

U6：查看会员信息：会员可查看自己的相关信息。

U7：进行预约：顾客可对浏览到的乐器进行预约。

U8：查看租用情况：顾客可查看租用的所有信息。

U9：修改密码：顾客修改用于登录的密码。

U10：查看预约情况：顾客可以查看自己的当前和历史预约信息。

U11：取消预约：顾客可以在预约有效期内取消预约。

U12：注销：会员可注销会员资格。

系统用例可以在用例图上描述，显示参与者和他们与特定用例的关系，这有助于了解系统的使用方式。iMusic 的用例图如图 7.2 所示。

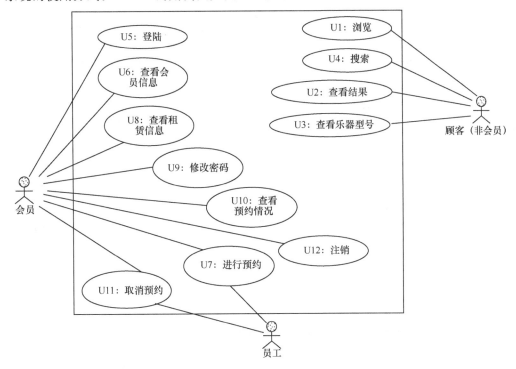

图 7.2 iMusic 的一个简单的用例图

用例调查是一个非正式的描述，说明了一组用例如何组合在一起。用例调查允许客户在没有开发人员的帮助下，也能更好地理解用例。

iMusic 用例调查如下。

任何顾客都可以浏览乐器号索引（U1）或通过搜索（U4）在目录中查找乐器型号。在后一种情况下,顾客要指定他们感兴趣的类别、种类、型号、产地和价格。无论采用哪种方式,在每次检索后,都给顾客显示乐器型号的集合(U2),以及基本信息,例如乐器型号的名称,然后,顾客就可以选择查看特定乐器型号其他信息,例如描述和广告(U3)。

已成为会员的顾客可以登录(U5),访问额外的服务,额外的服务有进行预约,取消预约(U11),检查会员信息(U6),查看已有的预约(U10),修改登录密码(U9),查看已有的租用记录(U8)和注销(U12)。

3. 用例的关系

要构建最终的用例,还需要了解用例之间的关系。用例之间有三种关系:特殊化、包含和扩展。这些关系可以组合相关的用例、分解大的用例、重用行为、指定可选的行为。

图 7.3 给出了 iMusic 的最终用例图。

U1:浏览索引:顾客浏览乐器型号的索引(特殊化 U13,包含 U2)。

U2:查看结果:给顾客显示检索到的乐器型号子集(被 U1 和 U4 包含,被 U3 扩展)。

U3:查看乐器型号的细节:给顾客显示检索到的乐器细节(扩展 U2,被 U7 扩展)。

U4:搜索:顾客指定类别、构造和规格,搜索乐器型号(特殊化 U13,包含 U2)。

U5:登录:会员使用会员号和当前密码登录 iMusic(U6、U8、U9、U10 和 U12 扩展)。

U6:查看会员信息:会员查看 iMusic 存储的会员信息子集如姓名、地址和信用卡信息(扩展 U5)。

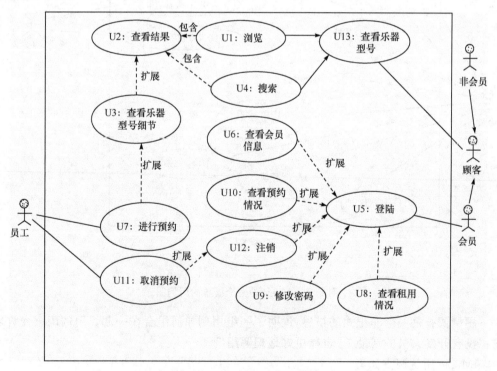

图 7.3 iMusic 的最终用例图

U7:进行预约:会员在查看乐器型号的细节时,预约一种乐器型号(扩展 U3)。

U8:查看租用情况:会员查看当前租用的乐器汇总信息(扩展 U5)。

U9:修改密码:会员修改用于登录的密码(扩展 U5)。

U10:查看预约情况:会员查看还没有结束的预约汇总信息,例如日期、时间和乐器型号(扩展 U5,被 U11 扩展)。

U11:取消预约:会员取消还没有结束的预约(扩展 U10)。

U12:注销:会员从 iMusic 中注销(扩展 U5)。

U13:查找乐器型号:顾客从目录表中检索乐器型号的子集(抽象,被 U1 和 U4 一般化)。

4. 细节

一旦标识了用例,指定了他们的组合方式,就需要显示细节。

用例 U1 的细节如下。

前提条件:无。

(1) 顾客选择一个索引标题;

(2) 顾客选择查看选中索引标题的乐器型号;

(3) 包含 U2;

(4) 后置条件:无。

系统用例细节包括:

(1) 用例号和标题;

(2) 用例是否为抽象;

(3) 与其他用例的关系;

(4) 前提条件;

(5) 步骤;

(6) 后置条件。

这些系统用例都比前面的业务更详细。这说明,现在我们正试图具体说明,而不是仅仅描述一下。明确系统将提供的服务,以免分析员和设计人员对需求的不明确。

5. 系统用例的优先级

优先级和紧急程度有助于规划其他开发过程和进一步递增的开发过程。具体打分技术如下。

绿色:用例必须在当前的递增开发过程中实现。

黄色:在当前的递增开发工程中是可选的。

红色:在当前递增中不允许完成。

iMusic 用例的优先级如下:

绿色:U1 U4 U2 U3 U5;

黄色:U12 U6 U7 U10;

红色:U11 U8 U9。

7.2 估　　算

在软件项目开发过程中,经常会由于软件项目规模度量不准确的问题而导致进度失控,甚至项目失败。为了避免这样的局面出现,精确的软件项目规模度量是非常重要的。在软件开发项目管理过程中,如何利用先进的方法、技术和工具来提升软件项目开发能力的成熟度,从而提高软件开发项目管理水平;如何在做好软件项目需求分析和工作量估算的基础上,对软件开发项目实现有效的进度控制、全程管理,是个非常值得研究也是迫切需要解决的课题。

由软件需求估算出软件的规模,再考虑一些项目的因素,即可估算得到软件的工作量,而软件的成本就由软件工作量来决定。也就是说,存在下述链条关系:需求——规模估算——工作量估算——成本估算。

在上一节中,我们建立了预约过程完整的系统用例,那么就使用该用例来进行软件规模的度量。

7.2.1 基于需求的软件规模估算

使用用例功能点。

用例功能点法的基本内容就是依据标准计算出系统用例中含每一种元素的数目,将功能分为如下五种类型。

EI:进入一个系统的数据(外部输入,包括逻辑性事务输入及系统输入);

EO:离开系统的数据,外部输出;

EQ:外部查询;

ILF:在系统内部产生并存储的数据(内部逻辑文件,用户定义的数据逻辑组);

EIF:在系统外部维护的、但是为满足某一特定处理请求所必需的数据(外部接口文件,与其他应用的界面)。

用例功能点的计算过程[32]如下。

(1)用例功能点要素的计数,EI、EO、EQ、ILF、EIF;

(2)复杂度判定表,如表 7.1 所示;

(3)复杂度加权因子计算,环境参数:数据通信、分布式数据处理、软件性能、硬件负荷、事务频度、联机数据输入、界面复杂度、内部处理复杂度、代码复用要求、转换和安装、备份和恢复、多平台考虑、易用性;简单、一般、复杂(0—5);TOTAL:$N=F1+\cdots+F14$;

(4)复杂度调整系数计算 $CAF=0.65+(0.01\times N)$;

(5)调整后的用例功能点数计算 $FP=UFP\times CAF$;

(6)计算装换后的代码行。

表 7.1　复杂度判定表

复杂度	低	平均	高	合计
EI 数	＿×3	＋＿×3	＋＿×6	＝＿
EO 数	＿×4	＋＿×5	＋＿×7	＝＿

复杂度	低	平均	高	合计
EQ 数	__×3	+__×4	+__×6	=__
ILF 数	__×7	+__×10	+__×15	=__
EIF 数	__×5	+__×7	+__×10	=__

EIF 数　总计：_____

基于 iMusic 的最终用例图的软件规模计算如下。

(1) 用例功能点要素的计数。

U1:浏览索引(EO 低)

U2:查看结果(EO 中)

U3:查看乐器型号的细节(EO 中)

U4:搜索(EQ 高)

U5:登录(EI 高)

U6:查看会员信息(EO 低)

U7:进行预约(EI 高)

U8:查看租用情况(EO 中)

U9:修改密码(EI 高)

U10:查看预约情况(EO 中)

U11:取消预约(EI 中)

U12:注销(EI 低)

U13:查找乐器型号(EQ 中)

(2) 统计该用例的功能点 5 个 EI(1 低,1 中,3 高),6 个 EO(2 低,4 中),2 个 EQ(1 中,1 高)。

根据表 7.4,UFP=(1 * 3+1 * 4+3 * 6)+(2 * 4+4 * 5)+(1 * 4+1 * 6)=25+28+10=63。

(3) 复杂度加权引子计算

数据通信(0)、分布式数据处理(3)、软件性能、硬件(1)、负荷(0)、事务频度(1)、联机数据输入(1)、界面复杂度(1)、内部处理复杂度(1)、代码复用要求(3)、转换和安装(0)、备份和恢复(3)、多平台考虑(1)、易用性(0)。

TOTAL:N=15。

(4) 复杂度调整系数计算:CAF=0.65+(0.01 * N)=0.8。

(5) 调整后的用例功能点数计算:FP=UFP * CAF=63 * 0.8=50.4。

(6) 计算转换后的代码行:经过查表 Java 的 SLOC/UFP 为 105。

7.2.2　基于需求的工作量估算

软件规模估算和软件工作量估算是很容易混淆的概念。软件规模是软件的大小,软件的大小应该是固定不变的,不会因为不同公司开发大小不同,它只跟需求有关;而工作量会因为开发公司的不同而不同。生产率低的公司,开发同一个软件所需的人天数一般也会多。

工作量估算,是对开发软件产品所需的人力的估算。这是任何软件项目所共有的主要成本。它和进度估算一起决定了开发团队的规模和构建。工作量估算是由规模和与项目有关的因素所驱动的,如团队的技术和能力、所使用的语言和平台、平台的可用性与适用性、团队的稳定性、项目中的自动化程度等等。

工作量估算是估算软件项目所耗费的资源数,这个资源包含人力和时间,一般用"人天"、"人月"的形式来衡量。

工作量的估算通常使用直接估算和间接估算。直接法指基于 WBS 的工作量估算方法,直接估算出人天工作量;间接估算法是先估算软件规模,再转换成人天工作量。间接法又分为基于代码行(SLOC)的工作量估算方法和基于功能点(FP)的工作量估算方法。我们在上一节已经计算出软件系统的代码行,我们在这里就使用基于代码行(SLOC)的工作量估算方法。

基于代码行(SLOC)的工作量估算,是从开发者的技术角度出发来度量软件。进行工作量估算时,先统计出软件项目的代码行数,然后将代码行数转换为人天数。其中,将代码行(SLOC)转换成人天数主要有两种方法。

(1)生产率方法:要求有开发商每人天开发的代码行数,估算出代码行数后,直接利用代码行数÷SLOC/人天,即得工作量人天数。

(2)参数模型法:利用模型,将代码行数转换成人天数。

常见的模型有如下几种。

1)Putnam 模型

Putnam 模型是 Putnam 于 1978 年提出的一种动态多变量模型。估算工作量的公式是:$K = L^3/(Ck^3 \times td^4)$

其中:L 代表源代码行数(以行计),K 代表整个开发过程所花费的工作量(以人年计),td 表示开发持续时间(以年计),Ck 表示技术状态常数,它反映"妨碍开发进展的限制",取值因开发环境而异,见表 1。

2)COCOMO II 模型

COCOMO II 模型由 Barry W. Boehm 教授提出。模型指出,软件开发工作量与软件规模呈指数关系,并且工作量受 16 个成本驱动因子的影响。COCOMO II 的计算步骤如下。

(1)估算软件规模 Size,这里以千代码行(KSLOC)计。

(2)评估比例因子 SF,求指数 E。

(3)求成本驱动因子值 EMi。

3)IBM 模型

IBM 模型是 1977 年 IBM 公司的 Walston 和 Felix 提出的。其中估算工作量的公式为:$E = 5.2 \times L^{0.91}$,L 是源代码行数(以千行计),E 是工作量(以人月计)。

根据 IBM 模型(Walston-Felix)进行估算结果为:

KLOC＝FP×SLOC＝50.4×105/1000＝5.292

E＝5.2×(KLOC)0.91 月/人

D＝4.1×(KLOC)0.36 月

S＝0.54×E0.6 人

7.3 分　　析

分析是找出系统要处理什么任务的过程,是把真实世界建模为对象的第一步。我们需要把一组复杂的需求分解为基本元素和关系,解决方案的基础就建立在这些元素和关系的基础上。为什么要先进行分析?因为开发人员不可能仅根据业务需求模型和系统需求模型就完全理解问题,分析可以帮助开发人员在设计解决方案前彻底理解问题。

分析有静态部分和动态部分。静态分析模型可以使用类图来描述。类图显示了系统要处理的对象和这些对象之间的相互关系。对于动态分析模型,可以使用通信图来证明静态分析模型是可行的。

完成了静态分析,客户就能确认我们对业务对象的理解是否正确。在动态分析之后,就可以确认分析对象支撑需要的系统功能。为了遵循螺旋式开发的原则,动态分析还应有助于建立静态模型。在设计数据库模式时,静态模型分析也是很有价值的。

分析的两个输入:①业务需求模型;②系统需求模型。

这些输入都必须转换为由系统处理的对象模型,以及对象的属性和关系。

7.3.1　抽取和面向对象

说起面向对象,我们自然就会想起类。具有相同或相似性质的对象的抽象就是类。类实现了对象的数据(即状态)和行为的抽象。因此,对象的抽象是类,类的具体化就是对象,也可以说类的实例是对象。

在系统开发中,抽象指的是在决定如何实现对象之前的对象的意义和行为。使用抽象可以尽可能避免过早考虑一些细节。

7.3.2　类和关系

1. 标识类的关系

它们之间的关系,有如下四种类型。

(1)继承:子类继承了超类的所有属性和行为。

(2)关联:一种类型的对象与另一种类型的对象关联。

(3)聚合:强关联——一个类的实例由另一个类的实例构成。

(4)依赖:强聚合——依赖的对象不能由其他对象共享,且与构成它的对象一起消亡。

2. 绘制类图

类图显示了哪些类,这些类有什么关系。对于聚合、依赖和关联,类图显示了允许的运行时关系,而不是实际的运行时关系。图 7.4 显示了 iMusic 的 UML 类图。

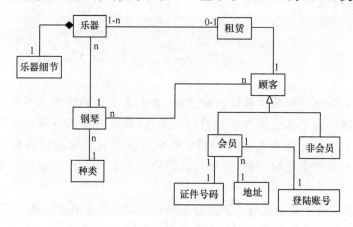

图 7.4　分析类图

3. 绘制关系

继承:图 7.5 显示了如何在类图中描述继承,即箭头从子类指向超类。为了强调子类的层次结构,箭头可以用左边的样式合并。

聚合:两个类之间的聚合关系表示为聚合端带有以白菱形的线条,如图 7.6 所示。

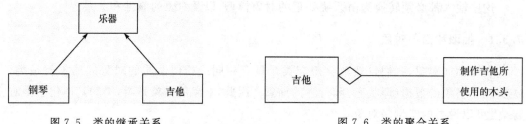

图 7.5　类的继承关系　　　　　　　　　图 7.6　类的聚合关系

依赖:依赖方式表示方式与聚合类似。但是依赖用的是一个黑色菱形,如图 7.7 所示。
关联:表示为没有修饰的线条,如图 7.8 所示 。

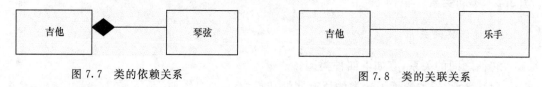

图 7.7　类的依赖关系　　　　　　　　　图 7.8　类的关联关系

4. 多重性

除了继承之外的其他关系都在两端表示了允许参与关系的运行时对象的数量。
例如:
(1) 钢琴有一个键盘;

146

（2）键盘是钢琴的一个部分；

（3）一架钢琴有若干个琴键；

（4）每个琴键都是钢琴的一个部分；

（5）一个乐器可以有任意多个人来演奏。

5. 属性

属性是对象的一个特性。

例如乐器这个对象，乐器的类型和乐器的产地就是乐器对象的属性。在 UML 中，每个属性都可以指定一个类型。

在类名下面添加一个分割线，就可以在类图中显示属性。这里省略了属性的类型。

图 7.9 显示了租赁类的属性。租赁类有两个属性，一个是租赁编号，类型是 String；另一个是租赁状态，类型是自定义的租赁状态的类。

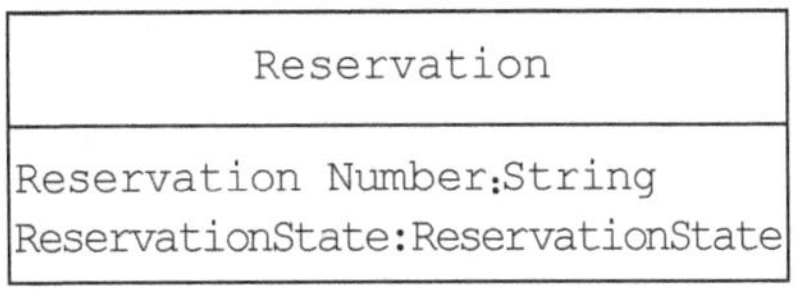

Reservation
Reservation Number:String ReservationState:ReservationState

图 7.9 租赁类的属性

7.3.3 序列和事件

进行动态分析有如下原因。

（1）确认类图是完整、正确的，以便尽早更正错误。这包括添加、删除或修改错误、关系、属性和操作。

（2）确认当前的模型可以在软件中实现。

1. 给类添加操作

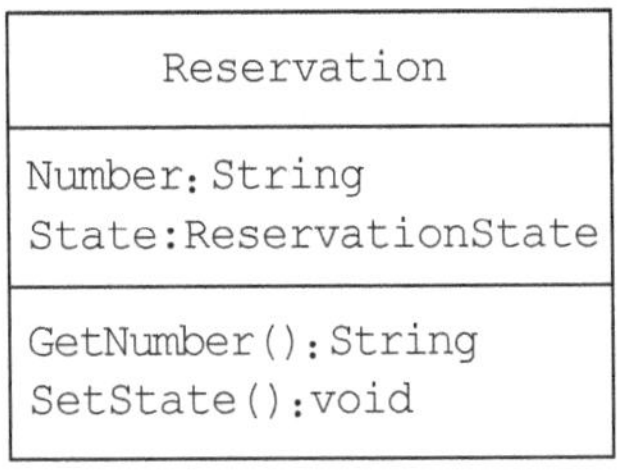

Reservation
Number:String State:ReservationState
GetNumber():String SetState():void

图 7.10 在租赁类中添加操作

通信图上的每个消息都对应类上的一个操作，所以应记录操作，得到用例实现的完整集合。在类图上，操作可以显示在属性部分下面的单独分块中。无论采用什么方式，都应确保包含操作的描述。

在租赁类中添加操作如图 7.10 所示。租赁类有两个操作：①得到要租赁乐器编号，这个编号是 String 类型；②修改这个乐器的租赁状态。

2. 绘制用例实现过程

模拟在分析对象之间传送消息时，需要记录结果，UML 通信图和顺序图就是为这个目的而设计的，如图 7.11 所示。

该过程可具体描述如下。

1:顾客从系统中预约租赁某个乐器。

1.1:顾客被通知说，如果有改型号的乐器，但顾客没有来取，就要被罚款。

1.1.1:顾客确认预约。

1.1.1.1:系统从租赁信息库创建一条新的租赁信息，并传送给租赁类和顾客。

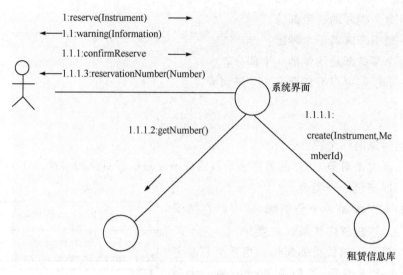

图 7.11 租赁的通信图

1.1.1.2：租赁类获得一个号码，如果乐器存在的话，租赁类返回租赁乐器的编号。

1.1.1.3：MemberUI 从租赁类中获得一个号码，并将其传给顾客。

7.3.4 因果关系和控制

表示类之间因果关系和控制，可以使用时序图，如图 7.12 所示。它通过描述对象之间发送消息的时间顺序显示多个对象之间的控制关系。它可以表示用例的行为顺序，当执行一个用例行为时，时序图中的每条消息对应一个类操作或状态机中引起转换的触发事件。

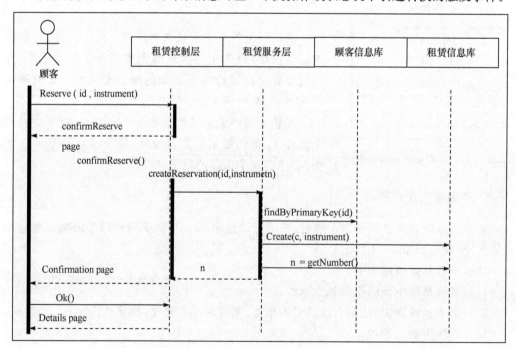

图 7.12 租赁的时序图

（1）顾客向租赁控制层提交要租赁的乐器和自己的身份证号码；

（2）租赁控制层向顾客返回确认信息；

（3）顾客确认租赁信息；

（4）租赁控制层创建一条记录，包含用户的 id 和乐器；

（5）查找用户 id 是否存在，存在转向第 6 步；

（6）在租赁信息库中创建用户和租赁的乐器信息；

（7）从租赁信息库中返回一个乐器号码，将这个号码显示在用户确认的页面；

（8）用户确认租赁，完成租赁过程。

7.4 设　　计

7.4.1　设计模式

在编写代码时，避免重复是很重要的。如果有人找出了问题的解决方案，就可以利用这个方案，而不是寻找另一个解决方案。面向对象的编程并不是编写代码，重用的代码越多，我们拥有的技巧越多。

设计模式是开发人员避免重复的一种方法，模式可以把其他开发人员的知识和经验应用于某个特定的问题，模式还可以把我们的知识和经验与其他人交流。每个模式都描述了在现实世界中完成某个任务的行之有效的方式。

在前面的章节中，我们已经介绍了设计模式的类别，下面我们就看看再我们的项目都使用到了哪些模式。

iMusic 中的模式。

（1）迭代器模式在服务器上用于访问 List 对象。

（2）单一模式用于服务器端，其中每个实体有一个 DaoImpl，以管理实体的创建和查找。

（3）工厂方法在客户机和服务器上使用广泛，例如，业务层需要创建包含数据库中数据的实体时，就使用 DaoImpl 中的工厂方法。

（4）门面模式用于封装层，最简洁的例子是 ServerLayer 对象，它对客户隐藏了 BusinessLayer 的复杂性。

（5）适配器模式在基于 Java 的客户机上用于通过控制器对象（它有一般的接口）连接 GUI 组件，它可以给时间监听器发送消息。

（6）策略模式在用户界面中允许检索到的乐器根据用户选择的属性来排序。

（7）模板方法用于抽象类，在子类之间共享逻辑（以提高代码的质量，改进可维护性，减少的工作量）。

（8）次轻量级模式用于服务器，其中，业务层维护一个实体缓存，其中填充了数据库中的数据，次轻量级模式用于避免服务器进程中的数据重复，防止应用程序的不同部分使用某一数据的不同版本。

7.4.2　用户和接口设计

面向对象给我们带来的一大好处就是接口与实现的分离，这使得我们在考虑程序逻辑时可以完全不用考虑程序将怎么编写,而只考虑对象交互的接口。对于设计工作来说,这既是一个挑战,也是一大优势。

1. 为具有相似行为的对象设计接口

在一个系统里会有许多对象具有相同或相似的行为模式。通常,这些对象都承担相同或相似的职责,即它们处理事情的办法都差不多,但处理的内容和具体过程可能不同[21]。

典型的具有相同或相似行为模式的对象是实体对象。我们知道,实体对象的主要作用是封装业务数据和对业务数据的操作方法。虽然实体对象封装的业务数据千差万别,但是操作数据的方法无非就是增删改查。图 7.13 是典型的对象行为相似内容不同的例子。

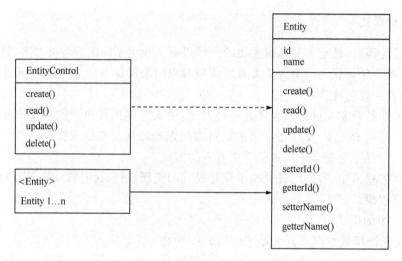

图 7.13　相似行为的对象接口设计

在这个例子中,实体对象实现一个虚类 Entity,具体的实体对象与虚类 Entity 之间是继承关系。Entity 将相同的行为提取出来形成接口,这样,在业务程序里我们就可以用相同的方式来处理不同的实体对象。

实体对象继承了 Entity,每个实体对象都具有了一个 id 和 name 属性,并且有相关属性的 getter 和 setter 操作和相关的 CRUD(增删改查)操作。

2. 为软件各层次设计接口

一个多层次的软件架构中,各层之间的交互是错综复杂的。我们将软件按层次分开的目的就是为了使得各软件层职责清晰,各负其责。但是如果层次之间的交互过程没有很好的接口设计,软件分层带来的好处很可能会完全丧失。软件层次的接口设计如图 7.14所示。

采用门面模式来处理 WEB 层和服务控制层之间的交互可以有效地减少交互的复杂度,使得层次之间保持清晰的关联。WEB 层中的 Action 类通过访问接口包来与业务控制层交互,而不是直接访问实现类。

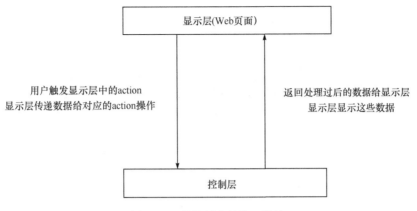

图 7.14　软件层次的接口设计

7.5　编　　程

软件开发的最终目标,是产生能在计算机上执行的程序。分析阶段的需求和设计阶段的求解方案,必须"转译"成某种计算机语言的表达形式,才能够在计算机上执行。编码就是将软件需求真正付诸实现,产生机器可运行代码的过程。编码阶段也称为实现阶段。编码的目的,是使用选定的程序设计语言,把模块的过程性描述翻译成为用该语言编写的源程序(或源代码)。

UML 和 Java 都是软件开发语言,但它们各自的使用方法并不相同。由前几节的介绍可知,UML 是一种可视化的建模语言,而 Java 则是一种面向对象的编程语言。在进行软件产品开发的过程中,只有将 UML 中的相关符号,与某一种具体语言相结合,才能更深入的理解语言及其利用 UML 建模的本质含义。

7.5.1　使用 Java 实现 UML

1) 类、变量表示方法

类和变量是 Java 最基本的概念,这是最常用的映射方法。在 UML 中,是通过一个模块化的矩形表示 Java 类,其中有三个区域。名称区域,显示 Java 的类名;属性区域,列出在类中定义的变量;操作区域,显示出定义在类中的方法[17]。

案例:我们来实现图 7.10 给出的租赁类。

Reservation 类实现如下所示:

```
Public class Reservation{
        Private String number;
        Private ReservationState Stata;
Public String getNumber(){
        Return number;
}
Public void get setState(){
```

```
                State1.setState("xxx");
    }
    }
```

2）接口

Java 接口被描述成一个 interface 为模板化的类。

Java 代码：

```
Public interface instrumetnEntity
{
private int number;
private String name;
}
```

3）包

Java 包映射为 UML 包。包是作为一种分组机制，包在文件系统中，就是物理目录。Java 代码：Package Name。

4）继承

Java 中使用关键字 extends 映射 UML 中的 Generalization。

Java 代码：

```
public class piano extends instrument
{
...
}
```

5）实现

在 Java 中，类可以实现一个或多个接口。Java 中的关键字 implements 映射 UML 中 realization 这个概念。

Java 代码：

```
public class piano implements instrumentEntity
{
...
}
```

7.5.2 使用 MDA 工具生成代码

MDA（Model-Driven Architecture）即模型驱动架构。它是一种基于 UML 以及其他工业标准的框架，支持软件设计和模型的可视化、存储和交换。和 UML 相比，MDA 能够创建出机器可读和高度抽象的模型，这些模型以独立于实现的技术开发，以标准化的方式储存。因此，这些模型可以被重复访问，并被自动转化为纲要（Schema）、代码框架（Code Skeleton）、集成化代码以及各种平台的部署描述。MDA 把建模语言用作一种编程语言而不仅仅是设计语言。

目前，MDA 的工作有两个方面，一个方向是以建模工具为主，在其中集成生成代码的工具来生成代码,如 Rose 等等;另一个方向是以开发工具为主,在其中集成建模工具来实现模型和代码的相互转换,其中的代表就是 Eclipse 的 EMF(Eclipse Model framework)。这里就不做过多的讨论了。

7.6 测 试

7.6.1 测试的原因

软件测试就是利用测试工具按照测试方案和流程对产品进行功能和性能测试,甚至根据需要编写不同的测试工具,设计和维护测试系统,对测试方案可能出现的问题进行分析和评估。执行测试用例后,需要跟踪故障,以确保开发的产品适合需求。

测试并不仅仅是为了找出错误。通过分析错误产生的原因和错误的发生趋势,可以帮助项目管理者发现当前软件开发过程中的缺陷,也能帮助测试人员设计出有针对性的测试方法。另外,没有发现错误的测试也是有价值的,完整的测试是评定软件质量的一种方法。

测试在航天航空系统、军用系统等等里面的重要性不言而喻,在这些领域之中,再怎么强调测试,也是不过分的。

7.6.2 测试的方法

软件测试分为人工测试和机器测试。

人工测试又称为代码审查,其内容包括检查代码和设计是否一致,检查代码逻辑表达是否正确和完整,检查代码结构是否合理。

机器测试是把设计好的测试用例作用于被检测程序,比较测试结果和预期结果是否一致。机器测试分为黑盒测试和白盒测试。

黑盒测试也称作功能测试,它是通过测试来检测每个功能是否都能正常使用。在测试中,把程序看作一个不能打开的黑盒子,在完全不考虑程序内部结构和内部特性的情况下,在程序接口进行测试,它只检查程序功能是否按照需求规格说明书的规定正常使用,程序是否能适当地接收输入数据而产生正确的输出信息。黑盒测试着眼于程序外部结构,不考虑内部逻辑结构,主要针对软件功能进行测试。

白盒测试也称结构测试或逻辑驱动测试,它是按照程序内部的结构测试结构,通过测试来检测产品内部动作是否按照设计规格说明书的规定正常进行,检验程序中的每条通路是否都能按预定要求正确工作。这一方法是把测试对象看作一个打开的盒子,测试人员依据程序内部逻辑结构相关信息,设计或选择测试用例,对程序所有逻辑路径进行测试,通过在不同点检查程序的状态,确定实际的状态是否与预期的状态一致。

7.6.3 使用 JUnit 进行测试用例的编写

对于机器测试来说,无论黑盒测试还是白盒测试,编写测试用例是最重要的部分。

我们在这里介绍测试用例的开发方法,这是不间断测试的一种形式。在这种方式下,开发人员在开发过程中测试机器代码。这种方法的优点是:

(1) 提高软件质量;

(2) 降低测试阶段的成本;

（3）给程序员展示他们正取得的进展；

（4）在测试阶段，减少与程序员相关的错误量；

（5）有助于程序员因样式或性能原因而重新组织代码，无需破坏已编写好的代码。

案例

下面先看看要在设计级类图中开发的对象。

Category 表示乐器的类型，开发和测试好 Category 后，开发就可以顺利进行下去了。

测试 Instrument 类。

用 JUnit 编写测试案例是很简单的：新类继承了 JUnit 类。

testCreast 方法如下所示。

```
Public void testCreat(){
        Category category = new Category("Piano");
        PlaceOfProducion p = new PlaceOfProducion ("China");
        Instrument instrument = new Instrument(category , p);
}
```

创建了 Instrument 类后，就需要完成测试的实际工作：检查 Instrument 是否创建正确。为此，使用新类的获取器，比较其属性和在构造过程中使用的属性。测试案例从 TestCase 类中继承了许多 assertX 方法。这里感兴趣的是 assertSame 方法。它把两个对象作为其参数，检查这个两个对象是否相同，即它们是否指向相同的对象；另一个感兴趣的方式是 assertEquals，它把两个对象作为其参数，检查这两个对象是否相等，即它们是否有类似的属性或者有相同的值。

例如   assertSame(a,a);成功；

        assertEquales(10,11);失败；

对于业务层，在创建 Instrument 时，所传送的类型应与获取器返回的类型相同。因此需要使用 assertSame 检查 Instrument 是否争取设置。另一方面，类型是一个原型值，所以应该使用 assertEquals 来测试。于是，在 testCreat 方法的最后添加两行：

```
assertSame(Instrument,instrument);
assertEquals(instrument.getType(),type);
```

运行测试，JUnit 显示绿色 bar 说明测试没有错误。

从编写测试、编写代码、运行测试、修复错误、再次运行测试，我们已经完成了一个测试驱动的开发循环。总之，要创建测试案例，逐层合并到测试套件中，并频繁运行测试。

习　　题

项目标题：学生综合测评管理系统。

项目概述：

传统人工方式对学生综合测评存在着许多缺点，如：效率低、存在遗漏现象、不易进行统计、分析等，另外时间一长，将产生大量的文件和数据，这对于查找、更新和维护都带来了不少的困难。

因此迫切需要建立一个功能完备的高校学生综合测评管理系统。学生综合测评管理系统的主要功能是：实现学生综合测评处理的计算机化，将在校学生的基本信息情况：所住寝室的卫生、纪律情况、学生上课考勤情况、成绩情况、学院和系部表彰、惩罚情况等进行统计、分析，并通过计算机网络提供各种申报（国家助学金、国家奖学金等）和审批过程以及结果查询的电子化。

该系统主要提供四大管理功能模块："学生基本信息管理"、"学生异动信息管理"、"学生奖惩情况管理"、"学生通知"。

要求：

（1）使用 UML 语言中的用例来对对系统某一功能进行需求建模。要求：a. 清楚、准确地描述用例图的两部分：参与者和用例；b. 绘制此功能模块完整的用例图。

（2）根据绘制出的用例图，使用功能点模型进行软件工作量的估算。

（3）绘制活动图。

（4）选择一种面向对象语言实现模型中的类。

（5）使用测试工具对某一些类进行单元测试。

第8章 需求文档

无论我们采用何种方法获得需求,在经过详细的需求分析之后,我们都必须用一种统一的方式将需求编写成可视文档。业务需求编写成项目视图和范围文档,用户需求采用符合某种标准的实例模板编写成用户文档,而软件需求规格说明(Software Requirement Specification)则包含了软件的功能需求和非功能需求。本章将主要描述需求文档的作用、编写需求文档的基本原则和文档的内容组织,并对软件需求规格说明的内容和规范进行重点讨论,同时给出了一些软件需求规格说明书编写的实例,以此分析文档的写作要点和常见错误。

8.1 为什么需要文档

软件文档是软件产品的重要组成部分,对于开发人员、项目管理人员以及软件用户都是十分重要的辅助工具。定义清晰、维护及时的文档能够帮助开发人员理解需求、顺畅沟通,帮助项目管理人员了解进度、加强管理,帮助软件用户更好地使用和维护软件[33]。

常用的软件文档主要包括可行性研究报告、项目开发计划、需求文档、概要设计文档、详细设计文档、测试文档、项目开发总结报告、用户手册和操作手册等。需求文档是其中最重要的软件文档之一,它使得开发人员、项目管理人员和软件用户对软件的初始规定达成共识,并使之成为整个开发工作的基础。需求文档就像一座宏伟大厦的基石,如果基础打歪了,或基础不牢固,则会导致大厦出现倾倒的危险。

8.1.1 文档在需求工程中的位置

需求工程是一个不断反复的需求定义、需求分析、文档记录、需求演进的过程,并最终在验证的基础上得到需求基线。需求文档与需求工程中各阶段的关系如图 8.1 所示。

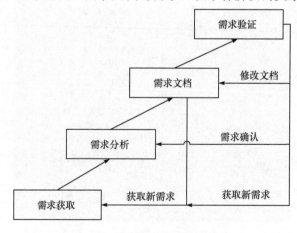

图 8.1 需求开发各阶段的关系

需求获取、需求分析、编写需求文档和需求验证并不遵循线性的顺序,这些活动是相互隔开、增量和反复的。当我们和客户合作时,我们会问一些问题,取得他们所提供的信息,即需求获取。然后,我们分析这些信息以理解它们,并把它们分成不同的类别,同时把客户需求同可能的软件需求联系起来,即进行需求分析。下一步,我们可以将客户信息结构化,编写成文档和示意图,即编写需求文档。最后,就可以让客户代表评审文档并纠正存在的错误,即需求验证。这四个过程迭代进行,贯穿着需求开发的整个阶段。

可以看出,需求文档是在整个需求开发过程中逐步完成并完善的,经过评审后的需求文档是经过迭代式的需求开发工作后最终形成的成果。它是需求管理的主要对象,也是设计文档、开发文档、测试文档等编写的重要依据。

8.1.2　文档的作用

任何项目的需求获取和需求分析工作都离不开口头交流和大量临时记录的文档,但这些信息往往是容易被遗忘的、杂乱无章的,很难在开发团队成员间达成一致的理解,也很难保证与软件用户的需求一致。

我们常常看到这样的情况:在一些软件项目中,只有需求分析人员理解需求,其他开发人员只关注自己的工作,并不理解整个系统。如果项目中途更换了需求分析人员,整个开发团队只好暂停工作,客户被迫与新的需求分析者坐到一起。需求分析者说:"我们想与您谈谈系统需求"。客户很惊讶:"我们已经确认过需求了,现在是等待你们交付产品"。出现这种情况的原因是没有编制需求文档,仅靠零散的记录和对谈话的回忆,都无法再重现真实的客户需求。

因此,规范的需求文档是必要的,需求文档的作用归纳起来主要有以下五点。

(1) 规范的文档可以拓展人脑的知识记忆能力。

人脑的记忆力总是有限的,获取的信息会随着时间慢慢消退。大量临时记录的文档,如果不及时进行整理,在下次阅读时很难再回忆起当时要表达的知识,容易造成歧义。规范的文档可以解决这些问题。

(2) 编制需求文档的过程,可以帮助需求工作人员更好的理解问题域,使文档表达的知识更准确、更清晰。

写作总是比口头交流更困难的一项工作,写作风格、表达方式、用词造句都有可能影响文字表达的含义,因此编写需求文档的过程也是需求人员整理自己所获得的需求信息的过程。难怪有人说"文档本身也许并不重要,更重要的是写文档的过程"。

(3) 定义清晰、正确、规范的需求文档为开发人员、项目管理人员和软件用户提供相对稳定的可阅读资料。

设计人员、程序员、测试人员和用户手册编写人员基于相同的文档开展每个角色各自的工作,他们获得的系统需求信息和解决方案是一致的,而且需求文档可以被反复多次阅读,其提供的信息是稳定的,克服了口头交流、聊天等方式的临时性,从而为项目开发提供了一种高效的沟通方式。

(4) 通过编制需求文档,可以尽早发现需求错误,提高项目开发效率。

我们知道错误在整个项目开发过程中有放大效应,在需求阶段只需花费 1 美元就可以改正的错误,到测试阶段可能要花费 1000 美元以上才能改正该错误造成的影响[39]。因此,编制需求文档的过程,也是进一步明确和完善系统需求的过程,通过减少需求错误从而尽可能地降低项目返工成本,保证项目按期完成。

(5)需求文档能够促进软件开发过程的规范化,也为开发团队建立了经验模型和可复用知识库。

如果需求工作人员在项目未完成时离开了开发团队,通过需求文档记录了他们的工作,他们的智力资产不会被带走。如果有新员工加入项目开发团队,他们也可以通过阅读文档,尽快地融入团队中。如果要进行项目二次开发,或者有类似的项目,则通过文档获得可复用知识模型,可以加快项目开发进度。

另外,需求文档还具备以下功能[35]。

(1)需求文档可以作为项目开发方和软件客户之间的有关软件系统的协议基准,可以使用它作为合同协议的重要组成部分。使开发方和软件客户对系统目标达成一致。

(2)需求文档还可以作为软件成本估算和项目开发进度安排的重要依据,从而使整个项目开发计划的制订更为合理。

8.2 文档编写的基本原则

在实际项目开发过程中,我们常常看到对待需求文档的两种不同观点:一种是过分强调文档,一味追求文档的厚度、完整性,甚至花很长时间去美化文档,不断更新一些不重要的文档细节,从而导致花费大量时间编制和维护文档,反而降低了软件开发效率;另一种观点则是完全不重视文档,认为文档的编写只是一个形式化的过程,为节约时间,根本不重视文档的书写风格和表达方式,在实际开发过程中也基本不使用文档,这种观点将导致文档的作用得不到体现,和没有使用文档的开发,效果相差无几。

因此,科学的态度应该是充分重视文档的实效,而非形式,不要过于强调"文档量",而要注重文档内容和文档中文字、图表的表达,使文档能够准确、简洁、清晰的表达系统需求信息,也使文档能够被项目管理人员、开发人员和软件客户共同接受。

参考文献[36],我们总结了需求文档编写的一些基本原则。

(1)在可能的情况下,需求文档应该由软件开发方和软件客户联合起草。这是因为:

① 软件客户通常对软件设计和开发过程了解较少,不能写出可用的需求文档;

② 软件开发方通常对客户从事的领域了解较少,对于客户的问题和意图也不甚清楚,从而不可能写出一个令人满意的系统需求。

(2)文档编写应适应文档的读者。需求文档的读者主要是项目管理人员、开发人员和软件客户,其中开发人员主要包括系统设计人员、程序员、测试人员、文档编写人员。只有充分了解读者对文档的需求,才能编写出一份好的技术性文档。需求文档的典型读者及其活动如表8.1所示。

表 8.1 需求文档的典型读者及其活动

读者角色	活动
项目管理人员	参考需求文档对软件进行估算,在估算出软件的规模、成本、所需资源等因素之后,制定有效的项目开发计划,安排项目进度
软件客户	验证需求是否满足软件客户的要求,以此作为签订软件合同的重要基础,并作为后期验收软件的重要标准

读者角色	活动
设计人员	需求文档限定了正确设计的范围,但不规定任何具体的设计。设计人员将基于需求文档的规定开发软件概要设计和详细设计
程序员	将需求文档作为判断自己的开发工作是否正确的一个重要标准,保证实现的软件功能满足客户需求
测试人员	将需求文档作为设计测试计划和产生测试用例的重要依据之一,在后期的测试活动中尽可能高效的发现软件 Bug,从而保证软件质量
文档编写人员	主要是指用户手册和操作手册的编写人员。他们将针对需求文档确定手册的内容和要点,在软件开发活动完成之后再添加相关素材,完成手册的编写工作
软件维护人员	根据需求文档,了解产品的某部分是做什么的
培训人员	根据需求文档和用户文档,编写培训手册

针对不同读者的需求,文档编写过程中应注意以下几个问题。

① 是否一次提供给读者的信息太多,使他们无法马上理解清楚?

② 是否存在更好的表达方式,以使文档更容易被理解? 表达是否太抽象? 是否需要一些路线图或表格?

③ 对读者来说,哪些细节更重要? 细节的表达是否清楚?

④ 审查文档描述的内容是否会引起读者错误的理解。

⑤ 审查每一节的内容与读者的工作是否有关,是否是读者需要的。

(3) 文档的表达方式依赖于内容。采用什么样的方式来表达文档内容更好? 文字、示意图还是表格? 该问题并没有一个统一的标准。选用什么样的表达方式,主要依据要表达的内容来确定。

需求文档的表达方式可以划分为自然语言、图形化模型和形式化规格描述 3 种,它们各有优缺点。

① 自然语言是人们最为熟悉的表达方式,它的优点是表达能力强,易于编写、易于阅读,但缺点是不够严谨,歧义性强,对复杂问题的描述不够直观、清晰。

② 图形化模型相比自然语言而言表达更直观、清晰,通过一些示意图可以将复杂的内容用简洁方式表达出来,但图形的表达能力是有限的,一些细节信息无法描述出来,因此不可能只有图形化模型,而没有相应的自然语言描述。

③ 形式化描述是基于数学方法的表达方式,逻辑性强,表达的精确性更高。但该方法的缺点是要求编写人员和读者都必须具有很强的专业背景知识,才能准确理解形式化描述,因此应用范围受限。形式化描述有很多种:有简单的、应用于局部的决策树,决策表;也有类似于编程语言的,应用于更广范围的伪码、Z 语言等。

因此,虽然自然语言存在很多缺点,但在大多数软件工程中,仍然采用自然语言表达为主,图形化模型表达为辅的文档表达方式,在少量对描述精确性要求很高的文档中,采用形式化描述方式。通常只有在航天、军工等一些重要项目中,才会使用大量形式化描述。

(4) 文档编写应有必要的重复(强化)。为了保证读者能够正确理解文档内容,或提醒用户关注重点内容,在文档中应有必要的重复,但要注意不是简单的重复,而是强化。

例1：概要描述是典型的重复内容，但它能有效地帮助读者理解全文，使读者在了解全文主要内容的基础上，再去阅读详细信息。图表有时也是一种重复，图表和文字表达的信息一致，但图表表达清晰，文字则能更好地加强读者对图表的理解。

（5）文档编写应具有一定的灵活性。由于不同软件在规模上和复杂程度上差别极大，因此，在需求文档的编写过程中，应使文档具有一定的灵活性。主要表现如下。

① 文档的详细程度应具有一定的灵活性。基于相同模版的需求文档，可能只有几页，也可能是上百页。详细程度取决于任务的规模、复杂性和项目管理人员对该软件的开发过程及运行环境所需要的详细程度的判断。

② 文档可以扩展与合并，文档中所有的章节都可以进一步细分或缩并，以适应实际需要。在需求工作到达一个里程碑阶段后，得到的需求文档可能只是一份软件需求规格说明书，也可能细分为针对业务需求的项目视图与范围文档，针对用户需求的用户文档，以及针对软件功能需求的软件需求规格说明书。所有需求在一份文档中表达还是分为多份文档，依据实际项目而定。

③ 文档应能够对需求变更进行有效的管理和控制。客户需求的变化、市场需求的变化、系统变化、工作环境的变化，以及由于对原有需求的误解或需求分析不充分而存在的需求 Bug 都有可能导致需求变更。因此，文档应能够灵活地处理需求变更。具体来说，要求文档具备以下功能：

a）对不完备的需求，要进行标注；

b）需求变更应有正式的申请文档和审批流程，对已批准的需求变更，要能够提供准确的和全面的需求变更审核追踪记录。

（6）采用原型法，渐进式开发需求文档。人们总是希望一开始就能将整个软件系统的需求确定下来，但在实际项目中却很难达到这一目标。为降低需求风险，提高软件开发效率，可以采用原型法，渐进式编写需求文档。但要注意，每个项目针对要实现的每个需求集合必须有一个基准协议。基准（Baseline）是指正在开发的软件需求规格说明向已通过评审的软件需求规格说明的过渡过程。必须通过项目中所定义的变更控制过程来更改基准软件需求规格说明。所有的参与者必须根据已通过评审的需求来安排工作以避免不必要的返工和误解。

8.3 常见需求文档

8.3.1 需求文档的分类

在前面的章节中，我们提到，软件需求主要包括三个不同的层次——业务需求、用户需求和功能需求（包含非功能需求）。业务需求（Business Requirement）反映了组织机构或客户对系统、产品高层次的目标要求，它们在项目视图与范围文档中予以说明。用户需求（User Requirement）描述了用户使用产品必须要完成的任务，通常采用使用实例（Use Case）文档或方案脚本（Scenario）说明予以说明。功能需求（Functional Requirement）定义了开发人员必须实现的软件功能，使得用户能完成他们的任务，从而满足业务需求。

软件需求的开发过程可能会产生很多种不同类型的需求文档，它们之间的不同表现在以下方面[37]。

（1）需求文档的名称不同。

（2）需求文档的内容不同。

（3）需求文档内容的组织方式不同。

（4）需求文档内容的表达方式不同。

（5）需求文档的用途和作用不同。

（6）在联系需求使使用的辅助性文档不同。

常见的需求文档如图8.2所示。

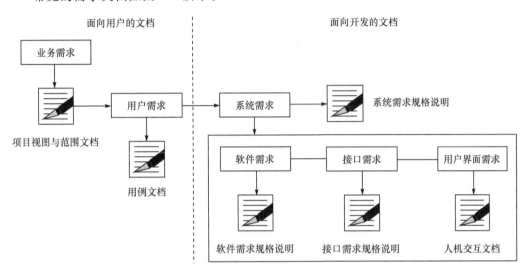

图8.2　需求开发过程中的常见文档

业务需求代表了需求链中最高层的抽象，它定义了软件系统的项目视图（Vision）和范围（Scope），并形成项目视图和范围文档。

来自项目视图和范围文档的业务需求决定用户需求，它描述了用户需要利用系统完成的任务。通过对这些任务的分析，可以获得用于描述系统活动的特定的软件功能需求。用户需求通常形成用例文档。

在得到用户需求之后，需求工程师需要对其进行建模和分析，细化为系统需求并建立能够满足系统需求的解决方案。对系统需求、解决方案的定义和文档化产生系统需求规格说明文档。系统需求规格说明文档的内容往往较为抽象，它可以被细化为软件需求规格说明文档、硬件需求规格说明文档、接口需求规格说明文档以及人机交互文档。本文主要关注软件需求，我们在8.4节中将详细介绍软件需求规格说明文档的编制。

8.3.2　项目视图和范围文档

在进行需求文档评审的会议上，我们常常看到参与评审的专家对项目所设定的范围理解不一致，并且在项目的最终目标上所持的看法也各不相同。因此，专家们在哪一个功能需求应该列入软件需求规格说明的问题上很难达成一致的意见。

这就说明需求分析人员通过对业务需求的研究,应该编写一份结构清晰,内容明确的项目视图和范围文档(Vision and Scope Document)。它把业务需求集中在一个简单、紧凑的文档中,这个文档为以后的开发工作奠定了基础。

一个典型的项目视图和范围文档模版[17]如图 8.3 所示。

1. 业务需求
  1.1 背景
  1.2 业务机遇
  1.3 业务目标
  1.4 客户或市场需求
  1.5 提供给客户的价值
  1.6 业务风险
2. 项目视图的解决方案
  2.1 项目视图陈述
  2.2 主要特性
  2.3 假设和依赖环境
3. 范围和局限性
  3.1 首次发行的范围
  3.2 随后发行的范围
  3.3 局限性和专用性
4. 业务环境
  4.1 客户概貌
  4.2 项目优先级
5. 产品成功的因素

图 8.3　项目视图和范围
文档模版

1. 业务需求

业务需求说明了提供给客户和产品开发商的新系统的最初利益。不同的产品,例如信息管理系统,商业软件包,系统捆绑软件将有不同的侧重点。本部分描述了为什么要从事此项项目的开发,以及它将给开发者和购买者带来的利益。

1) 背景

该部分总结新产品的理论基础,并提供关于产品开发的历史背景的一般性描述。

2) 业务机遇

描述现存的市场机遇或正在解决的业务问题。包括对现存产品的一个简要的相对评价和解决方案,并指出所建议的产品为什么具有吸引力和它们所能带来的竞争优势。认识到目前只能使用该产品才能解决的一些问题,并描述产品是怎样顺应市场趋势和战略目标的。

3) 业务目标

用一个定量和可测量的合理方法总结产品所带来的重要商业利润。关于给客户带来的价值在后面描述,这里仅把重点放在业务的价值上。这些目标与收入预算或节省开支有关,并影响到投资分析和最终产品的交付日期。如果这些信息在其他地方已叙述,就请参考有关文档,在此就不再重复了。

4) 客户或市场需求

描述一些典型客户的需求,提出客户目前所遇到的问题在新产品中将可能(或不可能)出现的阐述,提供客户怎样使用产品的例子。确定产品所能运行的软、硬件平台。定义较高层次的关键接口或性能要求,但避免设计或实现细节。把这些要求写在列表中,可以反过来跟踪调查特殊用户和功能需求。

5) 提供给客户的价值

确定产品给客户带来的价值,并指明产品怎样满足客户的需要。可以用下列言辞表达产品带给客户的价值:提高生产效率,减少返工;节省开支;业务过程的流水线化;先前人工劳动的自动化;符合相关标准和规则;与目前的应用产品相比较,提高了可用性或减少失效程度。

6）业务风险

总结开发（或不开发）该产品有关的主要业务风险，例如市场竞争、时间问题、用户的接受能力、实现的问题或对业务可能带来的消极影响。预测风险的严重性，指明你所能采取的预防风险的措施。

2. 项目视图的解决方案

文档中的这一部分为系统建立了一个长远的项目视图，它将指明业务目标。这一项目视图为在软件开发生存期中做出决策提供了相关环境背景。这部分不应包括详细的功能需求和项目计划信息。

1）项目视图陈述

编写一个总结长远目标和有关开发新产品目的的简要项目视图陈述。项目视图陈述将考虑有不同需求的客户的看法。它将以现有的或所期待的客户市场、企业框架、组织的战略方向和资源局限性为基础。

例2：一个简单的图书馆管理系统的项目视图陈述实例。

"图书馆管理系统"的目的是将传统的图书馆业务的手工操作转变为计算机管理，即实现图书馆的图书期刊、音像资料等各种载体文献的采编、典藏、流通、检索及常规业务管理工作的信息化。"图书馆管理系统"可以使图书管理员方便的对馆藏文献资料进行查询和管理，查看并管理图书管理员基本信息，查看并管理读者基本信息，追踪读者借阅情况。该系统还为读者提供方便的在线信息浏览，使读者能够通过 Internet 了解到馆藏信息，并及时查看自己的借阅记录。"图书馆管理系统"还为提高馆藏资源的利用率，加强日常工作管理，提供馆藏文献基本信息的查询统计、馆藏文献借阅情况的查询统计，以及读者借阅情况的查询统计。

2）主要特性

包括新产品将提供的主要特性和用户性能的列表。强调的是区别于以往产品和竞争产品的特性，可以从用户需求和功能需求中得到这些特性。

3）假设和依赖环境

在构思项目和编写项目视图和范围文档时，要记录所做出的任何假设。通常一方所持的假设应与另一方不同。只有将它们都记录下来，双方经过讨论，才能对项目内部隐含的基本假设达成共识。同时，对项目所依赖的主要环境也要进行记录，比如：所使用的特殊的技术、第三方供应商、开发伙伴或其他业务关系。

例3："图书馆管理系统"假设基于 Internet 的新系统可以替代当前单机版的图书馆管理系统，而且该新系统能够方便的与客户指定的其他图书馆的信息系统联机，实现馆际互借。把这些都记录下来以防止将来可能的混淆和冲突。

3. 范围和局限性

项目范围定义了所提出的解决方案的概念和适用领域，而局限性则指出产品所不包括的特性。具体定义项目的范围和局限性有助于建立各风险承担者所企盼的目标。如果客户要求的性能超过项目能力，或者与产品所制定的范围不一致，或者客户所提出的需求超出项目的范围时就应当拒绝它。记录这些需求以及拒绝它们的原因，以备日后重新遇到时,有记录可查。如果客户提出的额外需求是很有益的,可适当扩大项目范围来适应这些需求(在预算、计划、人员方面也要相应进行变化)。记录这些需求以及拒绝它们的原因,以备日后重新遇到时,有记录可查。

1) 首次发行的范围

总结首次发行的产品所具有的性能。但要避免把一些潜在的客户所能想到的每一特性都包括到 1.0 版本的产品中。因为这样会导致软件规划的动荡和错误。开发者主要把重点放在能提供最大价值、花费最合理的开发费用及普及率最高的产品上。

2) 随后发行的范围

如果项目是一个长期项目,产品的开发和发布是一个周期性的演变过程,那么就要在此处指明产品的哪些特性将延期开发,放到随后发行的版本中,并预估随后版本发行的日期。

3) 局限性和专用性

明确定义包括和不包括的特性和功能的界线是处理范围设定和客户期望的一个途径。列出风险承担者们期望的,而当前版本的产品不能涵盖的产品特性和功能。

4. 业务环境

这一部分总结了一些项目的业务问题,包括主要的客户分类概述和项目的管理优先级。

1) 客户概述

客户概述阐明这一产品的不同类型客户的一些本质的特点,目标市场,以及目标市场中不同客户的特征。对于每一种类型的客户,客户概述要包括以下信息:各种客户类型将从产品中获得的主要益处;他们对产品所持的态度;他们可能感兴趣的关键产品特性;以及不同类型客户的限制。

2) 项目的优先级

本部分明确建立项目的优先级,这样风险承担者和项目的参与者就能把精力集中在一系列共同的目标上。项目的优先级主要考虑软件项目的五个方面:性能、质量、计划、成本和人员。

5. 产品成功的因素

明确产品的成功是如何定义和测量的,并指明对产品的成功有巨大影响的几个因素。不仅要包括产品的范围内的事务,还要包括外部因素。如果可能,可建立测量的标准,用于评价是否达到业务目标,这些标准的实例有:市场股票、销售量或收入、客户满意程度等。

确定项目视图和范围文档,可以帮助开发团队判断所提出的特性和需求放进项目是否合适。当某些人提出新的需求或特性时,我们要想到的第一个问题是:"这是否包含在项目范围之内?"

当然,有时也会出现这种情况:"所提出的新需求在项目范围之外,但这是一个很有价值的方案",此时我们可以改变项目的范围来适应这一需求,相应的,要修改项目视图和范围文档,同时,必须重新商议计划预算、资源及进度安排。

8.3.3 用户需求文档

在前面的章节中，我们讨论了许多获取和分析用户需求的方法。使用用例（Use Case）是其中最有效的方法之一。在面向对象的方法中，常常采用使用用例来表示用户需求。

第5章详细描述了使用用例方法，在此，我们不再赘述。我们要关注的是使用用例和功能需求之间的关系，因为我们知道功能需求是记录在软件需求规格说明文档中的。问题是："使用用例是否等价于功能需求"？实际情况是：一个使用用例可能引申出多个功能需求，并且多个使用用例可能需要相同的功能需求。例如，如果有5个使用实例需要进行用户身份的验证，我们不必因此编写5个不同的代码块。因此，我们要注意合理安排使用用例文档和软件需求规格说明，目的是尽量避免信息冗余，为后续的设计、测试等工作奠定良好的基础。

常用的编写功能需求的方法有以下三种[38]：

1）仅利用使用用例

一种方法是把功能需求包括在每一个使用用例的说明之中。当然，在采用这种方法时，我们可能仍然需要用一个独立的软件需求规格说明来记录与特定的使用用例无关的需求，并且会导致我们必须交叉引用在多个使用用例中重复的那些功能需求。针对功能需求重复问题，解决办法是采用在使用用例中讨论过的"包含"关系，将这些公共功能（如用户身份验证）分割到一个独立的、可重用的使用用例中，以避免重复描述。

2）使用用例和软件需求规格说明相结合

另一种方法是把使用实例说明限制在抽象的用户需求级上，并且把从使用实例中获得的功能需求编入软件需求规格说明中。在这种方法中，你将需要在使用实例和与之相关的功能需求之间建立可跟踪性。

3）仅使用软件需求规格说明

第三种方法是通过使用用例来组织软件需求规格说明，即在软件需求规格说明中采用使用用例来描述功能需求。采用这种方法，我们无需独立编写详细的使用用例文档，但是仍然要注意对重复功能需求的处理。对每个功能需求仅陈述一次，在其他地方出现该功能需求时，都要参考它的原始说明。

项目视图和范围文档描述了业务需求，用例文档描述了用户需求，下一节我们将重点讨论软件需求规格说明的内容和组织。

8.4 软件需求规格说明

需求开发的最终成果是客户和开发团队对将要开发的软件产品达成一致的协议，这一协议基于业务需求、用户需求和软件功能需求来拟定。本节将重点讨论描述软件功能需求的软件需求规格说明书的主要内容和组织方式，软件需求规格说明书是一份更加面向开发方的文档，它的组织结构更加规范，内容更加详细。

软件需求规格说明（Software Requirement Specification，SRS）精确地阐述一个软件系统必须提供的功能、性能以及它所要考虑的限制条件，它不仅是系统测试和用户文档的基础，也是所有子项目规划、设计和编码的基础，它应该尽可能完整地描述系统预期的外部行为和用户可视化行为。软件需求规格说明包含的主要内容总结如下^[39]。

（1）功能——软件将执行什么功能？

（2）外部接口——软件如何与人、系统的硬件及其他硬件和其他软件进行交互？

（3）性能——各种软件功能的速度、响应时间、恢复时间等是多少？

（4）属性——软件的可用性、可靠性、可移植性、正确性、可维护性、安全性如何？

（5）影响产品实现的设计约束——是否有使用标准、编程语言、数据库完整性方针、资源限制、运行环境等方面的要求？

除了设计和实现上的限制，软件需求规格说明不应该包括设计、构造、测试或工程管理的细节。需求文档的所有读者必须根据已通过评审的需求来安排工作以避免不必要的返工和误解。

8.4.1 高质量软件需求规格说明的特性

前一节我们提到了编写需求文档的基本原则，在此基础上，要编写一份高质量的软件需求规格说明，我们首先必须了解优秀的软件需求规格说明应该具有的特性。

1）正确性

SRS 中每一项需求都是软件应满足的需求，而且每一项需求都准确的描述了它要实现的功能，SRS 才是正确的。不存在确保 SRS 正确性的工具或规程，让软件客户或用户共同参与编写和评审需求文档是保证 SRS 正确性的方法之一。同时，提高 SRS 的可追踪性，也可以进一步减少缺陷，保证 SRS 的正确性。

2）无歧义性

只有 SRS 中的每一项需求的描述都只有一种解释时，SRS 才是无歧义的。

要保证 SRS 的无歧义性，可以参考以下几条建议：首先，需求通常是用自然语言编写的，在前面的章节中，我们提到自然语言本身具有很大的模糊性和歧义性，因此，要求文档编写人员提高写作水平，充分利用各种文档编写技巧（见 8.5 节），以消除自然语言的歧义性；其次，也可借助于图形化模型和形式化描述方式来消除歧义性，例如：使用需求规格说明语言或添加公式等。最后，也可通过加强文档的组织结构来消除歧义性。

3）完整性

SRS 的完整性要求不能遗漏任何必要的需求信息。遗漏需求将很难查出。注重用户的任务而不是系统的功能将有助于避免不完整性。如果知道缺少某项信息，用"待确定"（TBD，To Be Determined）作为标识来标明这项缺漏。在开始开发之前，必须解决需求中所有的待确定项。

4）一致性

一致性是指与其他软件需求或高层（系统，业务）需求不相矛盾。在开发前必须解决所有需求间的不一致部分。

SRS 中可能存在的不一致性主要有以下 3 种类型。①现实世界对象的规定特征相互矛盾。例如报告的输出格式在一个需求中规定是表格形式，而在另一个需求中规定是文本格式。②在两个规定的行为之间存在逻辑上或时间上的冲突。例如一个需求规定"A"必须在"B"之后出现，而另一个需求则规定"A"、"B"同时出现。③两个或更多的需求描述现实世界的相同对象，但使用的术语不同。

5) 重要性和(或)稳定性分级

对 SRS 中每条需求添加标明其重要性或稳定性的标识,那么该 SRS 就按照重要性和(或)稳定性进行了分级。对需求进行分级,可以带来以下好处:使软件客户仔细考虑每个需求,特别是一些重要的需求,以消除需求中隐藏的误解和不确定性;使开发人员根据需求的分级做出正确的设计,针对软件产品的不同部分投入适当的工作。

6) 可验证性

当且仅当 SRS 中的每个需求是可验证的,SRS 才是可验证的。当且仅当存在某个有限的成本、有效的过程,人或机器依照该过程能够给检查软件产品满足的某个需求,该需求才是可验证的。一般来说,任何有歧义的需求都是不可验证的。

7) 可修改性

在必要时或为维护每一需求变更历史记录时,应该修订 SRS。这就要求每项需求要独立标出,并与别的需求区别开来。每项需求只应在 SRS 中出现一次。这样更改时易于保持一致性。另外,使用目录表、索引和相互参照列表方法将使软件需求规格说明更容易修改。

8) 可追踪性

如果 SRS 每个需求的来源是清楚的,并在将来编制或增强文档的过程中便于每个需求的索引,那么该 SRS 是可追踪的。要实现两种类型的可追踪性:逆向可追踪性,即可追踪到以前的需求版本;正向可追踪性,即可追踪到基于 SRS 产生的所有文件。

当软件进入运行和维护阶段时,SRS 的正向可追踪性尤其重要。可追踪性要求每项需求以一种结构化的,粒度好的方式编写并单独标明,而不是大段的叙述。

8.4.2　软件需求规格说明模版

为实现高质量的软件需求规格说明,有许多推荐的软件需求规格说明模版可供选择。目前,许多人使用来自 IEEE 标准 830-1998 的模板(IEEE 推荐的软件需求规格说明的方法),这是一个结构好并适用于许多软件项目的灵活的模板,在文献[38]中对它进行了详细的描述。另外,在国内也有许多开发组织使用我国国家标准化管理委员会制定的计算机软件文档编制规范,主要是 GB/T 8567-1998 标准,以及之后修订的 GB/T 8567-2006标准。对 GB/T 8567-1998 标准"软件需求规格说明"的分析可以参考文献[8],本文主要讨论 GB/T 8567-1998 标准的代替版本 GB/T 8567-2006 对"软件需求规格说明"的定义。

另外,常见的软件需求规格说明模版还包括 RUP 版本和咨询商版本[8]。RUP 版本为适应敏捷软件开发制定的模板,因此文字部分的模板显得有点过于简单,无法涵盖所有需要的内容。咨询商版本比较追求通用性,因此常有"大而全"的弊端,实用性不强,其典型代表是 Volere 版本。

标准模版通常只起到一种参考作用,开发组织需要根据项目的实际情况对模板进行裁剪,调整和定制,以得到适合于当前项目的软件需求规格说明模版。需求规格说明的活动过程如图 8.4[5]所示。

在确定适合项目的需求规格说明文档模版后,需求文档的组织结构就基本确定了,采用适当的文档表达方式写入文档内容,就产生了最终的软件需求规格说明文档。

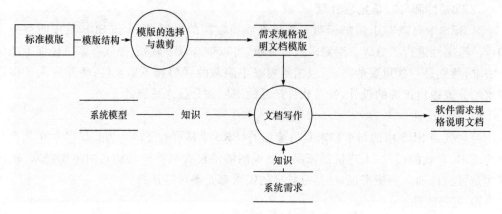

图 8.4　需求规格说明活动[5]

8.4.3　模版分析与应用

我们以 2006 年发布 GB/T 8567-2006 标准中给出的"软件需求规格说明"模板为例，对需求规格说明书的内容进行分析。GB/T 8567-1988 模板和 GB/T 8567-2006 模板[7]对比如表 8.2 所示：

表 8.2　GB/T 8567-1988 与 GB/T 8567-2006 版本软件需求规格说明大纲

GB/T 8567-1988 模版	GB/T 8567-2006 模版
1. 引言	1. 范围
1.1 编写的目的	1.1 标识
1.2 背景	1.2 系统概述
1.3 定义	1.3 文档概述
1.4 参考资料	1.4 基线
2. 任务概述	2. 引用文件
2.1 目标	3. 需求
2.2 用户的特点	3.1 所需的状态和方式
2.3 假定和约束	3.2 需求概述
3. 需求规定	3.2.1 目标
3.1 对功能的规定	3.2.2 运行环境
3.2 对性能的规定	3.2.3 用户的特点
3.2.1 精度	3.2.4 关键点
3.2.2 时间特性要求	3.2.5 约束条件
3.2.3 灵活性	3.3 需求规格
3.3 输入/输出要求	3.3.1 软件系统总体功能/对象结构
3.4 数据管理能力要求	3.3.2 软件子系统功能/对象结构
3.5 故障处理要求	3.3.3 描述约定
3.6 其他专门要求	3.4 CSCI 能力需求
4. 运行环境规定	3.5 接口需求
4.1 设备	3.5.1 接口需求
4.2 支持软件	3.5.2 数据要求
4.3 接口	3.6 CSCI 内部接口需求
4.4 控制	3.7 CSCI 内部数据需求
	3.8 适应性需求

GB/T 8567-1988 模版	GB/T 8567-2006 模版
	3.9 保密性需求
	3.10 保密性和私密性需求
	3.11 CSCI 环境需求
	3.12 计算机资源需求
	3.12.1 计算机硬件需求
	3.12.2 计算机硬件资源利用需求
	3.12.3 计算机软件需求
	3.12.4 计算机通信需求
	3.13 软件质量因素
	3.14 设计和实现的约束
	3.15 数据
	3.16 操作
	3.17 故障处理
	3.18 算法说明
	3.19 有关人员需求
	3.20 有关培训需求
	3.21 有关后勤需求
	3.22 其他需求
	3.23 包装需求
	3.24 需求的优先次序和关键程度
	4. 合格性规定
	5. 需求可跟踪性
	6. 尚未解决的问题
	7. 注释

由图 8.5 可见,GB/T 8567-2006 标准对软件需求规格说明书的内容做了很大调整,它主要描述计算机软件配置项(Computer Software Configuration Item,CSCI)的需求,以及确保每个需求得以满足的方法。其中,计算机软件配置项是指满足最终使用功能的软件集合。该版本软件需求规格说明书的主要内容如下。

1. 范围

我们要开发的软件总是有范围的,只有将软件的范围界定清楚,才能在此基础上开发需求,编写需求文档。因此,在新模版中将"范围"单独列为一条,包括标识、系统概述、文档概述、基线四个小节,主要描述 SRS 适用的系统和软件的完整的标识,系统和软件的用途和特性,文档的用途和内容,以及需求文档的基线。该部分和引用文件部分相当于老版本中的引言,但是也进行了一些调整。

1) 标识

通过标识指明 SRS 所描述的软件产品,完整标识可以包括标识号、标题、缩略词语、版本号和发行号。文档标识是将来进行配置管理和项目管理的重要依据,同时对需求文档中的每个软件需求都要定义唯一的标识,以满足软件需求规格说明的可追踪性和可修改性。常用的需求标识方法如下。

（1）序列号法。最简单的方法是赋予每个需求一个唯一的序列号，例如 UR-2 或 DR-13。序列号的前缀表示需求的类型，例如 UR 表示功能需求，当有一个新需求时，就顺序增加一个编号，序列号不能重用。这种标识方法不能表示出需求之间的逻辑和层次上的关系，也没有提供需求内容的任何信息。

（2）层次化编码法。这是在文档编写过程中最为常用的一种标识方法，例如在 3.2 节下还有更详细的内容，则编号为 3.2.1，内容划分越详细，编号长度越长。这种标识方法的优点是体现了需求间的层次关系，但是当系统复杂时，会导致编号过长，而且这种标识也没有体现需求的内容信息。因此有一种改进的层次化编码方法，例如："3.2.1-查询学生成绩"，包含在该部分中的各种查询需求可以标识为"RS-1"，"RS-2"等。

具体采用哪种需求标识方法，可以根据软件的复杂性和文档书写的要求来定。

例 4：

SRS 适用系统：考务管理系统

标识号：KWManageY001

标题：考务管理系统

版本号：V1.0

发行号：Alpha001（内测版 001）

2）基线

这里指的是需求基线，说明本需求规格说明书所描述的内容在经过需求验证后，已形成一份相对稳定的文档，内容不能再被随意改动，该文档被纳入配置管理库进行配置管理，设计人员和开发人员将基于该需求基线开展后续工作。如果有需求变更，则要经过一系列审批手续，在变更被确认后，修改需求规格说明书，形成新版本的需求规格说明书，建立新的需求基线，变更后的需求才能在设计中被采用。

3）系统概述

系统概述是对 1988 版本中"背景"的扩充。该部分简述 SRS 适用的软件系统的范围，主要包括软件系统的用途；软件系统的一般特性；系统开发、运行和维护的历史；项目的投资方、需方、用户、开发方和支持机构；当前和计划的运行现场；并列出其他有关的文档。

4）文档概述

文档概述是对 1988 版本中"编写目的"的扩充，说明 SRS 的用途，文档预期的读者（例如：项目管理人员、开发人员、测试人员、用户等），文档的组织方式和文档中每个部分包含的主要内容，从而方便读者快速阅读文档。另外，在此处描述与文档使用有关的保密性或私密性要求。

2. 引用文件

2006 模版将 1988 模版中的"参考资料"更详细的定义为"引用文件"，并单独列为一条。要求列出软件需求规格说明书引用的所有文档，包括书籍、文章、各种出版物、网络资源等。指明所引用文件的编号、标题、版本、发行日期、出版机构，对于网络资源要指明来源，从来源处可以获得该引用文件。

3. 需求

2006 模版对需求规定的划分更为详细,共分成了 24 个小节,使得模版的通用性得到了强化,但在具体使用过程中可以根据实际需要进行裁剪。在文献[8]中对这 24 个小节描述的内容进行了分类,我们沿用这种分类方式来具体阐述每个小节的主要内容。

1) 概述类

包括所需的状态和方式(3.1)、需求概述(3.2)和需求规格(3.3)三个小节,主要描述影响软件系统及其需求的一般因素,而不叙述需求的具体内容,目的是提供需求的背景,使需求更容易被理解。

(1) 所需的状态和方式。如果软件需求规格说明书描述的软件系统在多种状态和方式下运行,且在不同的状态和方式下运行会产生不同的需求,则需要标识每一种状态和方式。状态和方式的例子包括:空闲、准备就绪、活动、事后分析、培训、降级、紧急情况和后备等。如果没有状态和方式的划分,在此处做说明即可。

(2) 需求概述。对应 1988 模版中的"任务概述",包括目标、运行环境、用户的特点、关键点和约束条件五部分内容。

"目标"主要说明 SRS 所描述的系统的开发意图、应用目标和作用范围,如果是对现有系统的升级,则简要说明现有系统存在的问题,新系统将要达到的预期目标。描述系统的主要功能,给出表示外部接口和数据流的系统高层次图,说明本系统是一个独立的系统,还是一个大系统中的子系统。

例 5:"考务管理系统"的系统高层次图如图 8.5 所示。

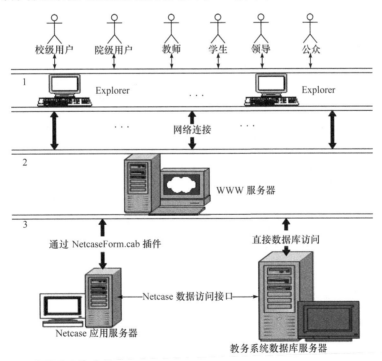

图 8.5　考务管理系统的系统高层次图

"运行环境"描述系统的运行环境,包括硬件平台、操作系统和版本,以及支持系统运行和开发的其他软件。

"用户的特点"说明有哪些类型的用户使用系统,从系统使用的角度来看,有什么特点。

"关键点"说明本系统的关键功能、关键算法和所涉及的关键技术等,提醒读者对这些关键点进行重点审核,并加强后期设计。

"约束条件"说明本系统开发工作中的约束条件,例如:经费限制、开发周期的限制、所采用的方法和技术的规定,以及政治、社会、文化、法律等方面的约束。

（3）需求规格

对软件系统的总体功能结构,以及主要子系统的基本功能结构进行描述,可以采用结构图、流程图或对象图等多种表示方式。同时,说明 SRS 使用的描述方式的约定,包括采用的图例、符号等。

例 6:"考务管理系统"流程图如图 8.6 所示。

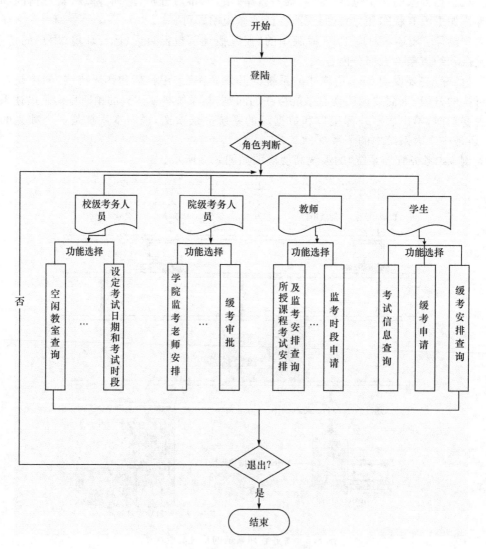

图 8.6 考务管理系统流程图

2) 功能类

功能需求包括能力需求(3.4),它是整个需求规格说明书的主体部分,详细描述每个功能需求的内容。GB/T 8567-2006 标准对功能需求描述的定义采用的是 IPO 模式,对每一个功能需要详细描述其输入(Input)、处理(Processing)和输出(Output)的需求。在结构化分析方法中,常常采用数据流图和数据字典来描述功能需求。在面向对象方法中,常常采用使用用例的方法描述功能需求,包括用例图和用例规格说明。

3) 接口类

由于不可能存在满足所有用户所有需求的系统,因此,系统的可扩展性非常重要。SRS 描述的软件系统要能够与用户要求的现有系统进行信息共享,也要考虑为将来开发的新系统提供信息交换的可能,接口是实现信息共享的重要手段。

因此,2006 模版对接口需求的定义给予了充分重视,本部分包括外部接口(3.5)和内部接口(3.6)两个小节。外部接口是指 SRS 所描述系统与其他系统之间的接口,内部接口是指 SRS 所描述系统内部的不同模块之间的接口。外部接口需求主要说明用户接口、硬件接口、软件接口和通信接口需求。内部接口需求通常不需要在需求文档中定义,只有当系统由不同的开发团队开发,且不同开发团队交流困难;或者系统的一部分将来会被拆分出来,单独使用时,才需要在需求文档中进行内部接口需求定义。如果内部接口需求放到设计时才决定,在此处做说明即可。接口需求也可以在专门的接口需求规格说明书中进行描述。

(1)定义接口范围。可以采用"需求概述"中的系统高层次图,也可在此处对接口做进一步说明。主要定义系统范围,描述本系统与其他系统之间的接口关系。

例 7:参考文献[40]得到的"网上订购系统"接口范围图,如图 8.7 所示。

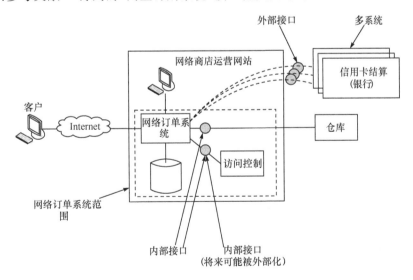

图 8.7 "网上订购系统"接口范围图

(2)描述接口需求。在描述接口需求时要注意以下几点:首先,每个接口必须有一个唯一的接口标识符;其次,明确每个接口是外部接口还是内部接口;最后,当有多个相似的系统接口时,每一个都要单独标识,因为它们是不同的,每一个都是单独的接口。例如图 8.7 中网上订购系统与不同银行的信用卡结算中心建立的外部接口。如果接口由第三方提供,则在接口需求中定义接口提供者必须满足的要求,如接口文档、性能、测试系统的可用性、测试账号等。

一个供参考的接口需求描述模版[41]如表 8.3 所示。

表 8.3　"接口需求"描述模版

摘要	定义
接口名称 (接口标识符)	1. 说明接口两端的系统; 2. 接口的目的; 3. 系统交互的发起者; 4. 接口的所有者; 5. 定义接口的标准,如果有接口标准,则在此处说明; 6. 用于接口的技术,如果必须采用特定的技术,则在此处说明

说明:接口名称的定义通常要简洁有意义,方便文档用户阅读文档。接口标识符通常以 i(Interface)开头,后面跟接口的编号,例如:i1,i2 等。如果是同样目的的多个接口,则可以采用层次化编码法,例如:i1.1,i1.2 等。系统交互的发起者指明接口被哪个系统调用,或者两个系统都可以。接口的所有者指明接口由哪个组织负责定义。

例 8:以"网上订购系统"为例,列举其中两个接口需求的描述如表 8.4 所示[9]。

表 8.4　"接口需求"描述示例

摘要	定义
支付清算接口 (i4)	1. 在本系统和支付清算中心之间应该有一个清晰定义的接口,叫做 i4; 2. 接口的目的是允许客户支付一个订单; 3. 接口只能被本系统调用; 4. 接口的所有权在系统范围内;(说明该接口由本系统定义)
认证授权接口 (i7)	1. 在本系统和认证授权系统之间应该有一个清晰定义的接口,叫做 i7; 2. 接口的目的是验证客户提交的数字证书; 3. 接口只能被本系统调用; 4. 接口的所有权在系统范围外; 5. 接口可以支持多个认证授权系统(例如:eSign,Baltimore),每个认证授权系统应该规定它自己的接口,但接口的定义要符合 PKCS#10 标准

(3) 额外的接口需求。系统外部接口可能还会有一些额外的需求,但也可能不需要,可以根据项目实际情况来决定。常见的额外接口需求包括:吞吐量,描述接口能够处理的流量大小;伸缩性,描述接口在不同数据流量情况下,处理能力如何;扩展性,描述接口是否可以通过简单修改,扩展为其他接口;弹性和可用性,描述接口是否要进行流量检测,如果出现故障接口应该怎样快速回复;安全性,描述接口调用和信息共享的安全性定义要达到什么程度。

4）数据类

包括内部数据（3.7），主要说明 SRS 所描述系统内部的数据需求，包括数据库和数据文件的需求。如果在系统设计时才进行数据需求分析，则可以在此处做说明。数据需求也可以写成单独的数据需求说明文档。

数据需求主要分析用户数据管理中的信息需求、处理需求、安全性和完整性要求。信息需求是指用户需要从数据库和数据文件中获得的信息的内容和性质，由信息需求可以获得数据需求。处理需求是指用户要对这些数据完成什么样的处理功能，处理方式是联机处理还是批处理。

针对数据库系统的需求分析，一种供参考的数据需求描述模版如图 8.8 所示[10]：

（1）数据库规划。数据库规划的主要内容是对整个数据库系统的应用目标分析，包括任务陈述和任务目标。任务陈述定义了数据库系统的主要目标，而每个任务目标则具体说明了数据库必须支持的特定任务。

例 9：一个简单的"图书馆管理系统"的数据库规划如表 8.5 所示。

```
1. 数据库规划
   1.1 任务陈述
   1.2 任务目标
2. 系统定义
   2.1 定义系统边界
   2.2 标识用户视图
3. 数据需求规定
   3.1 数据需求
   3.2 事务需求
   3.3 数据约定
4. 数据的采集
   4.1 要求和范围
   4.2 输入的承担者
   4.3 预处理
   4.4 影响
5. 注释
```

图 8.8　数据需求描述模版

表 8.5　"图书馆管理系统"的数据库规划

摘要	内容
任务陈述	"图书馆管理系统"的数据库系统的目的是： 收集、存储和控制图书馆基础数据和日常工作产生的数据，支持图书馆基础数据的管理，方便读者对图书的借阅，方便图书管理员对图书相关信息的管理等
任务目标	实现普通用户按索引号对图书查询 实现普通用户按书名对图书查询 实现普通用户按作者对图书查询 实现普通用户按出版社对图书查询 实现普通用户按出版日期对图书查询 实现普通用户按关键字对图书查询 实现普通用户按专业对图书进行查询 实现普通用户对电子书进行查询 实现普通用户对新书进行查询 实现图书馆管理员按索引号对图书查询 实现图书馆管理员按书名对图书查询 实现图书馆管理员按作者对图书查询 实现图书馆管理员按出版社对图书查询 实现图书馆管理员按出版日期对图书查询 实现图书馆管理员按关键字对图书查询

摘要	内容
	实现图书馆管理员按专业队图书进行查询
	实现登录用户按索引号对图书查询
	实现登录用户按书名对图书查询
	实现登录用户按作者对图书查询
	实现登录用户按出版社对图书查询
	实现登录用户按出版日期对图书查询
	实现登录用户按关键字对图书查询
	实现登录用户按专业队图书进行查询
	实现登录用户按罚金查询图书借阅信息
	实现登录用户查询借阅历史
	实现登录用户网上续借图书
	实现登录用户查询当前借阅信息
	实现登录用户推荐图书
	维护(新建、更新和删除)用户的相关信息
	维护(新建、更新和删除)图书管理员的相关信息
	维护(新建、更新和删除)图书的相关信息
	维护(新建、更新和删除)数据库管理员的相关信息
	维护(新建、更新和删除)图书管理规则的相关信息
	实现图书馆管理员对借书的管理
	实现图书馆管理员对还书的管理
	实现图书馆管理员对用户罚金的查询
	实现图书馆管理员对用户借阅权限的查询
	实现图书馆馆长对图书借阅历史的查询
	实现图书馆馆长对图书库存量的查询
	实现图书馆馆长对新书的查询
	实现图书馆馆长对推荐图书的查询
	实现图书馆馆长对推荐采购单的查询
	实现数据库管理员备份数据库
	实现数据库管理员还原数据库

(2)系统定义。系统定义的目的是确定数据库应用的范围和边界,以及它的主要用户视图。一个用户视图代表数据库应用必须支持的由一个特殊的用户角色(如图书管理员)或业务范围(如图书借阅或图书预定)所定义的需求。

例10:一个简单的"图书馆管理系统"的系统边界图如图 8.9 所示。

说明:在文档描述的图书馆管理系统中,不包括图书采购等功能。

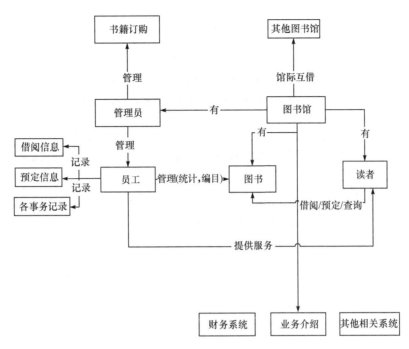

图 8.9 "图书管理系统"的系统边界图

例 11：一个简单的图书馆管理系统的部分用户视图如表 8.6 所示。

表 8.6 "图书管理系统"的用户视图

用户视图	需求
普通用户	实现普通用户按书名对图书查询 实现普通用户按作者对图书查询 实现普通用户按出版社对图书查询 实现普通用户按出版日期对图书查询 实现普通用户按关键字对图书查询 实现普通用户按专业队图书进行查询
登录用户	实现登录用户按出版社对图书查询 实现登录用户按出版日期对图书查询 实现登录用户按关键字对图书查询 实现登录用户查询借阅历史 实现登录用户网上续借图书 实现登录用户查询当前借阅信息 维护(更新)用户的相关信息 实现登录用户推荐图书
图书馆管理员	实现图书馆管理员按出版日期对图书查询 实现图书馆管理员按关键字对图书查询 实现图书馆管理员按专业对图书进行查询 维护(新建、更新和删除)图书管理员的相关信息 维护(新建、更新和删除)图书的相关信息 实现图书馆管理员对借书的管理 实现图书馆管理员对还书的管理 维护(新建、更新和删除)图书管理规则的相关信息 实现图书馆管理员对用户罚金的查询 实现图书馆管理员对用户借阅权限的查询

用户视图	需求
数据管理员	实现数据库管理员备份数据库
	实现数据库管理员还原数据库
	维护(新建、更新和删除)数据库管理员的相关信息

(3) 数据需求。包括数据需求、事务需求和数据约定,主要描述数据库中应包含哪些数据,以及数据的使用方式。数据需求描述用户视图使用的数据,事务需求描述用户对数据的使用方式。

例 12:一个简单的"图书馆管理系统"的部分数据需求与事务需求描述如表 8.7 所示。

表 8.7 "图书管理系统"的数据需求

摘要	内容
数据需求	**图书信息**:包括图书的编号、作者、书版社、出版日期、书的数量、书的剩余数量、该书所属行业以及该书在馆中的存放位置等信息 其中,对于不同行业的图书有相应的行业编号进行区分,而每种名字的书都对应图书表中唯一的编号,而对于同一名字书的不同副本而言,又具有不同的编号用以区分 **读者信息**:数据包括读者的学号(教师编号)、账户密码、性别、可借书的数量、所属专业、联系电话、邮箱、读者类型等字段,其中学号(教师编号)是唯一的 读者分学生、教师两类,在借阅图书前,必须成为本图书馆的注册用户。注册账号,即学号或教师编号,由图书管理员统一分配,学生入校时获得账号,离校后删除账号,教师也在入校时获得账号,离校后删除账号
事务需求	**数据录入** 新建管理员账户相关信息 录入图书馆藏书类别 录入图书的相关信息 **数据更新/删除** 更新/删除图书信息 更新/删除读者账户的相关信息 更新/删除管理员账户的相关信息 **数据查询** 登录用户按索引号对图书查询 登录用户按书名对图书查询 图书馆管理员对用户罚金的查询 图书馆管理员对用户借阅权限的查询

数据约定主要描述数据库初始大小、数据库增长速度、记录查找的类型和平均数量、网络和数据共享需求、性能、安全性、备份和恢复以及合法性问题。

5) 非功能类

包括适应性需求(3.8)、保密性需求(3.9)、保密性和私密性需求(3.10)、环境需求(3.11)、计算机资源需求(3.12)、软件质量因素(3.13)、设计和实现的约束(3.14)、数据(3.15)、操作(3.16)和故障处理(3.17)。

软件系统的非功能性需求是需求中的重要组成部分,但它们的定义和组织方式却很灵活,往往与系统的特性密切相关。例如:性能需求可以单独描述,但如果某个性能需求与一个功能的实现密切相关,也可以在功能需求描述中添加性能需求描述。在2006模板中列出了许多非功能类需求,也可以根据实际项目需要进行选取。

适应性需求表现的是系统的一种应变能力,它强调的是在不进行系统设计修改的前提下对技术与应用需求的适应能力,软件系统的适应性通常表现为系统的可配置能力。好的软件系统可能要求考虑对运行条件变化的适应能力。包括技术条件(网络条件、硬件条件和软件系统平台条件等)的变化和应用方式的变化,如在具体应用中界面的变化、功能的剪裁、不同用户的职责分配和组合等。

保密性需求和私密性需求在很多文档中也称为安全性需求。指针对系统安全保密方面提出的需求,包括可能存在的风险,采取的防范措施与功能。例如:采用的硬件加密方式、防火墙的配置,数据的加密,对用户访问权限的控制,对用户错误操作的处理等。

环境需求和计算机资源需求针对的是软件系统的运行环境需求。包括计算机硬件和操作系统方面的需求,以及硬件规格、内部指标、软件环境、通信环境的需求。

软件的质量因素主要包括十点,功能性质量因素:正确性,健壮性,可靠性;非功能性质量因素:性能,易用性,清晰性,安全性,可扩展性,兼容性和可移植性。针对软件需要重点强调的质量因素需求,可以在此处做详细说明。

如果软件系统在设计和实现方面有特殊的要求,则在需求规格说明书中进行描述,例如:体系结构设计方面的需求,使用的数据库或其他软件的需求,满足特定规范和标准的需求等。

数据(3.15)描述的是数据的处理量和容量方面的需求,如果在前面的数据需求中已包含了这些内容,可以不用再重复。

操作(3.16)描述本系统在常规操作、特殊操作、初始化操作,以及恢复操作等方面的要求,主要是易操作性和容错性方面的需求。

故障处理(3.17)描述可能发生的软硬件故障和发生故障时的应对措施。

6) 补充

包括算法说明(3.18),主要说明系统涉及的关键算法,但并不详述算法的具体实现。如果系统有特殊算法要求,则在此处进行说明,否则也可以将算法说明放到详细设计阶段。

7) 其他需求

包括有关人员需求(3.19)、有关培训需求(3.20)、有关后勤需求(3.21)、其他需求(3.22)和包装需求(3.23)。本部分是对以上功能需求、非功能需求的补充,说明与整个软件系统开发相关的工作中将涉及的需求信息。

8) 管理

包括需求的优先次序和关键程度(3.24),该小节主要体现需求的重要性和可跟踪性,通常可以采用分级的方法对需求说明书中的所有需求划分等级,如 1 级、2 级、3 级等。但需求的分级通常直接在需求描述中给出,不用单列。

4. 提升文档功能性的内容

包括合格性规定(4),需求可跟踪性(5),尚未解决的问题(6)和注释(7)。在合格性规定中定义一组合格性方法,用来保证每个需求得到满足,也是评审和测试需求的重要指标。需求的可跟踪性主要由需求标识的可跟踪性来体现,说明需求变更、需求细化或需求删除后,需求的可跟踪性如何。如果存在多个文档,则说明需求在多个文档中的可跟踪性。尚未解决的问题,即在当前版本的需求规格说明书完成时,还有待解决的问题。例如:一些尚未确定的需求,也就是我们常常看到的 TBD(To Be Determined)问题,在此处将这些问题列出,提醒相关读者关注这些问题。最后,在注释中定义有助于理解本文档的一般信息,包括本文档涉及的术语的定义、缩略语、词汇表等。

8.5 文档写作技巧

在经过多次会议后,客户和开发团队终于达成一致,明确了软件产品的各项需求,并最终形成了软件需求规格说明书。但设计和开发人员很快发现:需求 9 有多种解释;需求 3 与需求 15 的说明正好相反;需求 23 非常模糊。怎么办? 请需求人员进行解释,还是将客户请回来,重新进行需求评审?

由此可见,文档写作是非常重要的。文献[36]指出,写作是一门艺术。这说明优秀文档的写作没有什么现成的模式可以照搬,一篇文档的好坏由成千上万的细枝末节共同决定。有可能是文档的组织结构问题,也可能是文字的表达不够清晰,或者也可能是图示不规范等等。虽然写作是一门艺术,没有固定的规律,但是,人们在长期的实践活动中发现并总结了许多值得借鉴的写作经验。我们可以通过学习写作经验、多阅读别人的文档、多加强写作实践等方法来提高自己的文档写作水平。本节我们主要讨论软件需求规格说明书的写作方法。

8.5.1 文档常见错误

在 8.4 节中,我们熟悉了高质量软件需求规格说明书的特性:正确性、无歧义性、完备性、一致性、重要性和(或)稳定性、可验证性、可修改性和可追踪性。本节我们将继续讨论文档编写过程中的常见错误。只有以高质量文档的特性为目标,尽量避免错误,才能编写出一份被读者接受,真正发挥实效的需求文档。

软件需求规格说明书写作的常见错误总结如下。

1) 软件需求规格说明书中包含其他文档

在软件开发过程中,包括了很多重要的文档,这些文档既不是需求,也不是软件需求规格说明书,如果将它们错误的放到了软件需求规格说明书,则会干扰软件需求规格说明书的内容组织,造成一定的混乱。

比如:将进度安排写入了需求文档。进度的变更往往比需求的变更更加频繁,而且进度的变更涉及到开发过程的方方面面,如设计、编码、测试等,因此,进度安排应该单独编写。

2）在需求描述中嵌入了设计。

在需求描述中嵌入设计说明,会过多地约束软件设计,并且人为地把具有潜在危险的需求放入软件需求规格说明中。

（1）软件需求规格说明主要描述在什么数据上、完成什么功能、在什么地方、产生什么结果。通常不指定如下的设计项目:把软件划分成若干模块;给每一个模块分配功能;描述模块间的信息流程或者控制流程;选择数据结构。

（2）软件需求规格说明也不能和设计完全隔离。安全和保密方面的周密考虑可能增加一些直接反映设计约束的需求,如:在一些分散的模块中保持某些功能;允许在程序的某些区域之间进行有限的通信;计算临界的检查和。

3）术语使用错误

这类型的错误主要体现在以下这些方面:术语不一致、错误术语和冗余术语。

（1）术语不一致:对同样的事物,不同的人往往会使用不同的术语,而且在文档编写的过程中,随着编写者对问题理解的深入,可能会修改术语。从而形成了对同一事物的多种术语,而且也会产生一些导致读者理解错误的术语。例如:对于软件产品的最终使用者,有些编写者将他们称为软件用户,文档中的另一些章节中则将他们称为软件客户,最后,大家意识到软件用户和软件客户常常是不同的。

（2）错误术语和冗余术语:文档中出现的不必要的术语称为冗余术语,来自于其他领域（如软件领域）的术语被称为错误术语。它们都会降低文档的精确性和清晰性,造成读者难以理解文档。例如:文档编写者常常习惯于用一些计算机术语来描述软件需求,如函数、参数、对象等。然而不熟悉计算机领域的读者很难正确理解这些术语的含义。

解决术语使用错误的有效方法是建立术语表和数据字典。术语表对重要术语做清晰、一致的说明,准确描述术语的含义。数据字典比术语表更加严格,是对重要实体名词及其属性的定义。

8.5.2　实用写作技巧

为了编写高质量的需求规格说明文档,掌握一些实用的文档写作技巧是有帮助的,在文献[4]和[6]中总结了一些常用的文档写作技巧,具体如下。

（1）对节、小节和单个需求的号码编排必须一致。

（2）在右边部分留下文本注释区。

（3）允许不加限制地使用空格。

（4）正确使用各种可视化强调标志（例如,黑体、下划线、斜体和其他不同字体）。

（5）创建目录表和索引表有助于读者寻找所需的信息。

（6）对所有图和表指定号码和标识号,并且可按号码进行查阅。

（7）使用字处理程序中交叉引用的功能来查阅文档中其他项或位置,而不是通过页码或节号。

（8）保持语句和段落的简短。

（9）采用主动语态的表达方式。

（10）编写具有正确的语法、拼写和标点的完整句子。

（11）使用的术语与词汇表中所定义的应该一致。

（12）需求陈述应该具有一致的样式，例如"系统必须……"或者"用户必须……"，并紧跟一个行为动作和可观察的结果。例如，"仓库管理子系统必须显示一张所请求的仓库中有存货的化学药品容器清单"。

（13）为了减少不确定性，必须避免模糊的、主观的术语，例如，用户友好、容易、简单、迅速、有效、支持、许多、最新技术、优越的、可接受的和健壮的。当客户说"用户友好"或者"快"或者"健壮"时，你应该明确它们的真正含义并且在需求中阐明用户的意图。

（14）避免使用比较性的词汇，例如：提高、最大化、最小化和最佳化。定量地说明所需要提高的程度或者说清一些参数可接受的最大值和最小值。当客户说明系统应该"处理"、"支持"或"管理"某些事情时，你应该能理解客户的意图。含糊的语句表达将引起需求的不可验证。

习　　题

1. 简述需求文档的作用。

2. 简述需求文档的分类。

3. 解释为什么在规格说明阶段确定系统的多种外部接口是非常重要的。

4. 简述什么是"软件需求规格说明"，其作用是什么？

5. 优秀软件需求规格说明的特性是什么？

6. 编写软件需求规格说明的方法有哪些？

7. 列举构造并编写软件需求规格说明，使用户和其他读者能理解它的可读性的建议有哪些？

8. 简述数据需求的主要内容包括哪些？

9. 试针对一个具体案例，分别采用流程图和用例图方法编写其功能需求。

10. 试针对一个具体案例，编写软件需求规格说明书。

第9章 需求验证

需求验证是需求开发的最后一个环节,是一个质量关,相当于需求分析的质量控制。

对于这个关键点的质量控制,可以通过内部评审、同行评审以及客户方评审的方式。项目组内部评审或同行评审主要是根据公司规范和评审人员本身的经验对需求分析中不明确、不合理、不符合逻辑、不符合规范的地方予以指正。而客户的评审主要是对描述的软件实现是否真正符合他们的需求,能否帮助他们解决问题等方面做出评定。需求验证的目的是要检验需求是否能够反映用户的意愿,需求评审的目的是尽可能地发现需求里的错误,减少因后期修改需求错误所带来的损失。

本章介绍了需求验证的概念、内涵以及需求验证的主要方法——需求评审。评审(Review)是需求验证的主要方法,下文将以案例分析的方式,介绍正式和非正式的评审方法。

9.1 需求验证

9.1.1 需求验证的提出

作为软件工程的第一步,需求分析常常被人忽略。例如某公司一个地理信息系统的软件项目,连需求都没做好,就要出东西,没有做好做细就开始开发,导致返工不能按期完成项目,浪费了大量的时间和人力成本。

在软件开发过程中,需求缺陷是最常见的,也是代价最高的缺陷,在所有提交的缺陷中占到 1/3,导致的返工量占全部返工量的 70%~85%,修改需求缺陷消耗项目预算的25%~40%。在交付后,维护修复需求缺陷的成本被放大了 60~200 倍。来自 I. Hooks 的研究报告指出,需求活动占整个项目时间的 10%~30%,预算占整个项目预算的 8%~14%,投入小于 5%,会导致预算超支 80%~200%,投入 8%~14%,导致预算超支小于 60%。因此,应尽可能早地发现需求缺陷并及时修复,防止需求缺陷延伸到后面的项目阶段,以节省项目预算。

关于软件项目所存在的问题,互联网上曾经流传着一幅漫画(如图9.1所示),它十分生动地展现了这些问题。也许很多人看完之后只是一笑置之,但如果我们认真剖析后面的东西,还是会给我们的工作带来许多启发的。

究其原因,这幅漫画给人最大的启示就是在需求沟通过程中产生了严重的失真,从客户的描述到项目经理的理解、分析员的设计、程序员的编码、商业顾问的诠释,每个角色都根据自己的特点和需求对信息进行了不同的加工,从而导致信息的内容有了很大的改变。因此,对于软件需求工程而言,克服沟通失真就成了一个要点。

根据相关的研究显示,在信息的传递过程中,如果没有采取任何措施,那么在沟通过程中信息衰减可能的最大值高达 60%。而在软件开发过程中,需求信息通常要经历用户代表、需求人员、设计人员再到开发人员,因此最坏的情况下,开发人员获得的信息仅是原来的 8.4%(如图9.2示),这是一个十分可怕的结果。

客户是这样描述需求的　项目经理是这么理解的　分析师是这么设计的　程序员是这么编写的　商业顾问是这么描绘的

项目书写出来是这样的　操作中用了这样的工具　客户是这么建造的　提供的支持就这个样子　而这才是客户真正需要的

图 9.1　需求"迷途"

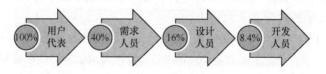

图 9.2　信息失真

怎样才能够更好地避免这种问题的出现呢? 其实关键的手段有两个。

1) 文档

如果信息在传递的过程中仅靠口口相授的话,就难免发生遗忘、加工等情况,因此必须在这个过程中有效地利用文档,将达成共识的信息文档化。但这种方法只是用来辅助沟通的,而不是代替沟通,这一点在后面还会提到。

2) Review

Review,即审查的意思,国内将其翻译为"评审"[8]。评审在很多人的脑海中就是得出一个通过与否的结论,这也是导致需求评审工作流于形式的罪魁祸首之一。顾名思义,Review 就是再(Re)看(View)一遍的意思,其本质含义是通过再次的审读,尽早地暴露出错误。最简单、有效的 Review 就是在用户代表阐述了需求之后,需求分析员用自己的语言再复述一遍,以确保沟通没有失真。可见,需求评审的首要任务就是验证需求是否充分并正确的反映了用户的需求。

验证和确认的区别:对于判断最终开发出来的系统是否和用户想要的东西是一致的

过程叫确认,对于你理解和描述的需求和我当初的想法是否是一致的过程叫验证。

需求的验证包括了很多的内容,涉及软件开发中上下游相关人员的参与。首先需要用户来验证结构和文档化后的需求是否和他们的想法一致,是否把用户的真实意图描述清楚了,以保证需求本身的正确性。对于后续设计开发阶段的人员也需要对需求进行评审以保证需求的可实现性,确认需求描述是否清楚,是否是可以实现的,对于业务对象,流程和规则是否存在不可实现的模糊描述词语。对于测试人员,则主要是确认需求是否是可测试的,是否在需求描述中引入了较多的"易用","较好","应该"等不确定和不可测试的词语。对于大型的软件项目,如果有专门的产品化标准和UI组的话,还需要对需求的易用性和产品交互等方面进行评估,以评价整个软件系统的产品化。

确认主要发生在软件系统已经开发完成后交付给用户后验收的时候,用户确认系统是否实现了当初的需求。为了保证确认过程的顺利,就必须重视需求验证的过程,需求验证不仅仅是需求阶段对需求文档的评审,还需要关注设计,开发等各阶段对需求的实现情况的验证。

评审是需求验证的主要方法。需求验证指在需求规格说明完成之后,对需求规格说明文档进行的验证活动。需求验证是对需求的复查和审核,目的是发现需求中存在的错误,以便及时更正,避免在后期实施中修改造成大量的损失。好的需求将会带来好的产品质量和客户满意度,降低产品后期维护和客户支持的费用。

在信息化高速发展的今天,构建与时俱进的信息化系统已成为所有政府、企事业单位的重点课题之一。然而在软件项目实施过程中,进度超期、经费超预算、变更频繁的现象层出不穷,甚至有许多项目根本无法达到预期的目标,更谈不上为业主创造真正的效益。归根结底,软件需求实践这一共同的软肋是问题根源之所在。

9.1.2 需求验证的目的和任务

首先,需求验证是普遍存在于项目开发过程中的,比如:

(1) 获得的用户需求是否正确和充分的支持业务需求?

(2) 建立的分析模型是否正确地反映了问题的特性和需求?细化的系统需求是否充分和正确的支持用户需求?

(3) 需求规格说明文档是否组织良好、书写正确?需求规格说明文档内的需求是否充分和正确地反映了用户的意图?需求规格说明文档是否可以作为后续开发工作(设计、实现、测试等等)的基础?

获取需求是项目开发的第一步,也是后续工作的基础,如何保证获取的需求是真实而且正确、完整的,就需要在每个阶段及时地对需求进行跟踪验证。需求验证确保了需求符合良好特征并且符合需求规格说明书的良好特性。

在文献[42]中指出,需求验证主要是分析需求规格说明的正确性和可行性,检验需求是否反映客户的意愿,从而确定能否转入概要设计阶段;而概要设计验证主要是检查《概要设计规格说明》是否满足《软件需求规格说明》的各项要求,设计是否合理,是否可以据此产生《详细设计规格说明》,并确定能否转入详细设计阶段。项目开发过程每个阶段都应进行需求评审验证,评审通过才可进行下一阶段的工作,否则重新进行需求分析。

比如:概要设计是软件开发过程中决定软件产品质量的关键阶段。这个阶段设计人员需要站在全局的高度,在比较抽象的层次上分析、对比多种可能的系统实现方案和多种可能的软件体系结构,从中选出最佳的方案和最合理的软件结构。概要设计验证在这个阶段是非常必要的,通过验证可以确保《软件设计说明书》中所描述的软件概要设计在总体结构、外部接口、主要部件功能分配、全局数据结构以及各主要部件之间的接口等方面的合适性、完整性,从而以保证用较低的成本开发出较高质量的软件系统。

用户代表评审需求文档,是给需求分析人员带来反馈信息的一个机会。如果用户认为编写的"需求分析报告"不够准确,就有必要尽早告知分析人员并为改进提供建议。更好的办法是先为产品开发一个原型。这样用户就能提供更有价值的反馈信息给开发人员,使他们更好地理解您的需求。原型并非是一个实际应用产品,但开发人员能将其转化、扩充成功能齐全的系统。

如果在构造设计开始之前,通过验证基于需求的测试计划和原型测试来验证需求的正确性及其质量,就能大大减少项目后期的返工现象。而如果在后续的开发或当系统投入使用时才发现需求文档中的错误,就会导致更大代价的返工。因为需求的变化总会带来系统设计和实现的改变,从而使系统必须重新测试。由需求问题对系统做变更的成本比修改设计或代码错误的成本要大得多。

9.1.3 需求验证的内容

需求验证是需求开发的主要内容之一,贯穿于需求以致后期开发的各个阶段,其所包含的活动是为了确定以下内容:

(1)软件需求规格说明正确描述了预期的系统行为和特征;

(2)需求是完整的和高质量的;

(3)所有对需求的看法是一致的;

(4)需求为继续进行产品设计、构造和测试提供了足够的基础。

需求的验证过程主要是检查需求规格说明,这个过程中要对需求文档中定义的需求执行多种类型的验证,主要包括以下几方面。

1)有效性验证

有效性验证是指开发人员和用户对需求认真地复查,以确保将用户的需要充分、正确地表达出来。对于用户提出的每项需求,必须保证它确实能够满足用户的需要、解决用户的问题,并且确保每项需求都是必需的。

2)一致性验证

一致性是指需求之间以及需求和相应的规范或标准之间不应该出现冲突,对同一个系统功能不应出现不同的描述或矛盾的约束。

3)完备性验证

完备性验证是指检查需求文档是否包括用户需要的所有功能和约束,满足用户的所有要求。一个完备的需求文档应该对所有可能的状态、状态变化、转入、约束都进行了完整、准确的描述。

4)可行性验证

可行性验证是指根据现有的软硬件技术水平和系统的开发预算、进度安排,对需求的可行性进行验证,以保证所有的需求都能实现。

5）可验证性验证

可验证性是指为了减少客户和开发商之间可能产生的争议,系统需求应该能够通过一系列检查方法来进行验证,以确定交付的系统是否满足客户需要。

6）可跟踪性验证

可跟踪性是指需求的出处应该被清晰地记录,每一项功能都能够追溯到要求它的需求,每一项需求都能追溯到用户的要求。

7）可调节性验证

可调节性是指需求的变更不会对其他系统带来大规模的影响。

在文献[42]和[38]中总结了常用的验证项目,如表9.1所示。

表 9.1　需求验证的主要内容

	需求验证的主要内容
有效性验证	《软件需求规格说明》中提出的每项需求,是否能够满足用户的需要并且没有非必要的功能
一致性验证	各个需求之间是否一致,是否有冲突或矛盾; 《软件需求规格说明》中规定的模型、算法和数值方法相互是否兼容; 《软件需求规格说明》中所采用的技术和方法是否与用户要求的技术及方法保持一致; 需求的软硬件接口是否具有兼容性
完备性验证	《软件需求规格说明》是否包括了所有需求,并且是否按优先级作了排序; 《软件需求规格说明》是否明确规定了哪些是绝对不能发生的故障或设计缺陷; 《软件需求规格说明》中出现所有的需求项是否都被列入需求描述表,在这张表中各需求项是否都被编号并能支持索引或回溯; 《软件需求规格说明》中出现的各种图表、表格是否都有标号,各类专业术语及测量单位是否都给出了相应的定义或引用的标准化文件; 《软件需求规格说明》中时间关键性功能是否都被清晰地标识出来了,对时间的具体要求是否作了规定; 功能需求部分是否包括了对所有异常的响应(尤其是对各种有效的、无效的输入值的响应规定),对各种操作模式(如:正常、非正常、有干扰等)下的环境条件、系统响应时间等是否都作了相应的规定
可行性验证	《软件需求规格说明》中定义的需求对软件的设计、实现、运行和维护而言是否是可行的; 《软件需求规格说明》中规定的模型、算法和数值方法对于要解决的问题而言是否合适,他们是否能够在给定的约束条件下实现; 约束性需求中所规定的质量属性是个别地还是成组地可以达到
可验证性验证	各个需求项是否能够通过测试软件产品和软件开发文档来证明这些需求项已经被实现; 各个需求项描述是否清楚、最好能量化。避免使用模糊不清的词汇; 《软件需求规格说明》中每一个需求是否都对应于一个验证方法
可跟踪性验证	每个需求项是否都具有唯一性并且被唯一标识,以便被后续开发文档引用; 在需求项定义描述中是否都明确地注明了该项需求源于上一阶段中哪个文档,包含该文档中哪些有关需求和设计约束; 是否可以从上一阶段的文档中找到需求定义中的相应内容

需求验证的主要内容	
可调节性验证	需求项是否被组织成可以允许修改的结构(例如采用列表形式); 每个特有的需求是否被规定了多余一次,有没有如何冗余的说明?(可以考虑采用交叉引用表避免重复); 是否有一套规则用来在余下的软件生命周期里对《软件需求规格说明》进行维护,(这很重要,原则上讲,SRS不是可以随便修改的)
其他方面的验证	《软件需求规格说明》编写格式是否符合相应的规范或标准(如 GB 8567-88,或GJB1091-91); 需求中提出的算法和方法方面的需求项是否有科技文献或其他文献作为基础; 《软件需求规格说明》中是否出现"待定"之类的不确定性词汇,如果出现,是否注明是何种原因导致的不确定性

对于一个中型软件项目而言,以上验证项绝大多数是必需的,各测试团队可以根据项目的实际工程环境对此做裁减和细化。

需求验证的执行应该遵循"策划→执行→检查→评估"的顺序完成。验证采取的形式可以是走查、审查、会议评审以及用户正式、非正式会议。不管采用哪种形式,上述验证的内容应该尽量覆盖到。

9.1.4　需求验证的方法

需求验证只能验证已编成文档的需求,存在于需求人员脑袋里的需求是无从验证的,因此规范的文档对验证效果很重要。使用不同的技术有助于验证需求的正确性及其质量。需求验证包含多种方法,最重要的方法即评审,除此之外还有利用原型系统、开发测试用例等方法,下面对每种方法做逐一简要的介绍。

1) 评审

评审是需求验证的主要方法,即由作者之外的其他人来检查产品问题的方法,原则上,每一条需求都应进行评审。评审分为正式评审和非正式评审的方法,可根据具体情况选择适当的方式,需求评审内容及方法将在 9.3 节中重点介绍。

2) 原型与模拟

原型化方法是十分重要的。原型就是软件的一个早期可运行的版本,它实现了目标系统的某些或全部功能。

原型化方法就是尽可能快地建造一个粗糙的系统,实现目标系统的某些或全部功能,但是这个系统可能在可靠性、界面的友好性或其他方面上存在缺陷。建造这样一个系统的目的是为了考察某一方面的可行性,如算法的可行性,技术的可行性,或考察是否满足用户的需求等。例如,为了考察是否满足用户的要求,可以用某些软件工具快速的建造一个原型系统,这个系统可能只是一个界面,然后听取用户的意见,改进这个原型,以后的目标系统就在原型系统的基础上开发。

原型主要有三种类型:探索型,实验型,进化型。

(1)探索型:目的是要弄清楚对目标系统的要求,确定所希望的特性,并探讨多种方案的可行性;

（2）实验型：用于大规模开发和实现前，考核方案是否合适，规格说明是否可靠；

（3）进化型：目的不在于改进规格说明，而是将系统建造得易于变化，在改进原型的过程中，逐步将原型进化成最终系统。

在使用原型化方法是有两种不同的策略：废弃策略，追加策略。

（1）废弃策略：先建造一个功能简单而且质量要求不高的模型系统，针对这个系统反复进行修改，形成比较好的思想，据此设计出较完整、准确、一致、可靠的最终系统。系统构造完成后，原来的模型系统就被废弃不用。探索型和实验型属于这种策略。

（2）追加策略：先构造一个功能简单而且质量要求不高的模型系统，作为最终系统的核心，然后通过不断地扩充修改，逐步追加新要求，发展成为最终系统。进化型属于这种策略。

开发原型方法主要应用在涉及复杂的动态行为时，成本较高。开发原型可给用户直观的感受，解决开发早期需求不确定的问题（不确定性、二义性、不完整性、含糊性等），对于明确并完善需求有很大帮助。缺点是在正式开发之前要进行必要的原型开发，增加了工作量。原型开发有很多种工具和方法，当视实际情况而定。

介绍一种原型开发工具，Axure RP。

Axure RP 能帮助网站需求设计者迅捷而轻便的创立基于目录组织的原型文档、功能解释、交互界面以及带注释的 Wireframe 网页，并可积极生成用于演示的网页文件和 Word 文档，以供给演示与开发。

3）开发测试用例

测试用例的方法在于，如果无法为某条需求定义完备的测试用例，那么它可能就存在着模糊、信息遗漏、不正确等缺陷。测试用例一般根据软件需求说明书来编写，并要求覆盖所有的需求。

4）用户手册编制

用户手册里包含了对系统功能以及需求的描述，可帮助理解系统的如下需求。

（1）验证功能需求，对软件系统功能和实现的描述；

（2）验证项目范围，对系统没有实现的功能的描述；

（3）验证异常流程，需求问题和故障的解决；

（4）验证环境与约束，需求系统的安装和启动。

5）利用跟踪关系

即业务需求、用户需求和系统需求是否达成完备的一致性，既满足用户需求，又没有非必要的需求。

（1）业务需求—用户需求—系统需求：如果业务需求和用户需求没有得到后项需求（用户需求和系统需求）的充分支持，那么软件需求规格说明文档就存在不完备的缺陷。

（2）系统需求—用户需求—业务需求：如果不能依据跟踪关系找到一条系统需求的前项用户需求和前项业务需求，那么该需求就属于非必要的需求。

6）自动化分析

通过形式化语言建模描述需求，经由需求分析器生成需求问题报告。需求的建模包括把需求转换成图形模型或形式化语言模型。需求的图形化分析模型包括数据流图、实体关系图、状态转化图、对话图和类图等。这些图形化模型一般都需要借助一定的

CASE(Computer-Aided Software Engineering)工具。这样就可以借助于自动化分析工具本身提供的检测手段来对需求进行测试,而这类检测主要可以提供描述上的完整性检查,需求项之间的不一致性检查等方面的功能。同时,使用这类自动分析工具有助于获得需求的质量特性,包括有效性、一致性、可靠性、可存活性、可用性、正确性、可维护性、可测试性、可扩展性、可交互性、可重用性、可携带性等。

介绍一种开源软件需求分析工具:StarUML。

(1) 可描摹9款 UML 图:用例图、类图、序列图、事态图、行动图、通信图、模块图、安排图以及复合构造图等;

(2) 可导出多种款式影像文件:可导出 JPG、JPEG、BMP、EMF 和 WMF 等款式的影像文件;

(3) 语法验证:StarUML 顺从 UML 的语法法定,不扶持背弃语法的动作;

(4) 正反向工程:StarUML 能够依据类图的内容生成 Java、C++、C♯代码,也能够读取 Java、C++、C♯代码反向生成类图。

9.2 验证接口和程序

软件设计主要包含三个设计:需求设计、实现需求的接口设计以及使计算机按接口设计所描述那样运行的程序设计。

接口是从需求提供得到的,接口设计和需求的区别在于:接口设计一直把精力放在问题域上。根据需求和问题域描述验证接口的正确性,根据接口设计验证程序的正确性。而程序是实现系统功能的具体代码。

软件与硬件或其他外部系统接口包括下述内容:

(1) 用户接口:说明输入、输出的内容、屏幕安排、格式等要求;

(2) 硬件接口:说明端口号、指令集、输入输出信号的内容与数据类型、初始化信号源、传输通道号和信号处理方式;

(3) 软件接口:说明软件的名称、助记符、规格说明、版本号和来源;

(4) 通信接口:指定通信接口和通信协议等描述。

程序和接口的设计——验证程序的正确性:

(1) 程序由特定的指令组成;

(2) 程序所运行的平台拥有特定的库、操作系统和硬件特性;

(3) 结论:发生了在接口设计中描述的行为。

接口和程序的设计是以需求为基础,需求只关心具体完成的功能,程序是实现功能的具体代码,而接口是用户需求和程序之间的桥梁。因此,验证接口和程序的正确性也需要从需求出发。

接口设计是否合理重点验证以下几个方面:

(1) 用户接口设计是否正确全面,是否有单独的用户界面设计文档;

(2) 是否包含有硬件接口设计,硬件接口设计是否正确且全面;

(3) 是否包含有软件接口设计,软件接口设计是否正确且全面;

(4) 是否包含有通信接口设计,通信接口设计是否正确且全面;

（5）是否描述了各类接口的功能、各接口与其他接口或模块之间的关系以及接口的设计是否具有可测试性。

验证模块及模块内部分的设计是否合理，重点验证以下四个方面：

（1）模块的划分是否合适（如代码规模是否适中？是否便于协同开发？）、模块与模块之间是否具有一定的独立性（如模块与模块之间应做到低耦合，模块设计应做到高内聚）；

（2）每个模块的功能和接口定义是否正确（如：数据的输入输出、模块间的通信等）；

（3）数据结构的定义（比如面向对象编程中的数据封装是否适当？继承的使用是否合适？各方法中的参数定义及使用是否适当？各数据项的数据类型是否适当？数据项的初始值设定和值域范围是否有考虑？等等）是否正确；

（4）模块内的数据流和控制流的定义（如：串行操作和并行操作、同步和异步等）是否正确。

以上我们讨论了接口和程序设计验证的一般性内容，各测试团队可以根据待测项目的规模进行裁减和细化。接口和程序设计在执行中采取的形式以评审会形式为多，也可以采用非正式审查或内部专题会议的形式进行。由于接口和程序设计的验证在很大程度上与软件需求规格说明的内容有关，建议聘请软件需求规格说明的起草人参与到接口和程序设计的验证活动中来。

举例如下。

某地理信息系统中用户传递给服务器地图视图相关的参数，服务器在获取参数后对视图进行重新定位及显示比例调整，达到对地图进行操作的目的。如图 9.3 所示，点选功能操作用例图，要在地图之上显示某县市区域内所存在的民族与调查基地详细信息。

用例图说明如表 9.2 和表 9.3 所示。

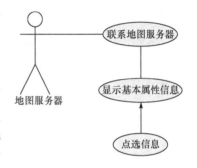

图 9.3　点选功能操作用例图

表 9.2　用例说明

用例名称	点选信息
用例标识号	Mapop_010
参与者	用户，地图数据库，地图服务器
状态	进行中
简要说明	查询并显示选中节点的信息
前置条件	用户进入系统主界面
基本事件流	用户选择"点选信息"工具； 点击要查看信息的地图元素； 调用"显示基本属性信息"用例（Mapop_011）联系地图服务器显示所选节点的地图属性信息
备用事件流 A1	无
异常事件流	无
被泛化的用例	无

用例名称	点选信息
被扩展的用例	无
被包含的用例	无
后置条件	对地图元素进行操作
注释	
修改历史记录	2011 年 10 月 9 日,创建用例

表 9.3　用例说明

用例名称	显示基本属性信息
用例标识号	Mapop_011
参与者	地图服务器
状态	进行中
简要说明	根据输入向地图服务器端发送请求,获取相应信息解析后显示
前置条件	地图元素信息查看按钮被按下或点击根据地图属性查询按钮
基本事件流	客户端应用程序在接收到用户的查询请求后,获取输入的相关查询条件,封装成服务器能够理解的请求类型,并发送请求到服务器端。解析服务器端响应,将结果显示在界面上以供用户查看,同时高亮显示地图上相应图形
备用事件流 A1	如果服务器没有查询到相关信息,则界面上显示为空
异常事件流	如果请求过程中发生异常,查询结果为空
被泛化的用例	无
被扩展的用例	无
被包含的用例	无
后置条件	显示所要查询图形元素基本信息,同时突出显示地图上相应图形
注释	
修改历史记录	2011 年 10 月 9 日,创建用例

接口设计包括以下几点。

（1）获取该区域内的民族与调查基地信息。以县市 ID 为输入参数,向服务器端发送 Ajax 请求；

（2）接收服务器端返回的 Ajax 响应,并调用相应的解析器解析返回结果；

（3）解析并提取 XML 格式的民族与调查基地信息,将提取出来的民族与调查基地信息以一定的形式显示在展示界面上。

测试计划应说明:对本程序进行单体测试的计划,包括对测试的技术要求、输入数据、预期结果、进度安排、人员职责、设备条件驱动程序及桩模块等的规定。

测试的目的主要是证明各个单元的接口以及程序是否能正常工作。人机接口等可通过系统原型等方式来验证。

9.3 需 求 评 审

某公司"地理信息系统"的项目开发组正在进行第一次软件需求规格说明的评审。参加者有产品经理,需求分析者,高级程序员,测试专家,客户代表。

某产品经理主持需求评审会,在讲解需求说明书时,与会人员似懂非懂,没有提出任何有价值的问题,致使会议没有得到预期效果。

用户代表同时反映:"我阅读过整个软件需求规格说明。但是我对需求文档有许多地方不理解,不明白你们所描写的需求过程与我们要的业务之间的对应关系。"

而高级程序员则提出当前软件的技术架构不够新,于是大家纷纷就系统架构选取进行了讨论,偏离了本次评审会主要目的是确定现有需求是否满足了用户的需求,而用户代表对系统架构方面不熟悉,因此参与不到讨论中。

最后由于时间原因,评审会匆匆结束,总结评审会的内容,发现大家对几个方面都进行了讨论,但都没有达成最终的一致,最终评审会也只不过走了个过场,对指导系统开发作用不大。

以上情况经常发生在实际的情况之中,确定评审会的目的和人员对评审的效果起到至关重要的作用。不同的需求评审阶段应组织不同的参会人员参加,明确评审会的主题和目的,这样才能发挥评审员的作用。

需求评审员就是让需求明确起来,让测试,开发,需求方都能对需求(这里的需求也包括需求实现方式)达成一致。排除各种需求之间的业务系统干扰,确保需求与最后实现的产品保持最大限度地一致,似乎这就是前期需要开展需求评审最主要的目的。那么需求评审员在里面需要做到哪些?怎么样的需求评审才能说明已经完成评审工作了?本章将提供对需求评审方法的简要概述,有助于理解评审的主要实施方法和用途。

9.3.1 需求评审的方法

需求评审是对功能的正确性、完整性和清晰性,以及其他需求给予评价。评审通过才可进行下一阶段的工作,否则重新进行需求分析。

评审员往往需要检查以下内容:

(1) 系统定义的目标是否与用户的要求一致;

(2) 系统需求分析阶段提供的文档资料是否齐全;文档中的描述是否完整、清晰、准确地反映了用户要求;

(3) 主要功能是否已包括在规定的软件范围之内,是否都已充分说明;

(4) 被开发项目的数据流与数据结构是否确定且充足;

(5) 设计的约束条件或者限制条件是否符合实际;

(6) 是否详细制定了检验标准,能否对系统定义是否成功进行确认。

按照正式化程度不同,评审可分为以下 6 个等级(参考 Karl E. Wiegers 所著《软件同级评审》一书),如图 9.4 所示。在实际情况中可采用正式平时与非正式评审结合的方法。

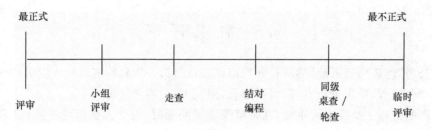

图 9.4   6 种评审方法

1）评审

审查,即评审,是最为正式的评审方式,主要流程包括会前准备会议,检查表,评审会议几个部分。其中要求有规范的检查表,并且主持评审会议的不能是作者本人。

2）小组评审

小组评审和审查比较接近,只是规范要求程度次于评审。要求简单的会前准备会议,相对简单的检查表,主持人可以是作者本身。通常在软件开发过程中定义的评审活动需要采用最为规范的做法,而项目内部定义的评审活动则可以相对自由一点。

3）走查

走查,即要遍历文档,通常是项目组内发起,由作者按照文档的页码顺序向参加评审的人员介绍文档内容,然后大家发表自己的看法与意见。

审查、小组评审和走查 3 种较为正式的方法,针对的是组织、项目预先安排、计划的评审活动。另外 3 种,通常是用在软件工程过程中的手段与策略,包括结对编程、同级桌查/轮查和临时评审。

4）结对编程

结对编程是个广义的感念,包括结对分析、结对设计、结对编程,甚至结对测试。即每位需求人员在进行需求的获取、分析过程中都邀请一名同事参加,确保大多数活动都是由 2 人小组共同完成的。通过此方法,可大大降低需求变更的情况,需求质量也获得长足的进步,缺点是人力资源投入增大。

5）同级桌查/轮查

同级桌查、轮查属于个人级的评审方法,通常是私下进行。即需求人员之间私下进行交叉的复查。桌查是两位需求人员之间交换文档产物,互相提出意见;而轮查则是多位需求人员之间交叉交换文档产物,互相提出意见。

6）临时评审

临时评审通常是个人的工作习惯,即在沟通过程中,由信息的接受者向信息的传达着做简要的、概括性的回顾,以达成共识。最常见的类型包括以下两种。

（1）用户访谈:在和用户访谈时,对每次访谈的内容进行概述,使得用户可以对你理解、记录的信息进行即时的验证;

（2）和技术团队交流:当向开发团队介绍与需求相关的信息时,建议开发人员对自己所听到的、理解的内容进行简单的复述,再对其阐述的信息进行验证。

在实际的应用中,可根据自己的情况选择不同的评审方法,或者不同阶段采取相应的方法,鼓励正式和非正式的方法相结合。

9.3.2 需求评审的过程

较为正式、规范的评审过程包括：规划、召开总体会议、做准备、召开评审会议、返工、跟踪6个阶段,如图9.5所示:

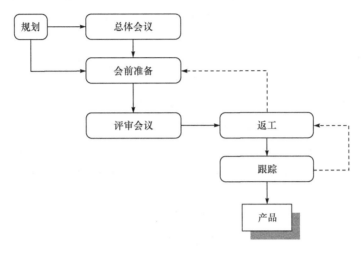

图9.5　评审过程

1) 规划

规划的主要任务是确定规划内容、规划人员,即评审的重点和范围,以及参加评审的人员和角色。不同阶段的项目评审侧重点有所不同,比如,早期评审可能较多关心较广泛的架构问题,而后期则关心较具体的内容。通常不建议一次对整个需求规格说明书进行评审。

确定评审范围之后,则可确定参会人员及其角色。参加的人员主要包括以下几种角色:

(1) 需求规格说明书的作者、同级伙伴;

(2) 提供规格说明书信息的人:分析员、客户;

(3) 要根据规格书开展工作的人:开发人员、测试人员等;

(4) 负责相关接口工作的人。

评审会议中的主要角色包括:主持人、作者、评审者、记录员。

提示:一般评审者不宜超过6个,否则易使评审会过于发散,难以控制。

2) 总体会议

总体会议在召开正式的评审会议之前召开,召集参加评审会的所有成员参加,目的是为了明确评审的内容、要点,确认评审时所需资料、缺陷检查表。

提示:缺陷检查表。

缺陷检查表可分为两类:文档格式的检查以及内容的检查。其中,内容的检查主要是检查需求内容是否达到系统目标、是否完整、是否有错误等。缺陷检查表的设计可从兼容性、完备性、一致性、正确性、可行性、易修改性、健壮性、易理解性、易测试、可验证性几方面来考虑。

3）准备

准备工作做的好不好直接关系到评审会议的质量。没有提前阅读做准备的情况下，让大家在现场提出有价值的、完整的建议是不可能的，因此应为每位评审者提前提供相关资料，提供时间做相关阅读、查找错误。与此同时，评审者可将阅读时发现的文字、版面类的错误直接发给作者，无需在评审会议上讨论，以便节省会议时间，提高会议质量。

4）评审会议

召开评审会议的目的是找出问题，讨论问题，大家对预先找到的问题逐一讨论，给出结论。因此，对待审查的文档有如下几点要求。

（1）文档遵循标准模板，有助阅读、评审；

（2）文档已进行拼写和格式检查，尽量减少文字错误和版面错误带来的错误和干扰；

（3）所有未解决的问题应做好标记，避免大家花时间找出本来就没弄清楚的地方。

参加需求评审会的人员应建立统一的认识，即评审的目的是发现问题，而不是为了验证自己的需求无错。大家应对评审文化有正确的理解和认同，尽早的发现问题、解决问题，可避免问题被延误到后期修改而带来的惨痛代价。

提示：可在企业中鼓励、推行即时评审、同级桌查等正式化程度不高的评审手段，有助于形成企业的评审文化。

5）返工

返工是为了避免评审会议成为形式主义，在评审会议中发现的错误和问题应及时修改并反馈给评审者。可将评审意见的处理结果汇总发给所有评审者，并感谢评审者所付出的贡献。

6）跟踪

当发现同一类错误多次出现在不同需求的需求规格说明书中时，就会发现评审中提出的问题没有得到有效的解决。因此，应对提出的问题是否解决进行跟踪、督促，避免同类问题再出现。

9.3.3　需求评审的实践

需求验证是需求开发的最后一个环节，也是最容易被忽视的环节，参考文献[8]和[42]中的案例，下面从不同的角度以及案例指出需求验证中常见的主要问题。

1）参与人员选择

案例：

某软件公司在召开需求评审会的过程中，评审员小王对文档提出意见，会后需求文档作者小李与小王发生争执："小王，有问题可以直接跟我说，干吗非的当着这么多领导的面指出来"。

分析：

评审会并不是参加的人越多越好，应保证同级、适合，通常应保持较小的范围，要直接相关的人员参与。评审的内容所涉及的第一负责人要来,一方面可以保证参与者对评审内容熟悉,另一方面也可以保证参与者关心评审过程。

2）会前准备

案例:

某软件公司的需求评审会上,听到这样的对话,"我记得 *** 规范中是这样写的","不对,你记错了,那是老版本的……"。

分析:

如果现场可以找到最新版本,就可以避免因此类问题争论,因此在会前的准备会议中,明确每位参会者的资料是很重要的。

案例:

某软件公司评审会之前,询问评审员小王的准备情况,小王抱怨说的评审材料有 200 页之多,需求缺陷检查表也有 3 页,根本记不住评审文档的内容。

分析:

应对需求文档和检查表进行压缩,人们最容易记住的信息条目在 5—9 条之间,因此检查表也建议控制在 9 条以内,会议内容应控制在每小时 30—40 页之间。必要时可对需求规格说明书进行拆分,根据读者的层次、所关心的问题不同进行拆分,不同部分可分为不同的评审会进行评审。

3）评审者语气

案例:

某软件公司在召开需求评审会的过程中,参会人员对文档提出很多批评,需求文档作者忍不住进行辩论,双方争执不下,致使会议混乱,无法控制。

分析:

评审者提问题时应采用建议的语气,而不是指错,评审者应作为"建议者"、"协作者"的角度。同时,接受评审的同事应本着开放和欢迎的态度接受大家提出的意见,大家有共同的目标,即开发出来的产品更加符合用户的需求。

4）评审会效果

案例:

突然宣布明天要召开需求评审会,大家对文档都没有足够的准备,在评审会中,听到大家提出的错误多是关于文字、版面方面。

分析:

会前没有提前准备,很难在会议过程中临时找出实质性建议,因此只能提些格式方面的错误。因此,会前应提前将相关资料发给与会者,并留出相应的时间,要求评审者提前阅读文档。

提示:

可要求每位评审员提前将自己的意见(最少 2 条)发来,于会前收集所有评审者的意见汇总成文档,可在会议进行过程中逐条讨论。若内容过多,也可给不同评审者做出分工,重点阅读自己的部分。

5）返工

案例：

某评审会后听到评审员小王说，评审会就是一个形式，每次提问题都是走过场，到现在也没解决的，走走形式罢了。

分析：

若只在评审会上提出问题，而会后无任何反应，很可能造成评审者对会议的性质产生怀疑，也存在问题已经修改但是没有反馈给评审员的情况。

提示：

可于问题修正后产生修正文档，并发给每个评审员。

6）评审文化建立

案例：

某软件公司需求评审会前准确情况，经过3天的文档阅读，评审组发来回馈，需求里一个错误也没有。

分析：

需求验证的目的是找出问题，而不是证明无错[8]。若是程序测试后没有错误，也可能怀疑测试组没有尽心。因此，大家应对评审文化建立正确的态度，建立积极的评审文化，评审的目的是发现错误，及时避免该错误对以后的生产和开发造成的影响，需求验证在不同的开发阶段中都需要。

提示：

公司可鼓励正式评审与非正式评审相结合，正式评审需要组织人员，召开正式的会议，通常在阶段性的验证中采用。往往非正式评审的效率更高，更容易发现问题。多参与团队内的讨论，更易帮助大家接受相互讨论的方式，建立评审文化。

9.4　测 试 需 求

1. 什么是测试需求

需求测试，是验证需求是否是正确的、完整的、无二义性的。测试人员要能够分辨出来问题点，并跟用户进行核对，确定用户的真实需求[42]。

（1）需求测试的输入：主要包括软件需求规格、Use Case、界面设计、项目会议或与客户沟通时有关于需求信息的会议记录、其他技术文档等；

（2）需求测试的输出：主要包括问题点及修改建议，以及测试分析图。

单凭需求规格说明书的阅读，难以确定系统在特定情况下的行为。以功能需求为基础或从用例派生出来的测试用例可使项目参与者更清楚地了解系统的行为。因此，在部分需求稳定时可开始开发测试用例，就可以及早发现问题并以较少的费用解决这些问题。

测试需求是对测试的目标的概括，根据测试需求，了解测试时所应测试的功能点有哪些方面。测试需求主要是整理测试焦点（包括一些界面、输入域、业务流程、数据等），并明确测试焦点的优先级，为测试用例的设计提供测试所需的功能点信息。测试需求的分析也体现用例设计方法，有的测试需求分析文档中也会指导性的明确焦点的测试用例设计方法。根据测试需求，编写出测试用例，来覆盖所有测试的需求。

可以说，测试需求是告诉你要测什么，而测试用例是告诉你怎么测[42]。好的测试需求能发现需求中显性和隐性的测试焦点,从而能更好地指导测试用例的设计,能更好地提高被测模块整体功能的覆盖率。测试需求分析会根据不同阶段的测试类型会有不同的侧重点。

编写建立在系统功能基础上的测试用例可以明确在特定条件下系统运行的任务。在开发过程的早期阶段,可以从用例中获得概念上的功能测试用例,即可验证需求规格说明和分析模型并做出评价。基于模仿使用的测试用例可以作为客户验收测试的基础。在正式的系统测试中,可将其详述成测试用例和过程。

2. 为什么要进行需求测试

(1) 把不直观的需求转变为直观的需求(用例图/活动图),使得测试范围可以度量(有多少功能点,有多少功能项);使得独立的功能点其对应的所有的处理分支可以度量;使得该系统需要测试的业务场景可以度量;

(2) 把不明确的需求转变为明确的需求,明确其功能点对应的输出、处理和输出;

(3) 把不能度量的需求转变为可度量的需求,包括:度量测试范围,度量处理分支,度量业务场景。

测试需求越详细精准,表明对所测软件的了解越深,对所要进行的任务内容就越清晰,就更有把握保证测试的质量与进度。

3. 需求测试的范围

(1) 需求背景,目标,影响范围

(2) 系统的输入输出,类型,精度,允许的出错次数,输出的格式,数据的来源以及正确性;

(3) 响应时间,提示的方式,异常处理方式,性能指标;

(4) 主要流程描述,操作流程和步骤说明,分析是否合理化;

(5) 需求的上下文是否一致,有没有于其他需求发生冲突;

(6) 需求逻辑是否足够清晰,每个条款都是描述问题及解决问题是否包含;

(7) 需求是否都是可测试的;

(8) 寻找隐含的需求,和相互依赖的需求。

4. 推荐的需求文档格式的内容

(1) 业务名称解释;

(2) 需求背景及目标介绍;

(3) 用户操作场景说明;

(4) 功能总览:用列表的方式,逐项叙述对系统所提出的功能要求,说明输入什么量、经怎么样的处理、得到什么输出;

(5) 系统交互图;

(6) 界面原型(对该系统的输入、输出数据类型、格式、数值范围、精度的描述);

(7) 业务规则说明;

(8) 业务正常流流程:功能模块,主要操作;

(9) 业务异常流处理:异常场景,错误提示;异常流转。

5. 需求分析和测试需求分析两者的过程是相反的

(1) 需求分析：初步设想——原始需求——需求分析——需求规格：输入、处理和输出；

(2) 测试需求分析：单功能点输入处理输出——业务流分析——全局——隐式需求挖掘。

6. 进行测试需求分析的目的

(1) 充分发现需求中不完善的，不足的，不严密的地方；

(2) 识别出测试的对象；

(3) 使需求基线化，为需求定个基准，为以后的测试用例设计做指导。

可以认为需求评审也属于需求测试范围，但是这里提的需求测试和评审不同，它是测试部门测试需求是否符合用户的要求。显然这是有难度的，传统的测试工作都是从单元测试开始，编码之前全部做得都是计划性工作。测试人员对需求分析进行测试？那么前提条件是测试人员必须熟悉需求分析，这对测试人员的要求提高了。将需求测试人员作为测试人员中的特殊种类来培养，能够对需求是否正确进行检查，这样就能够在需求阶段就引入测试。当然需求测试人员可以是经过培训的需求分析人员，但是他必须脱离需求组，加入测试部门，这样才能保证测试不是自己人测自己，以保证测试的效果。

需求测试不等同于后面阶段集成测试或者系统测试，后面的测试都是软件已经编写完成的条件下，判断软件是否会出错。而需求测试，只是验证需求是否真的是用户的。对于需求的功能测试，可以用 RAD(Rapid Application Develop,快速应用开发)工具建立界面原型，用户通过原型的操作来确定是否需求跟他的期望相同。对于那些用户不合理的需求，测试人员要能够分辨出来，并跟用户进行核对，确定用户的真实需求。可以说需求测试是需求测试人员和用户共同来执行的。

之所以将需求测试和需求评审并行进行，是因为需求评审是项目的各方干系人共同进行的检查工作，评审工作关注的焦点是分散的，很难将偏离用户的需求检查出来，并且涉及的人很多，因此不可能耗费太长时间。而需求测试执行的时间可以比评审时间长，有专门的关注方面，能够检查出不合理的需求分析。在项目前期进行错误纠正，往往比实现后纠正要节约几百甚至几千倍的成本。

需求验证与确认是软件工程当中一项重要的活动。需求验证是需求工程中发生的对需求规格说明文档进行的验证与确认活动。需求验证有多种有效的方法，实践中最为重要和广泛应用是的评审方法和原型方法。

需求验证不仅要发现问题，而且要监督、跟踪问题的解决。验证和确认的过程贯穿于项目开发的每个阶段。尽早的了解系统需求，可很大程度上节约后期修改的成本。

习　题

1. 思考什么是软件需求验证。

2. 思考需求获取和需求验证的主要区别。

3. 思考如何进行软件需求验证。

4. 什么是原型和为什么要建立原型？

5. 试结合一例分析需求评审过程。

6. 思考如何对需求验证进行过程管理。

7. 怎样评价需求评审的质量？

8. 请您试比较几种需求建模的工具。

9. 思考如何根据实际情况选择合适的评审方法。

10. 理解需求测试的作用。

11. 思考如何编写测试用例。

第 10 章　软件需求管理

软件需求管理(Software Requirement Management)是软件工程中非常关键和复杂的过程之一。因为在软件项目的开发过程中,需求变更贯穿了软件项目的整个生命周期,从软件的项目立项、研发直到维护,用户经验的增加、使用软件感受的变化,以及整个行业的新动态,都不断为软件提出了完善功能、优化性能、提高用户友好性的要求。如果不能有效处理这些需求变更,则将导致这些需求未能在待开发的软件中得到体现,从而造成在最终项目验收中用户不满意,甚至项目延期或失败的严重后果。因此,为了对软件开发过程进行高效率的监督和管理,必须依靠需求管理机制来帮助企业管理和分析软件开发过程中的各种属性,提高软件开发的质量。

本章主要介绍软件需求管理的概念。需求管理的目的是在客户和遵循客户需求的软件项目之间建立对客户需求的共同理解。做好需求管理工作既能提高软件开发计划的有效性,也能减少修改软件错误的费用,提高开发效率,降低开发成本。

10.1　概　　述

10.1.1　需求开发与需求管理

需求分析的过程,也叫做需求工程和需求阶段。我们把所有与需求直接相关的活动通称为需求工程。需求工程如图 10.1 所示,包括需求开发和需求管理两大活动[43]。

需求开发与管理的目的如下:①在获得正确的用户需求基础上,经过分析和定义,最终生成项目的《用户需求说明书》和《软件需求规格说明书》;②借助需求管理寻求客户与开发方之间对需求的共同理解,控制需求的变更,维护需求与后续工作产品之间的一致性。

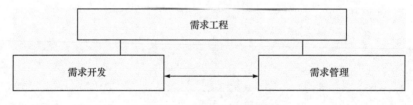

图 10.1　需求工程结构图

需求开发包括对一个软件项目需求的获取(Elicitation)、分析(Analysis)、规格说明(Specification)及验证(Verification)四个阶段。这四个阶段不一定是遵循线性顺序的,他们的活动是相互独立和反复的。典型需求开发的结果应该有项目视图和范围文档、使用实例文档、软件需求规格说明及相关分析模型。

需求开发活动包括以下几个方面。

(1) 确定产品所期望的用户类;

（2）获取每个用户类的需求；

（3）了解实际用户任务和目标以及这些任务所支持的业务需求；

（4）分析源于用户的信息以区别用户任务需求、功能需求、业务规则、质量属性、建议解决方法和附加信息；

（5）将系统级的需求分为几个子系统，并将需求中的一部分分配给软件组件；

（6）了解相关质量属性的重要性；

（7）商讨实施优先级的划分；

（8）将所收集的用户需求编写成规格说明和模型；

（9）评审需求规格说明，确保对用户需求达到共同的理解与认识，并在整个开发小组接受说明之前将问题都弄清楚。

需求管理作为需求工程的另外一大类活动，侧重于需求工程中的管理活动，是一种用于查找、记录、组织和跟踪系统需求变更的系统化方法，可用于获取、组织和记录系统需求并使客户和项目团队在系统需求变更上保持一致。

需求管理需要完成的任务包括：

（1）定义需求基线（迅速制定需求文档的主体）；

（2）评审提出的需求变更、评估每项变更的可能影响从而决定是否实施它；

（3）以一种可控制的方式将需求变更融入到项目中；

（4）使当前的项目计划与需求一致；

（5）估计变更需求所产生影响并在此基础上协商新的承诺（约定）；

（6）让每项需求都能与其对应的设计、源代码和测试用例联系起来以实现跟踪；

（7）在整个项目过程中跟踪需求状态及其变更情况。

需求管理的原则与方法：

（1）必须与需求工程的其他活动紧密整合；

（2）需求必须是文档化的、正确的、最新的、可管理的、可理解的；

（3）只要需求变化了，需求变更的影响就必须被评估；

（4）需求必须分优先级；

（5）需求一定要分类管理。

10.1.2 ISO9001 中对软件需求管理的要求

ISO9001 中与需求管理相关的条款主要是 4.3 合同评审。ISO9001 对合同评审的要求如下。

（1）组织要求。组织建立合同评审的职责、资源、规范程序，并形成有效文档。

（2）确定合同文档。与产品有关的、用户的各种要求都得到了明确的规定，并形成文档。

（3）合同评审。对合同内容必须进行评审，合同评审可以保证所有不完整的、含糊的或矛盾的客户要求予以解决；保证所有要求都与用户达成一致的理解；保证组织具有满足合同规定的客户需求的能力。

（4）合同修订。需求发生变化时，组织需要与有关部门（包括受影响的分供方）沟通，确保对用户的承诺以及修改得到一致的理解，并有持续保证的能力。针对变化的需求要进行合同修订，并将修订情况正确传递到有关职能部门。

（5）合同记录。保存合同、合同评审、合同修订等过程的数据和质量记录，作为工程能力度量和验证的依据。

10.1.3 CMM 及 CMMI 中对软件需求管理的要求

过程能力成熟度模型（Capability Maturity Model，CMM）对需求管理是一个有用的指导。在 CMM2 级中，包括 6 个关键过程域：需求管理、软件项目计划、软件项目跟踪与监控、软件子合同管理、软件质量保证、软件配置管理。相比于 CMM，软件能力成熟度模型集成（Capability Maturity Model Integrited，CMMI）进一步强调了对需求的重视。在 CMM 中，关于需求只有单独的需求管理关键过程域，而在 CMMI 中关于需求有两个过程域，分别为 CMMI 2 级的需求管理过程域和 CMMI 3 级的需求开发过程域。

CMMI 将各过程模型整合为一个单一的集成化框架，从而消除了各个模型的不一致性，减少了模型间的重复，能够从总体上改进组织的质量和效率。CMMI 有阶段式和连续式两种表述方式。CMMI 的阶段式模型包含初始、可重复、定义、管理、优化五个等级，每个等级包含若干过程域，每个过程域包含若干特定目标和一个通用目标，并通过相应的特定实践和通用实践来实现这些目标。通用目标是指某一等级多个过程域都具有的相同的目标。特定目标是指单个过程域所具有的特殊的目标，特定目标可以有多个，它们描述了为达到这个过程域所必须要做的工作。通用实践和特定实践则是指为了实现通用目标或特定目标所要进行的实践[44]。

CMMI 确定需求管理的特定目标为：管理需求，即标识需求和项目计划及工作产品的不一致性。其对应的特定实践如下。

1）获得对需求的理解

获得对需求的理解就是与需求的提供者就需求的含义达成理解。随着项目的进展和需求不断地产生，所有的活动或领域都会接收到需求。为了避免需求的蔓延，要建立标准以指定接收需求的合适的途径或正式的来源。接收需求的活动是引导需求提供者共同进行需求分析以确信对需求含义的理解达到了相容和共识。这种分析和对话的结果才是一个一致认定的需求集合。

作为需求管理的特定实践，"获得对需求的理解"强调的是对获得需求理解的过程管理，包括要建立需求提供者的标准清单、建立需求评估和接受需求的标准、依据标准对需求进行分析，然后得到一个一致认可的需求集。这样一个过程管理，可以使需求开发者规避需求实践中易犯的一些需求戒律，也可以有效地解决项目开发过程中经常发生的下列问题。

（1）开发成员贸然地接受某个用户的需求变动，而这种变动可能和原先的需求相背，或与系统的其他需求相违背。

（2）不同用户提出的需求的不一致性。

（3）同一用户对同一需求在不同时间上的不一致性。

（4）需求分析人员对用户需求理解的偏差造成的需求不一致性。

对应的子实践包括：

（1）建立辨别合理的需求提出者的标准。

（2）建立用于评审和验收需求的客观标准。

（3）分析需求,确保符合已建立的标准。

（4）就需求与需求提供者达成共识,使项目参与者能够对它们做出承诺。

2）获取项目参与者对需求的承诺

获取对需求的承诺就是获取项目参与者对需求的承诺。上一个特定实践是与需求提供者达成对需求理解,而本实践则是对要完成实现需求所必需的活动的所有成员,对需求达成一致和承诺。需求的开发始终贯穿于项目过程中,在需求开发过程域和技术解决方案过程域有特别的描述。随需求开发的进展,本实践确保项目成员对当前已认可的需求和导致的项目计划、活动和工作产品的变化作出承诺。

所谓承诺是指产品开发的相关人员能依据需求开发出符合需求的产品。本实践包含了以下含义。

（1）需求的承诺包括项目设计人员、开发人员以及测试维护人员等所有参与开发活动的成员。

（2）需求的发展和变化贯穿于整个项目中,所以上述人员对需求的承诺也贯穿于整个项目中。

（3）不仅是需求需要承诺,由需求发展或变化导致的项目计划、活动以及工作产品的变化也需要上述成员作出承诺。

对应的子实践包括:

（1）评估需求对现有承诺的影响;

（2）协商并记录承诺。

3）管理需求变更

在项目推进期间,需求会由于各种各样的原因而发生变更。随着原来的需要发生变化和工作的推进,将会产生一些附加的需求,因此需要对现行的需求做出相应的变更。有效地管理这些需求和需求变更相当重要。项目相关负责人需要了解每个需求的来源并且把变更的理由形成文件。项目的相关风险承担者需要评价需求变更的影响,以决定是否进行变更。

有成效的管理需求变更包含了两个含义,其一是管理需求变更要有好的效果,其二是要有高的效率。一个需求的变更可能会引起一连串的连锁反应,能够准确、全面并且是在较短时间内找到相关需求、进行评估并作出相应的变更应该是需求变更管理的主要任务。

对应的子实践包括:

（1）将所有的需求与需求变更形成文件,不论是外界要求的或是由项目自身产生;

（2）维护需求变更的历史及变更的理由;

（3）从相关干系人的立场出发,评估需求变更的影响;

（4）保证需求与变更数据可供项目使用。

4）维护对需求的双向可追溯性

这个特定实践的目的在于维护对每个产品分解层的双向溯源性。如果需求管理得好,就可以建立起从来源需求到它的较低层次需求的溯源性,和从较低层次需求到它们的来源需求的溯源性。这种双向溯源性有助于确定是否所有来源需求都完全得到处理,是否所有的低层需求都可以溯源到某个有效的来源。需求的溯源性还可以覆盖与其他实体的关系,例如与产品、设计文档的变更、测试计划、验证、确认以及工作任务等的关系。溯源性应该覆盖横向和纵向的关系。

建立需求的双向跟踪,不仅是管理和控制需求变更的主要手段,也是保证需求完整性和一致性的有力工具,而需求的完整性和一致性是"获得对需求的理解"实践中接受需求的客观标准。其中,一致性本身就是需求变更控制的目的之一,当某个需求发生变化,已经建立起来的需求的跟踪可以帮助你找到可能存在的由此变更引起的不一致的需求;而在完整性上,一方面可以通过高层需求以垂直跟踪形式向低一层需求的延伸、细化得以体现,另一方面在子系统间的水平跟踪中更容易让开发者发现系统间交叉部分是否存在遗漏的需求。

对应的子实践包括:

(1) 维护需求的可跟踪性,确保较低层次(或派生)需求的来源被记录成文件。

(2) 维护需求的可跟踪性,从需求到派生需求,以及从需求分配到功能、接口、目标、人员、过程及工作产品。

(3) 制作需求跟踪矩阵。

5)标识项目计划和工作产品与需求的不一致性

这个特定实践旨在发现需求与项目计划和工作产品之间的不一致,并且启动纠正措施。对应的子实践包括:

(1) 检查项目计划、项目活动和工作产品与需求及需求变更的一致性。

(2) 标识不一致性的来源和原因。

(3) 标识由需求基线的变化而导致的计划和工作产品的变更。

(4) 启动纠正措施:实施上述的变化。

需求管理过程域的五个特定实践之间的关系如图10.2所示。

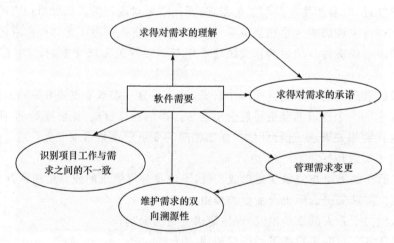

图 10.2 需求管理过程域的 5 个特定实践之间的关系

总的来说,良好的需求管理应当具有以下几个特征:能够在开发周期的初期就建立需求模型;建模的成本很低;易于以后的具体化和优化;本身能体现最终解决方案的特征。也许某些细节是抽象的,但需求管理模型本身必须是完整的。需求模型不应当具有诱导性或倾向性,必须为开发工作留有充分发挥和优化的空间。同时,我们能够通过需求模型对最终产品做出评估。

10.2　需求管理活动实践

在需求管理的实际操作过程中,把需求管理归纳为 3 个方面的内容:需求定义的管理、需求实现的管理及需求变更的管理。一般认为,软件需求管理并不包括需求的收集和分析,而是假定组织已收集了软件需求或已经明确地给出了需求的定义。

在需求管理活动实践中,定义了 3 个规程:需求确认、需求跟踪、需求变更[45]。这 3 个规程基本覆盖了 CMM2 的需求管理关键过程域的大部分关键实践,但有些关键实践没有被覆盖到,这些没有被覆盖到的关键实践是通过组织的其他规程来覆盖的。

(1)需求确认。需求确认是指开发方和客户共同对需求文档进行评审,双方对需求达成共识后作出书面承诺,使需求文档具有商业合同效果。

(2)需求跟踪。需求跟踪是指通过比较需求文档与后续工作成果之间的对应关系,建立与维护"需求跟踪矩阵",确保产品依据需求文档进行开发。

(3)需求变更控制。需求变更控制是指依据"变更申请—审批—更改—重新确认"的流程处理需求的变更,防止需求变更失去控制而导致项目发生混乱。

需求管理强调,控制对需求基线的变动,保持项目计划与需求一致,控制单个需求和需求文档的版本情况,管理需求和联系链之间的联系或管理单个需求和其他项目可交付品之间的依赖关系,跟踪基线中需求的状态。

需求管理产生的主要文档有[45]:

(1)《需求评审报告》;

(2)《需求跟踪报告》;

(3)《需求变更控制报告》。

10.2.1　需求管理流程中的角色

(1)产品经理。需求主要负责人,负责需求管理活动的定期评审和决策评审。通常也是需求的配置控制小组成员。

(2)项目经理。根据需求制定项目计划,负责项目开发计划。

(3)系统分析员。负责需求分配过程活动,负责《软件需求规格说明书》的撰写。

(4)配置控制小组(CCB)。负责对《软件需求规格说明书》、软件需求配置项、软件需求基线、需求变更的评审。

(5)软件开发组。负责软件需求的实现。参与需求管理活动。

(6)质量保证(SQA)小组。负责对软件需求管理活动的测评,保证需求管理活动质量。

(7)配置管理(SCM)小组。负责组织《软件需求跟踪说明书》的撰写,负责需求配置库、需求基线的管理。

(8)测试组。负责需求实现的测试验证。

(9)同行专家。参与正规检视和评审活动。

（10）上级管理部门。负责对需求管理活动的定期和阶段评审。

10.2.2　需求基线

实施版本控制的基础是需求基线（Requirement Baseline）。所谓需求基线就是项目组成员一经承诺将在某一特定产品版本中实现的功能性和非功能性需求的集合。需求基线的确定可以保证项目的涉众各方可以对发布的产品中希望具有的功能和属性有一个一致的理解。

需求基线一般包括以下内容，只要通过评审即可成为基线。

（1）分配需求文档或客户的原始需求；

（2）业务规格说明书；

（3）需求规格说明书或系统原型。

需求基线具有如下三个特点：

（1）已经经过正式评审并得到认同；

（2）作为进一步工作的基础；

（3）只有经过正式的变更控制流程才能更改。

10.2.3　需求确认

需求确认是指开发方和客户方共同对需求文档如《用户需求说明书》和《产品需求规格说明书》进行评审，双方对需求达成共识后作出承诺。《用户需求说明书》和《产品需求规格说明书》可以分开也可以放在一起进行需求确认，视项目的具体情况而定[45]。

需求确认包含两个重要工作："需求评审"和"需求承诺"。需求确认的一般规程如表 10.1所示。

表 10.1　需求确认的规程

目的	开发方和客户对需求文档进行评审，并作书面承诺
入口条件	需求文档如《用户需求说明书》和《软件需求规格说明书》已经完成
输入	需求文档如《用户需求说明书》和《软件需求规格说明书》
步骤	1）项目经理先在项目内部组织人员进行非正式的需求评审，以消除明显的错误和分歧 2）项目经理邀请同行专家、研发部门经理和用户（包括客户和最终用户）一起评审需求文档，尽最大努力使需求文档能够正确无误地反映用户的真实意愿 3）当需求文档通过正式的评审之后，系统分析员准备《需求确认表》 4）项目经理和研发部门经理及客户对需求文档进行确认，填写《需求确认表》，并在确认意见和需求承诺上签字 5）配置管理员将已经确认的《用户需求说明书》和《软件需求规格说明书》纳入配置管理，并建立软件需求基线
输出	需求评审记录；《需求确认表》；开发方和客户作出的需求承诺
结束条件	需求文档通过了正式评审，并且获得了开发方和客户的书面承诺

1. 需求评审

需求评审是产品总体组对软件需求规格说明书进行评审,必要时邀请其他部门或上级同行参加,其目的是最终确定软件需求的规格。需求评审的入口条件是完成了符合要求的《软件需求规格说明书》。

对工作成果的技术评审有两类方式:一类是正式技术评审;另一类是非正式技术评审。对于任何重要的工作成果,都应该至少执行一次正式技术评审,建议在正式技术评审之前进行若干次非正式技术评审。

需求评审的规程与其他重要工作成果(如系统设计文档、源代码)的评审规程非常相似,主要区别在于评审人员的组成不同。前者由开发方和客户方的代表共同组成,而后者通常来源于开发方内部。

需求评审报告的模板见表10.2[45]。

表 10.2　需求评审报告模板

<table>
<tr><td colspan="3" align="center">需求评审报告</td></tr>
<tr><td colspan="3">1. 基本信息</td></tr>
<tr><td>待评审的成果</td><td colspan="2">名称,标识符,版本,作者,时间</td></tr>
<tr><td>技术评审方式</td><td colspan="2">正式技术评审 / 非正式技术评审</td></tr>
<tr><td>评审时间</td><td colspan="2"></td></tr>
<tr><td>评审地点</td><td colspan="2"></td></tr>
<tr><td>评审人员名字</td><td>工作单位</td><td>职务职称</td></tr>
<tr><td></td><td></td><td></td></tr>
<tr><td></td><td></td><td></td></tr>
<tr><td></td><td></td><td></td></tr>
<tr><td colspan="3">2. 问题记录及处理意见</td></tr>
<tr><td>问题记录</td><td colspan="2">处理意见</td></tr>
<tr><td>Problem A</td><td colspan="2"></td></tr>
<tr><td>Problem B</td><td colspan="2"></td></tr>
<tr><td>Problem C</td><td colspan="2"></td></tr>
<tr><td colspan="3">3. 评审结论</td></tr>
<tr><td rowspan="3">评审结论</td><td colspan="2">[　]工作成果合格,"无需修改"或者"需要轻微修改但不必再审核"</td></tr>
<tr><td colspan="2">[　]工作成果基本合格,需要作少量的修改,之后通过审核即可</td></tr>
<tr><td colspan="2">[　]工作成果不合格,需要作比较大的修改,之后必须重新对其评审</td></tr>
<tr><td colspan="3">负责人签字</td></tr>
</table>

2. 需求承诺

需求承诺是指开发方和客户方的责任人对通过了正式技术评审的需求文档作出承诺,该承诺具有商业合同的效果。需求承诺的简单模板如表10.3所示。

表 10.3　需求承诺书

需求承诺
×××项目需求文档——《×××需求说明书》,版本号:×.×.×,是建立在×××与×××双方共同对需求理解的基础之上,同意后续的开发工作根据该工作产品开展。如果需求发生变化,双方将共同遵循项目定义的"变更控制规程"执行。需求的变更将导致双方重新协商成本、资源和进度等。<div align="right">甲方签字 乙方签字</div>

10.2.4　需求跟踪

　　CMMI 要求具备需求跟踪能力。软件产品工程活动的关键过程域有关于它的陈述,"在软件工作产品之间,维护一致性。工作产品包括软件计划,过程描述,分配需求,软件需求,软件设计,代码,测试计划,以及测试过程。"需求跟踪过程中还定义了一些关于一个组织如何处理需求跟踪能力的期望。

　　需求跟踪是指跟踪一个需求使用期限的全过程。需求跟踪包括编制每个需求同系统元素之间的联系文档,这些元素包括其他类型的需求、体系结构、其他设计不见、源代码模块、测试、帮助文件等。需求跟踪为我们提供了由需求到软件产品实现整个过程范围的明确查阅的能力。需求跟踪的目的是建立与维护"需求—设计—编程—测试"之间的一致性,确保所有的工作成果符合用户的需求。在某种程度上,需求跟踪提供了一个表明与合同或说明一致的方法,可以改善产品质量,降低维护成本,而且很容易实现重用。

表 10.4　需求跟踪的规程[45]

目的	将系统设计、编程、测试等阶段的工作成果与需求文档进行比较,建立与维护"需求文档—设计文档—代码—测试用例"之间的一致性,确保产品依据需求文档进行开发
入口条件	1) 需求文档已经通过正式评审并获得开发方和用户的承诺 2) 系统设计、编程、测试等阶段的工作成果已经产生
输入	《软件需求规格说明书》;《软件开发计划》;需求配置基线;《需求跟踪说明书》
主要步骤	1) 建立与维护需求跟踪矩阵 2) 查找不一致 3) 消除不一致
输出	需求跟踪报告(包含需求跟踪矩阵和问题处理)
结束准则	1) 每个开发阶段的"需求跟踪矩阵"都已经建立 2) 已经消除了需求文档与后续工作成果之间的不一致性

1. 需求跟踪内容

　　(1) 设计的需求跟踪。建立需求和软件部件、软件程序、单元/函数的跟踪对应关系,更新跟踪数据表文档索引中的设计文档数据。更新《需求跟踪说明书》。

　　(2) 实现的需求跟踪。对需求和软件部件、软件程序、单元/函数的跟踪对应关系进行维护,更新跟踪数据表文档索引中的代码数据。更新《需求跟踪说明书》。

（3）测试的需求跟踪。对需求和软件部件、软件程序、单元/函数的跟踪对应关系进行维护，更新跟踪数据表文档索引中的测试文档数据。更新《需求跟踪说明书》。

（4）验证的需求跟踪。对需求和软件部件、软件程序、单元/函数的跟踪对应关系进行维护，更新跟踪数据表文档索引中的验证（验收测试文档）数据。更新《需求跟踪说明书》。

2. 需求跟踪矩阵

需求跟踪有两种方式：

（1）正向跟踪：检查《产品需求规格说明书》中的每个需求是否都能在后继工作成果中找到对应点；

（2）逆向跟踪：检查设计文档、代码、测试用例等工作成果是否都能在《产品需求规格说明书》中找到出处。

正向跟踪和逆向跟踪合称为"双向跟踪"。不论采用何种跟踪方式，都要建立与维护需求跟踪矩阵（即表格）。当《软件需求规格说明书》通过评审之后，项目经理应组织根据确定的需求跟踪的粒度编制《需求跟踪矩阵》，且项目经理指定人员对需求跟踪矩阵进行个人复查，确保跟踪粒度合适、跟踪项适用[45]。

随着软件设计、编码，以及测试开发的不断推进，在各个阶段产品形成时，将相关的信息填入需求跟踪矩阵，建立阶段工作产品与需求的对应关系，并由质量管理人员对其完整、正确、一致性进行确认。对于已纳入需求跟踪矩阵的相关工作产品的变更，则由配置管理人员在每次变更完成后根据变更修改需求跟踪矩阵的对应关系，在每个里程碑时由项目经理指定人员负责对跟踪矩阵的完整、正确、一致性进行确认。

需求跟踪矩阵单元之间可能存在"一对一"、"一对多"或"多对多"的关系。由于对应关系比较复杂，最好在表格中加必要的文字解释。表 10.5 为一简单的需求跟踪矩阵示例[45]。

表 10.5　简单的需求跟踪矩阵示例

	需求规格说明书（版本，日期）	设计文档（版本，日期）	代码（版本，日期）	测试用例（版本，日期）
1	标题或标识符，说明	标题或标识符，说明	代码名称，说明	测试用例名称，说明
2	…	…	…	…

需求跟踪矩阵的使用贯穿了整个软件开发生命周期，保存了需求与后继工作成果的对应关系。使用需求跟踪矩阵的优点是很容易发现需求与后继工作成果之间的不一致，有助于开发人员及时纠正偏差，避免干冤枉活。从最开始的需求阶段一直到最后的确认测试阶段，任何对软件工作产品的变更都会影响到需求跟踪矩阵，使其能够在生命周期任何时刻反应各个软件工作产品之间的对应关系，达到有效控制各个软件开发阶段产物，从而控制整个软件开发的质量的目的。

实际上，创建需求跟踪能力是困难的，尤其是在短期之内会造成开发成本的上升，虽然从长远来看可以减少软件生存期的费用，软件团体在实施这项能力的时候应循序渐进，逐步实施。

3. 需求跟踪的步骤

第一步,选择一个适于本项目的需求跟踪联系链。只有建立了明确的联系链才可以了解各需求之间的父子关系、相互连接和依赖关系。

第二步,选择跟踪矩阵类型。跟踪矩阵分为单矩阵和多矩阵。两种矩阵都可以明确地显示一个需求的相关联系,而作为多矩阵的好处就是可以追溯到一个需求的特定用例,而且,便于自动工具的支持。

第三步,根据项目中各部分的重要性,有选择性的进行部分的跟踪。

第四步,更新联系链。在需求发生变动后一定要及时地更新联系链。

第五步,确定联系链的信息提供人员以及管理人员。

第六步,要定期审查跟踪信息,以确保信息最新。

10.2.5 需求变更管理

当完成需求说明之后,不可避免地还会遇到项目需求的变更。根据需求工程思想定义,需求说明书一般要经过论证,如果在需求说明书经过论证后,需要在原有的基础上追加和补充新的需求,或对原有需求进行修改和削减均属于需求变更。

有效的变更管理需要对变更带来的潜在影响及可能的成本费用进行评估,其在于维护清晰明确的需求阐述、每种需求类型所适用的属性,以及与其他需求和其他项目工件之间的可追踪性。需求变更管理活动包括:

(1) 定义需求基线;

(2) 评审需求变更并评估每项需求变更对软件产品的影响从而决定是否实施它;

(3) 以一种可控制的方式将需求变更融入当前的软件项目;

(4) 让当前的项目计划和需求保持一致;

(5) 估计变更所产生的影响并在此基础上协商新的约定;

(6) 实现通过需求可跟踪对应的设计、源代码和测试用例;

(7) 在整个项目过程中跟踪需求状态及其变更情况。

对大多数项目而言,需求发生若干次变更似乎是不可避免的。这时,如果开发团队缺少明确的需求变更控制过程或采用的变更控制机制无效,或不按变更控制流程来管理需求变更,那么很可能造成项目进度拖延、成本不足、人力紧缺,甚至导致整个项目失败。当然,即使按照需求变更控制流程进行管理,由于受进度、成本等因素的制约,软件质量还是会受到不同程度的影响。但实施严格的软件需求管理会最大限度地控制需求变更给软件质量造成的负面影响,这也正是我们进行需求变更管理的目的所在。

无论需求变化的程度如何,只要需求变化了就必须进行评估,这是基本的原则。此外,在一个项目组中必须明确定义一个需求管理员,由他负责整个项目的需求管理工作,确保在发生需求变更时,受影响的产品能得到修改并与需求的变更保持一致,受影响的其他组也必须与客户协商一致。变化并不是人们最害怕的,最怕的是跟不上变化的步伐。同样,在软件开发过程中需求的变更会给开发带来不确定性,但只要把需求变更作为重点、难点小心加以控制,软件开发的进度、成本和质量也就有了"安全"的基础。

需求变更的一般规程如表 10.6 所示。

表 10.6　需求变更的规程

目的	最大限度地控制需求变更给软件质量造成的负面影响
入口条件	项目组成员或客户提出变更"原需求文档"的申请
输入	1. 原需求文档 2. 需求变更申请表（包括变更的原因以及变更的内容）
主要步骤	1. 项目经理收集"需求变更申请表" 2. 需求变更影响分析 3. 审批需求变更申请 4. 更改需求文档 5. 更新需求变更涉及的工作产品 6. 需求变更汇总
输出	1. 需求变更申请表 2. 需求变更汇总表
结束准则	1. 每个开发阶段的"需求跟踪矩阵"都已经建立 2. 已经消除了需求文档与后续工作成果之间的不一致性

需求变更的控制，主要有以下几个原则。

（1）建立需求基线。需求基准是要求变更的依据。在开发过程中，需求确定并进过审评后（用户参与审评），可以建立第一个需求基线，此后每次变更并经过审评能更控制流程后，都要重新确定新的需求基线。建立需求基准版本和需求控制版本文件确定一个需求基准，这是一致性需求在特定时刻的快照。之后的需求变更就遵循变更控制过程即可。每个版本的需求规格说明都必须是独立说明，以避免将底稿和基准或新旧版本相混淆。最佳的办法是使用合适的设置管理工具在版本控制下为需求文件定位。

（2）制定简单有效的制定简单有效的控制流程，并形成文档。在建立了需求基线后提出的所有变更都必须要遵循这个控制流程，进行控制，同时，这个流程具有一定的普遍性，对以后的项目开发和其他项目都有借鉴作用。

（3）成立项目变更委员会（CCB）或者职能的类似组织，负责裁定接受那些变更。CCB 由项目所涉及的多方人员共同组成，应该包括用户和开发方的决策人员在内。

（4）需求变更一样要先申请后在评估，最后经过变更大小相当级别的评审确认。

（5）需求变更后，受影响的软件计划，产品，活动都要进行相应的变更，以保持和更新需求一致。

（6）妥善保管变更产生的相关文档。

总的来说，需求变更控制一般要经过变更申请、变更评估、决策、回复这四大步骤。如果变更被接受，还要增加实施变更和验证两个步骤，有时还会有取消变更的步骤。需求变更控制的一般规程如表 10.7 所示。

表 10.7　需求变更控制的规程

目的	1) 修改"原需求文档"中不正确的内容,产生新的需求文档
	2) 控制需求文档的变更,防止项目发生混乱
角色与职责	开发方和客户方共同控制需求变更
启动准则	某人(来自开发或客户方)提出变更"原需求文档"的申请
输入	原需求文档(指已经通过了评审并获得书面承诺的需求文档)
主要步骤	第一步:变更申请
	第二步:审批
	第三步:更改需求文档
	第四步:重新确认需求
	第五步:结束变更
输出	《需求变更控制报告》
结束准则	新的需求文档已经完成并被确认
度量	项目经理统计工作量和上述文档的规模

《需求变更控制报告》的参考模板如表 10.8 所示。

表 10.8　需求变更控制的参考模板

第一步:需求变更申请	
申请变更的需求文档	(输入需求文档的名称,版本,日期等信息)
变更的内容及其理由	
评估需求变更将对项目造成的影响	
申请人签字	

第二步:审批		
开发方负责人审批	(审批意见)	签字 日期
客户审批 (限于合同项目)	(审批意见)	签字 日期

第三步:更改需求文档	
变更后的需求文档	(输入名称,版本,完成日期等信息)
更改人签字	

第四步:重新确认需求		
开发方和客户方共同评审新的需求文档	(评审意见)	签字 日期

第五步:结束变更
开发方负责人签字

以下是软件开发人员在需求变更管理实践中的几个方法。

1）相互协作

很难想象遭到用户抵制的项目能够成功。在讨论需求时,开发人员与用户应该尽量采取相互理解、相互协作的态度,对能解决的问题尽量解决。即使用户提出了在开发人员看来"过分"的要求,也应该仔细分析原因,积极提出可行的替代方案。

2）充分交流

需求变更管理的过程很大程度上就是用户与开发人员的交流过程。软件开发人员必须学会认真听取用户的要求、考虑和设想,并加以分析和整理。同时,软件开发人员应该向用户说明,进入设计阶段以后,再提出需求变更会给整个开发工作带来什么样的冲击和不良后果。

3）安排专职人员负责需求变更管理

有时开发任务较重,开发人员容易陷入开发工作中而忽略了与用户的随时沟通,因此需要一名专职的需求变更管理人员负责与用户及时交流。

4）合同约束

需求变更给软件开发带来的影响有目共睹,所以在与用户签订合同时,可以增加一些相关条款,如限定用户提出需求变更的时间,规定何种情况的变更可以接受、拒绝接受或部分接受,还可以规定发生需求变更时必须执行变更控制流程。

5）区别对待

随着开发进展,有些用户会不断提出一些在项目组看来确实无法实现或工作量比较大、对项目进度有重大影响的需求。遇到这种情况,开发人员可以向用户说明,项目的启动是以最初的基本需求作为开发前提的,如果大量增加新的需求(虽然用户认为是细化需求,但实际上是增加了工作量的新需求),会使项目不能按时完成。如果用户坚持实施新需求,可以建议用户将新需求按重要和紧迫程度划分档次,作为需求变更评估的一项依据。同时,还要注意控制新需求提出的频率。

6）选用适当的开发模型

采用建立原型的开发模型比较适合需求不明确的开发项目。开发人员先根据用户对需求的说明建立一个系统原型,再与用户沟通。一般用户看到一些实际的东西后,对需求会有更为详细的解释,开发人员可根据用户的说明进一步完善系统原型。这个过程重复几次后,系统原型逐渐向最终的用户需求靠拢,从根本上减少需求变更的出现。目前业界较为流行的迭代式开发方法对工期紧迫的项目的需求变更控制很有成效。

7）用户参与需求评审

作为需求的提出者,用户理所当然是最具权威的发言人之一。实际上,在需求评审过程中,用户往往能提出许多有价值的意见。同时,这也是由用户对需求进行最后确认的机会,可以有效减少需求变更的发生。

10.3 需求风险管理

所谓风险是可能给项目的成功带来威胁或损失的情况。这种情况还没有发生,也没有带来问题,而你希望它永远不会发生。但这些潜在的问题可能会给项目成本费用、进度安排、技术方面、产品质量及团队工作效率等带来较大的负面影响。

由于需求说明在软件项目中扮演着一个核心的角色,故精明的项目管理者会在初期就指明与需求相关的风险并积极地管理和控制它们。

需求风险管理中先要识别需求风险,然后进行需求风险评价,分析风险发生条件、可能性、危害、避免方法,最后对需求中所有风险进行计划管理,有效控制风险,降低风险的危害。

需求风险管理包括的活动如图 10.3 所示。

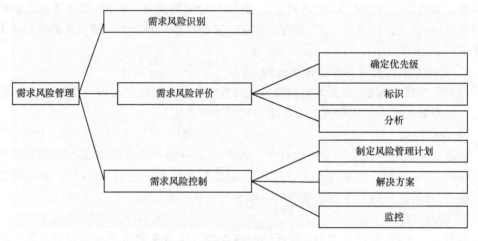

图 10.3　需求风险管理包括的活动

10.3.1　需求风险识别

需求风险识别过程主要是通过对需求分析阶段的需求风险进行识别,确定初始风险清单。然后针对每项需求风险,识别出相关风险源。风险识别过程将会得到一个包含所有需求风险和风险源的最终风险清单,作为下一步进行需求风险评价的基础。

需求风险来源从宏观上涉及两个方面:一是需求本身,二是环境。需求分析涉及两个主体:一是需求提供方,二是需求分析方。需求风险实际上是这四个因素的函数,可用下式(1)来表示。

$$RR = f(R, E, RP, RA) \tag{1}$$

其中各符号意义如下:

RR-Requirements Risk,需求风险

R-Requirements,需求(本身)

E-Environment,环境

RP-Requirements Provider,需求提供方

RA-Requirements Analyzer,需求分析方

具体来说,需求风险贯穿了需求工程的整个生命周期,需求获取、需求分析、需求规格说明、需求验证及需求管理等各个阶段都充满了各种各样的风险,下面是各个阶段存在的风险的举例说明。

1) 需求获取

(1) 用户对自身需求比较模糊,对于信息系统建设没有一个正确的认识,想当然地认为,需求分析者应该自己去分析,但是用户对业务规则和工作流程不愿意细谈或者无法描述。

(2) 需求分析人员对用户的需求,不作慎重考虑,随便答应用户,导致有些技术问题需要花费较大的成本去做,并且最终实现的功能对用户来说并没有什么意义。

(3) 需求完整度较难把握。由于新的需求会经常出现,一个系统很难把所有的功能点一次性罗列出来。

(4) 用户可能会有一些隐含的期望要求,但并未说明。

(5) 需求分析人员缺少相关业务知识,有没有很好地与用户沟通,以至于没有真正发现用户的潜在需求,导致软件项目实施过程中需求的频繁变更。

2) 需求分析

(1) 需求分析不够详细,导致在设计与开发阶段,偏离真正的需求,最终导致返工。同时,对于有些可以设计成通用的需求,开发人员往往会做冗余设计。

(2) 需求分析的时间不足。

(3) 采用不熟悉的技术、方法、语言、工具或硬件平台,影响了项目的速度跟进情况。

3) 需求规格说明

(1) 需求文档描述的多义性,导致设计、开发、测试等相关人员产生多种理解,影响项目的进度甚至还有可能导致返工。

(2) 文档对软件性能分析不足,没有具体量化的性能要求指标,结果会导致软件后期返工,严重时会导致整个软件项目的失败。

(3) 在需求规格说明中包括了设计,对开发人员造成不必要的限制并妨碍他们发挥创造性设计出最佳的方案。应仔细评审需求规格说明以确保它是在强调解决业务问题需要做什么,而不是在说怎么做。

4) 需求验证

(1) 需求未验证,导致后期才发现需求错误。

(2) 评审人员不懂得怎样正确地评审需求文档和怎样做到有效评审。

5) 需求管理

(1) 公司对需求分析阶段的认识和重视程度不够,缺少良好的需求评审和管理机制。

(2) 用户需求经常变动,需求人员盲目满足用户合理与不合理的需求,导致设计、开发、测试等工作量与项目费用提高。

仅仅认识到需求阶段面临的风险是远远不够的,还应该将其编写成文档并妥善进行管理,这样可以让风险承担者了解在需求分析过程中的风险情况和状态。表10.9提供了一个需求风险清单的模板。

表10.9　需求风险清单

编号	发现日期	风险类型	风险来源	风险描述

10.3.2 需求风险评估

需求风险评估主要是针对上一阶段得到的需求风险清单逐一进行评估,对所提到的风险进行详细分析并提出相应的风险回避措施。

一个好的需求分析通常应满足以下标准,即明确、完整、一致、可跟踪、可测试、可修改。其中,"明确、完整、一致"是需求开发的要求;"可跟踪、可测试、可修改"是需求管理的要求。

10.3.3 需求风险控制

采取风险控制(Risk Control)的方法来管理那些已被发现为高优先级的风险。制定风险管理计划是一项处理具有一旦发生,影响较大的风险的计划,包括降低风险的方法、应急计划、负责人和截止日期。应尽量避免让风险成为真正的问题,或即便问题发生了,也应尽量让其影响降低到最小。风险不能够自我控制,所以风险解决方案就包括了降低、减少每项风险的执行计划。最后,通过风险监控(Risk Monitoring)来跟踪风险解决过程的进展情况。这也是例外的项目状态跟踪的一部分内容。监控可以很好了解降低风险工作的进展情况,可以定期地修订先前风险清单的内容和划分的优先级。

10.4 需求管理工具

基于文档存储需求的方法有若干限制。例如:

(1) 很难保持文档与现实的一致;

(2) 通知受变更影响的设计人员是手工过程;

(3) 不太容易做到为每一个需求保存增补的信息;

(4) 很难在功能需求与相应的使用实例、设计、代码、测试和项目任务之间建立联系链;

(5) 很难跟踪每个需求的状态。

需求管理工具使用多用户数据库保存与需求相关的信息,让你不必担心以上的问题。小一点的项目可以使用电子表格或简单的数据库管理需求,既保存需求文本,又保存它的几个属性。大项目可以从使用商业需求管理工具中获益,其中包括让用户从源文档中产生需求,定义属性值,操作和显示数据库内容,让需求以各式各样的形式表现出来,定义跟踪能力联系链,让需求同其他软件开发工具相连等功能。在考虑自行开发工具前先调查一下是否有可用的成熟工具。

我们把这些工具称为需求管理而不是需求开发工具。这些工具不会帮助你确认未来的客户或者从项目中获得正确的需求。然而,你可以获得许多灵活性,可用来在整个开发期间管理需求的变动,使用需求作为设计、测试、项目管理的基础。这些工具不会代替已定义用来描述如何获取和管理需求的处理过程。尽管其他方法同样可以完成工作,但为了高效率就应该使用工具。不要试图把使用工具作为缺乏方法、训练或理解的补充。

需求管理工具最大的区别是以数据库还是以文档为核心。

以数据库为核心的产品(例如 Caliber-RM 和 DOORS)把所有的需求、属性和跟踪能力信息存储在数据库中。依赖于这样的产品,数据库可以或是商业(通用)的或是专有的,关系型或面向对象的。可以从不同的源文档中产生需求,但结果都存在数据库中。在大多数情况下需求的文本描述被简单地处理为必需的属性。有一些产品可以把每个需求与外部文件相联系(微软的 Word 文件,Excel 文件,图形文件,等等)。通过这些文件提供额外补充性的需求说明。

以文档为核心的方法使用 Word 或 Adobe 公司的 FrameMaker 等字处理程序制作和存储文档。RequisitePro 通过允许选择文档作为离散需求存储在数据库中以加强以文档为核心的处理方法的能力。只要需求存储在数据库中,你可以定义属性和跟踪能力联系链,如同以数据库为核心的工具。该工具同时提供一些机制同步数据库和文档的内容。QSSrequireit 不使用分离的数据库;而是在 Word 需求文档中的文本后面插入一个属性表。RTM Workshop 两方面都包括在内,尽管是以数据库为核心,但允许从 Word 中维护需求。

很多需求管理工具都提供了强大的功能用来定义每类需求的属性,例如业务需求、使用实例、功能性需求、硬件需求、非功能性需求和测试等,帮助用户在整个开发期间灵活管理需求的变动,提高工作效率,带来如下显而易见的好处[46]:

1)管理版本和变更

项目应定义需求基线,基线是每个版本所包括的需求的集合。一些需求管理工具提供灵活的设定基线功能。这些工具可以自动维护每个需求的变动历史,这比手工操作要优越得多。可以记录变更决定的基本原则并可根据需要返回到以前的需求版本。通常这些工具包括一个内建的变动建议系统,它可以与变更请求所涉及的需求直接联系。

2)存储需求属性

对每一个需求应该保存一些属性,有关人员应能看到这些属性,选择合适的人员更新这些属性值。需求管理工具产生几个系统定义的属性(例如,需求创建日期和版本号),同时允许定义不同数据类型的其他属性。可以通过排序,过滤,查询数据库来显示满足属性要求的需求子集。

3)帮助影响分析

通过定义不同种类的需求,子系统的需求,单个子系统和相关系统部件。例如:例子、设计、代码和测试等各个部分之间的联系链,工具可以确保需求跟踪。联系链可以帮助用来对特定需求所做的变动进行影响分析,即通过确定影响涉及的系统部件来做到这一点。最好的是这些工具可以查到功能需求的来源。

4)跟踪需求状态

利用数据库保存需求可以很容易知道某个产品包含的所有需求。在开发中跟踪每个需求的状态将可以支持项目的全程跟踪。当项目管理者知道某个项目的下一版本中的百分之五十五的需求已经验证过了,百分之二十八已经实现但还没有验证,百分之十七还没有实现时,他就对项目状况有了很好的了解。

5)访问控制

可以对个人、用户小组确定访问权限。绝大多数工具允许共享需求信息,对于地域上分散的组可以通过 Web 网页使用数据库。数据库在需求这一级别通过锁机制进行多用户管理。

6）与风险承担者进行沟通

典型的需求管理工具允许小组成员通过多线索电子对话讨论需求。当讨论达成一个新的结果时或某个需求修改后，自动电子邮件系统就会通知涉及的人员。

7）重用需求

由于在数据库中保存了需求，在其他项目或子项目中重用需求变为可能。还可以避免信息冗余。

以下是对一些常见的需求管理工具的描述。

1）Rational RequisitePro

IBM Rational RequisitePro 解决方案是一种需求和用例管理工具，能够帮助项目团队改进项目目标的沟通，增强协作开发，降低项目风险，以及在部署前提高应用程序的质量。通过与 Microsoft Word 的高级集成方式，为需求的定义和组织提供熟悉的环境。提供数据库与 Word 文档的实时同步能力，为需求的组织、集成和分析提供方便。支持需求详细属性的定制和过滤，以最大化各个需求的信息价值。提供了详细的可跟踪性视图，通过这些视图可以显示需求间的父子关系，以及需求之间的相互影响关系。通过导出的 XML 格式的项目基线，可以比较项目间的差异。可以与 IBM Software Development Platform 中的许多工具进行集成，以改善需求的可访问性和沟通。

2）Telelogic DOORS

Telelogic DOORSreg；Enterprise Requirements Suite（DOORS/ERS）是基于整个公司的需求管理系统，用来捕捉、链接、跟踪、分析及管理信息，以确保项目与特定的需求及标准保持一致。DOORS/ERS 使用清晰的沟通来降低失败的风险，这使通过通用的需求库来实现更高生产率的建设性的协作成为可能，并且为根据特定的需求定义的可交付物提供可视化的验证方法，从而达到质量标准。Telelogic DOORS 企业需求管理套件（DOORS/ERS）是仅有的面向管理者、开发者与最终用户及整个生命周期的综合需求管理套件。不同于那些只能通过一种方式工作的解决方案，DOORS/ERS 赋予你多种工具与方法对需求进行管理，可以灵活地融合到公司的管理过程中。以世界著名的需求管理工具 DOORS 为基础，DOORS/ERS 使得整个企业能够有效地沟通从而减少失败的风险。DOORS/ERS 通过统一的需求知识库，提供对结果是否满足需求的可视化验证，从而达到质量目标，并能够进行结构化的协同作业使生产率得到提高。

3）Borland CaliberRM

Borland CaliberRM 是一个基于 Web 和用于协作的需求定义和管理工具，可以帮助分布式的开发团队平滑协作，从而加速交付应用系统。CaliberRM 辅助团队成员沟通，减少错误和提升项目质量。CaliberRM 有助于更好地理解和控制项目，是 Borland 生命周期管理技术暨 Borland Suite 中用于定义和设计工作的关键内容，能够帮助团队领先于竞争对手。CaliberRM 提供集中的存储库，能够帮助团队在早期及时澄清项目的需求，当全体成员都能够保持同步，工作的内容很容易具有明确的重点。此外，CaliberRM 和领先的对象建模工具、软件配置管理工具、项目规划工具、分析设计工具以及测试管理工具良好地集成。这种有效的集成有助于更好地理解需求变更对项目规模、预算和进度的影响。

10.5 CDIO 应用案例

10.5.1 概述

随着计算机的普及和高度发展,人们的生活越来越离不开计算机。计算机中往往存在着许多私人信息,而许多有心者就有可能通过网络等各种渠道,入侵计算机进行各种犯罪活动。于是人们试图通过日志记录、数据恢复等各种计算机取证技术,找到犯罪者的犯罪证据,维护受害者的权益。

本项目"PC 活动记录器"就是从计算机取证的思想出发,希望通过检测个人计算机,了解计算机的近期活动,从而确定计算机是否存在被入侵、被盗取数据等非法活动,及时避免私人数据被盗,减少损失。

本节主要列举的是对功能性需求的管理,其他需求不作描述。

10.5.2 需求确认

项目需求确认内容包括系统功能性需求和非功能性需求两个方面。

(1)功能需求:①文档处理痕迹提取,包括最近访问文档的时间痕迹提取,监控访问和修改文档行为;②上网行为痕迹提取,包括 IE 访问记录提取,Cookies 文件提取;③U盘识别。

(2)非性功能需求:①界面美观,简单易用;②效率高,不浪费可用资源,执行速度快;③遇到非法输入数据、相关软件或硬件组成部分的缺陷或异常的操作情况时,能继续正确运行功能,具有一定的健壮性;④如果发生故障不会对系统有多大影响,能满足可靠性需求。

确定好需求后,每一个需求都必须被命名,并且用一个代码对其进行唯一标识。此代码用于需求管理的全过程。我们采用 SR-YYYY 的命名方式。SR 为 Software Requirement的缩写,YYYY 为需求序号,固定 4 位,从 0001 开始递增,不足四位前补 0。

在软件项目的开发周期中,变更不可避免,因此我们必须严格按照需求变更的规程来进行变更管理。除此之外,还需要设计需求变更管理表来管理变更。表 10.10 就是我们针对本项目设计的一个简单的需求变更管理表。

表 10.10 需求变更管理表

需求编号	需求描述	变更提出人	项目经理	提出阶段	变更内容描述	变更状态	审核结果	优先级	备注
SR-0004	文件信息查询	张三	李四	详细设计	删除该功能	已变更	允许变更	高	

10.5.3 需求跟踪

需求跟踪最重要的就是对需求的跟踪,也就是需求跟踪表的设计,表 10.11 是我们设计的一个简单的需求跟踪表。

表 10.11 需求跟踪表

项目名称:PC 活动记录器 　　　　　　　　　　　　　　　　　　　　　　　　　　版本号:0.0.1

版本历史

时间(年-月-日)	版本号	描述	审核状态	记录人员
2011-10-13	0.0.1			

需求 ID	需求名称	优先级	更改次数	状态	来源
SR-0001	IE 缓存提取及查看	高	0	代码编写	功能性需求
SR-0002	Cookie 提取及查看	高	0	代码编写	功能性需求
SR-0003	最近打开文档查看	高	0	代码编写	功能性需求
SR-0004	文件修改监控	高	0	代码编写	功能性需求
SR-0005	文件信息查询	高	0	代码编写	功能性需求
SR-0006	U 盘识别	高	0	代码编写	功能性需求
SR-0007	URL 缓存	高	0	代码编写	功能性需求

需求说明参照	概要设计	详细设计	设计变更次数	源程序文件	源程序文件变更次数
测试用例	测试用例变更次数		备注		

习　　题

1. 需求管理包括哪些活动?
2. 论述 CCB 的作用。
3. 需求跟踪的类型有哪些?
4. 实现需求跟踪能力带来哪些好处?
5. 何为风险管理,列举实际项目中的需求风险。
6. CMMI 对需求管理的理解和定义是什么?

第11章 安全需求工程

随着计算机和网络的迅速发展,以及应用的迅速普及,信息共享和互动成为信息系统、产品及安全服务的主要驱动力。然而,随着计算机和通信网络技术的飞速发展,信息系统的安全保密问题也日益突出和复杂化,信息安全的重点也已从维护保密的政府数据扩展到更为广泛的范畴,包括金融、贸易、保险、医疗和个人信息等。因此,在新信息系统的构建以及旧信息系统的维护和扩展中,建立一个安全子系统以确保信息系统的安全已成为许多系统设计者的首选方案,安全子系统的开发也将成为信息系统开发过程中的一个重要部分。因此,有必要综合考虑和确定各种应用的潜在安全需求,包括机密性、完整性、可用性、可记录性、私有性和安全保证等。然而,开发一个新的安全系统,需要解决的问题常常是极为复杂的。系统的安全目标是什么,系统应该提供什么样的安全服务,工作将受到什么条件约束等。这些都是安全系统的开发人员必须研究的问题,而这些问题往往是通过安全需求分析而得以解决的。

在这一章,我们主要介绍如何在安全信息系统的开发人员和用户之间建立一种理解和沟通的机制,以确定整个信息系统的安全需求。

11.1 安全工程概述

从系统工程的观点出发,信息系统的建设首先是一项系统工程,它是信息系统功能工程和信息系统安全工程(Security Engineering)二者有机的结合。功能工程用于实现面向业务过程和管理决策的功能需要,而安全工程从物理安全、环境安全、平台安全、传输安全和应用安全等方面,在功能工程各组件要素上采用适当的安全技术机制,构建安全框架,提供必要的安全服务,满足系统的安全需求[47]。

11.1.1 安全工程

对安全关注点的变化提高了对安全工程重要性的认识,安全工程正在成为工程组织中的一个关键部分,概括地说,安全工程指的是为确保信息系统的保密性、完整性、可用性等目标而进行的系统工程过程。安全工程涉及系统和应用的开发、集成、操作、维护和进化以及产品的开发、交付和升级等各个方面。在企业和商务过程中的定义、管理和重建中必须强调安全的因素,这样安全工程才能够在系统、产品或服务中得到体现。

安全工程的目标是理解需求方的安全风险,根据已标识的安全风险建立合理的安全要求,将安全要求转换成安全指南,这些安全指南指导项目实施的其他活动,在正确有效的安全机制下建立对信息安全的信心和保证;判断系统中和系统运行时残留的安全脆弱性,及其对运行的影响是否可容忍(即可接受的风险),使安全工程成为一个可信的工程活动,能够满足相应等级信息系统设计的要求。

信息系统安全工程的全部流程可被划分为 5 个阶段:起始、设计、建设、运行和维护、废弃。安全保护的各级安全工程要求体现在安全过程的部分或全部阶段中。需求方可以选择某些关键节点对安全工程要求实现与否进行审核,这些审核的结果一般会对整个安全工程的品质产生较为重要的影响。审核通常可以安排在设计阶段末,以及建设阶段的验收期。

良好的安全需求定义和完善的安全风险分析是实现安全工程目标的基础,制定合适的安全策略则是实现安全工程目标的关键。而提供支持安全需求定义、安全风险评估、安全策略制定与实施的模型、方法和工具则是信息系统安全工程研究的内容。

11.1.2 ISSE 过程

信息系统安全工程(Information System Security Engineering,ISSE)是美国军方在20世纪90年代初发布的信息安全工程方法,是信息系统安全建设的方法论,是系统工程在安全建设的具体体现。信息系统安全工程指导安全建设的全过程,用信息系统安全工程过程控制的方法论来指导信息系统安全建设,是发掘用户信息保护需求,然后以经济、精确和简明的方法来设计和制造信息系统的一门技巧和科学,这些需求可能安全地抵抗所遭受的各种攻击。该方法可以极大的满足用户的安全需求并节省用户的费用。

信息系统安全工程的主要目的是确定安全风险,并且采用系统工程的方法使安全风险降到最低或得到有效控制。

信息系统安全工程的指导思想如下:

(1) 以满足用户安全需求为目的;

(2) 以系统风险分析为基础;

(3) 以系统工程的方法论为指导;

(4) 以技术、运行及人为要素;

(5) 安全技术以纵深防御为支撑(技术);

(6) 以生命期支持保证运行安全(运行);

(7) 安全管理以安全实践为基础(人);

(8) 安全质量以测评认证为依据;

(9) 质量保证以动态安全原理(PDCA)为方法。

信息系统安全工程过程主要分为以下几个阶段[48]:①发掘信息保护需求;②确定系统安全要求;③设计系统安全体系结构;④开发详细安全设计;⑤实现系统安全;⑥评估信息保护的有效性。如图 11.1 所示。

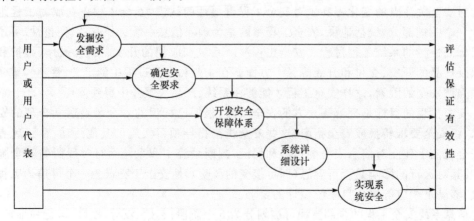

图 11.1 ISSE 过程

可以看出,发掘信息保护需求是信息系统安全工程重要的一步,是完成信息系统安全工程的基础。在这一步,我们要和用户一起确定整个信息系统的安全需求,进行系统安全需求分析,通过对系统资源的调查和资源的价值的分析、对系统安全威胁以及威胁影响、威胁利用安全漏洞的分析,完成系统风险的排序,根据排序,最终形成系统的安全策略。

在发掘信息保护需求阶段,要做的工作主要包括:

(1) 分析信息系统的任务和业务;

(2) 确定信息和任务的关系以及其重要性;

(3) 界定法律和法规的要求,确定设计限制,如电子政务的有关要求、国家安全管理机构的相关规定、相应的安全标准以及国际、国家的有关安全标准等,以及本行业、本部门的相关规定和标准;

(4) 实施安全风险评估;

(5) 确定安全需求。

11.1.3　SSE-CMM 过程

SSE-CMM(System Security Engineering-Capability Maturity Model)[49]即系统安全工程-能力成熟度模型,起源于 1993 年 5 月美国国家安全局发起的研究工作,这项工作用 CMM 模型研究现有的各种工作,并发现安全工程需要一个特殊的 CMM 模型与之配套。它的提出是为了改善安全系统、产品和服务的性能、价格及可用性,从而满足用户对安全工程不断增长的需求。2002 年初,SSE-CMM 得到了 ISO 的承认,成为国际标准,确定了一个评价安全工程实施的综合框架,提供了度量与改善安全工程学科应用情况的方法。

SSE-CMM 主要涵盖以下内容:强调分布于整个安全工程生命周期中各个环节的安全工程活动,包括概念定义、需求分析、设计、开发、集成、安装、运行、维护与更新;SSE-CMM应用于安全产品开发者、安全系统开发者及集成者,还包括提供安全服务于安全工程的组织;SSE-CMM 适用于各种类型、规模的安全工程组织,如商业、政府及学术界等。

SSE-CMM 将安全工程划分为 3 个基本的过程,即风险、工程和保证,如图 11.1 所示。这3 个部分共同实现了安全工程过程所要达到的安全目标。风险过程用于识别被开发产品或系统的潜在危险;工程过程针对危险性所面临的问题与其他工程一起来确定和实施解决方案;保证过程用来建立解决方案的信息并向用户转达安全信任。

SSE-CMM 的结构被设计以用于确认一个安全工程组织中某安全工程各领域过程的成熟度。这种结构的目标就是将安全工程的基础特性与管理制度特性区分清楚。为确保这种区分,模型中建立了两个维度——"域维"和"能力维"。"域维"包含所有集中定义安全过程的实施,这些实施被称作"基础实施"。"能力维"代表反映过程管理与制度能力的实施。这些实施被称作"一般实施",这是由于它们被应用于广泛的领域。"一般实施"应该作为执行"基础实施"的一种补充。

SSE-CMM 模型中大约含 60 个基础实施,被分为 11 个过程域,这些过程域覆盖了安全工程的所有主要领域。基础实施是从现存的很大范围内的材料、实施活动、专家见解之中采集而来的。这些挑选出来的实施代表了当今安全工程组织的最高水位，它们都是经过验证的实施。SSE-CMM 包括的过程域列举如下：

(1) PA01：管理安全控制；

(2) PA02：评估影响；

(3) PA03：评估安全风险性；

(4) PA04：评估威胁；

(5) PA05：评估脆弱性；

(6) PA06：建立安全论据；

(7) PA07：协调安全性；

(8) PA08：监视安全态势；

(9) PA09：提供安全输入；

(10) PA10：确定安全要求；

(11) PA11：确认与证实安全。

一般实施是一些应用于所有过程的活动。它们强调一个过程的管理、度量与制度方面。一般而言，在评估一个组织执行某过程的能力时要用到这些实施。一般实施被分组成若干个被称作"共同特征"的逻辑区域，这些"共同特征"又被分作五个能力水平，分别代表组织能力的不同层次。与域维中的基础实施不同的是，能力维中的一般实施是根据成熟性进行排序的。因此，代表较高过程能力的一般实施会位于能力维的顶层。

SSE-CMM 模型的五个能力水平如下。

(1) 级别 1："非正式执行级"。这一级别将焦点集中于一个组织是否将一个过程所含的所有基础实施都执行了。

(2) 级别 2："计划并跟踪级"。主要集中于项目级别的定义、计划与实施问题。

(3) 级别 3："良好定义级"。集中于在组织的层次上有原则地将对已定义过程进行筛选。

(4) 级别 4："定量控制级"。焦点在于与组织的商业目标相结合的度量方法。尽管在起始阶段就十分必要对项目进行度量，但这并不是在整个组织范围内进行的度量。直到组织已达到一个较高的能力水平时才可以进行整个组织范围内的度量。

(5) 级别 5："持续改善级"。在前几个级别进行之后，我们从所有的管理实施的改进中已经收到成效。这时需要强调必须对组织文化进行适当调整以支撑所获得的成果。

目前，SSE-CMM 已经成为西方发达国家政府、军队和要害部门组织和实施安全工程的通用方法，是系统安全工程领域里成熟的方法体系，在理论研究和实际应用方面具有举足轻重的作用。在模型的应用方面，Texas Instruments（美）和参与模型建立的一些公司采用该模型指导安全工程活动，可以在提供过程能力的同时有效地降低成本。我国国家及军队信息安全测评认证中心已准备将 SSE-CMM 作为安全产品和信息系统安全性检测和认证的标准之一。相信随着对 SSE-CMM 的更进一步的研究，SSE-CMM 在我国将得到更广泛的应用。

11.2　安全需求的定义

信息系统安全需求,从广义上来说,也就是信息系统的机密性需求、完整性需求和可用性需求。通过引入安全需求分析以及安全策略建模,可以较好地确保系统需求在信息安全方面的完备性。安全需求分析就是为了在安全系统的开发人员和提出需求的人员(用户)之间建立一种理解和沟通的机制,以确定安全系统"做什么"而非"怎么做"(即如何实现)的问题。

11.2.1　安全服务的分类

1) 鉴别(Authentication)

这是一种与数据和身份识别有关的服务。鉴别服务包括对身份的鉴别和对数据源的鉴别。对于一次通信,必须确信通信的另一方是预期的实体,这就涉及身份的鉴别。对于数据,仍然希望每一个数据单元发送到或来源于预期的实体,这就是数据源鉴别。数据源鉴别隐含地提供数据完整性服务。密码学通过数据加密、数据散列或数字签名来提供这种服务。

2)访问控制(Access Control)

为防止未经授权使用资源提供保护。

3)数据机密性(Confidentiality)

这种安全服务能够提供保护,以防止数据未经授权而泄露。这是只允许特定用户访问和阅读信息,任何非授权用户对信息都不可理解的服务。

4) 数据完整性(Integrity)

数据完整性即用以确保数据在存储和传输过程中未被未授权修改的服务。为提供这种服务,用户必须有检测未授权修改的能力。未授权修改包括数据的窜改、删除、插入和重放等。密码学通过数据加密、数据散列或数字签名来提供这种服务。

5) 不可否认(Non-repudiation)

这是一种用于阻止用户否认先前的言论或行为的服务。密码学通过对称加密或非对称加密,以及数字签名等,并借助可信的注册机构或证书机构的辅助,提供这种服务。

6) 可用性(Availability)

保证信息能够按照用户所需的地点、时间和形式被提供。

11.2.2　安全需求的分类

用户对安全方面的需求有很多,涉及待开发系统的功能、性能和约束等各个方面的内容。"信息技术安全性认证通用标准"(Common Criteria for Information Technology Security Evaluation,CC 标准)将安全需求划分成安全功能需求(Security Functional Requirements)和安全保障需求(Security Assurance Requirements)两个独立的范畴来定义。前者描述的是安全系统应该提供的安全功能,后者描述的是系统的安全可信度及为获取一定的可信度而应该采取的措施。为了规范化安全需求,CC 标准中定义了 11 种安全功能需求类和 10 种安全保障类,并给出了一套评价系统安全可信度的指标——安全保障级别(EAL)。

11 种安全功能需求类别如下：

（1）审计；

（2）通信（主要是身份真实性和抗抵赖）；

（3）密码支持；

（4）用户数据保护；

（5）标识和鉴别；

（6）安全管理（与 TSF 有关的管理）；

（7）隐秘（保护用户隐私）；

（8）TSF 保护（TOE 自身安全保护）；

（9）资源利用（从资源管理角度确保 TSF 安全）；

（10）TOE 访问（从对 TOE 的访问控制确保安全性）；

（11）可信路径/信道。

10 种安全保障类别如下：

（1）保护轮廓评估；

（2）安全目标评估；

（3）配置管理；

（4）交付和运行；

（5）开发；

（6）指导性文档；

（7）生命周期支持；

（8）测试；

（9）脆弱性评估；

（10）保障维护。

11.2.3 安全需求的开发过程

信息安全问题分析已成为需求设计中一项重要的内容。ISO15408 通用准则（Common Criteria，CC)揭示了一种分阶段的需求工程方法，也就是在系统的需求开发阶段，引入安全需求的考虑，如图 11.2 所示。

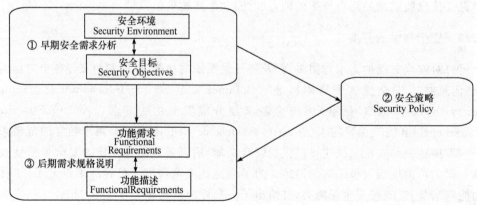

图 11.2 通用准则揭示的分阶段的需求工程方法

通过引入安全需求分析以及安全策略建模,可以较好地确保系统需求在信息安全方面的完备性。其中,安全需求分析的主要工作是帮助用户确定信息威胁,把已经识别出来的威胁形成文件,并对这些威胁作出风险分析。除此之外,还帮助用户确定信息安全的保护需求,准备安全保障体系用的安全策略,并以此作为后续设计的指导。因此,安全需求分析在整个需求开发过程中具有重要的作用。

威胁(Threat)指的是导致非授权访问、修改、泄露或者破坏信息资源,对信息系统或业务应用产生负面效果的可能性事件。威胁识别与评估是安全环境建模工作的主要内容。除此之外,安全需求分析中应周全地考虑法律、策略、标准、外部影响恶化约束的因素,识别系统的用途以确定其安全的关联性,明确系统运行的面向安全的总体指导思想,获取安全的高层目标定义和与系统安全相关的需求,并保证需求的完备性和一致性,最终达成满足顾客要求的安全协议。

总的来说,安全需求分析的目的是解决安全需求的不确定性问题,需要明确什么是安全,因此安全需求与安全策略密切相关。一般可认为安全策略是安全需求的一种高层抽象。安全需求分析是理性的安全设计的前提。

信息系统安全需求的分析过程,总的来说,主要包括以下几个步骤[50]:

(1) 用户情况调查;

(2) 安全风险评估;

(3) 安全需求确定。

安全需求分析的过程并不是一蹴而就的。由于数据的不确定性和环境的不断变化,安全需求的内容需要不断地进行修正,因此安全需求的管理工作也将一直进行下去,以最终指导信息系统安全保障措施的实施。

11.3　安全需求获取

发掘信息保护需求是信息系统安全工程的重要一步,是完成信息系统安全工程的基础。安全需求的发掘要对系统的每一个任务、任务的重要性和任务的安全作考虑。对于大型信息系统,如何才能保证我们发掘的安全需求是准确的、全面的、完备的? 这需要科学的方法、信息安全人员的专业知识,还需要用户的积极配合。

系统的安全需求必须是基于用户系统的实际情况产生的。下面介绍的用户系统情况调查内容和方法是针对有普遍性的、并且基于一定假设的条件下提供的,在实际项目运作时必须针对具体情况进行调整。在实际操作时我们也不一定有机会按照以下的步骤一一进行,但尽可能地获取以下的信息对信息安全设计、方案的编写一定会有帮助。

一般来说,我们需要调查的内容有以下几个方面:

(1) 信息系统基本情况;

(2) 网络基本情况;

(3) 网络边界;

(4) 业务应用系统;

(5) 个人计算机安全;

(6) 数据库安全;

(7) 现有的安全措施。

确定进行调研的用户,需要进行的调研的用户包括:

(1) 公司领导;

(2) 高级管理层成员;

(3) 系统安全建设负责人;

(4) 网络管理员;

(5) 业务系统负责人;

(6) 业务系统管理员;

(7) 数据库管理员;

(8) 典型用户。

调查中采取的形式除了采用技术手段对现有系统的技术措施进行识别之外,还包括采用问卷、访谈、会议等调查形式。

例如,为了能有效地进行数据统计,问卷的设计多为"是"、"否"的判断。

表 11.1　组织调查问卷

调查内容	结果
信息存储是否有密码保护	□是 □否
是否有信息漏洞管理定期的回顾和更新	□是 □否
是否有监控装置,检查在安全区域进行的活动	□是 □否
是够有强制参见培训	□是 □否

然后将调查结果进行汇总,整理出系统组织上的脆弱性。脆弱性指的是使系统更容易受到威胁攻击或攻击更容易成功,造成更大影响的缺陷。如对火灾的脆弱性为使用易燃材料。

对于信息系统中固有的漏洞,弱点可以通过评估工具获得具体数据信息。如针对主机,服务器等设备进行漏洞扫描,生成完整的扫描报告;针对系统,应用的日志审计,从中发现问题。

为系统中关键设备制定检查列表,在现场按照检查列表对相关设备的系统进行安全配置,应用安全配置,完整性进行调查。如对系统账户安全情况,系统访问控制策略等,参照安全标准对系统安全性配置进行评估。

根据系统网络拓扑结构,明确系统网络边界;检查网络设备的配置情况,若交换接ACL,VLAN 等;标明网络薄弱性,对网络的可靠性和安全性进行评价。

对现有安全技术措施的评估主要为检查设备配置的合理性,安全策略的设置是否满足需求,是否存在配置缺陷等。可以采用检查列表的方式进行。

通过评估工具获取系统的数据流量以及峰值流量出现时间,描述业务数据流向,采用流程图方式表述系统业务流程。根据应用安全需求,判断各业务流程中存在的安全性问题。上述技术调查的结果为数据翔实,客观的统据报告。

安全需求获取的关键是通过与用户的沟通和交流,熟悉和理解用户的各项安全要求。在安全需求获取的过程中,软件人员与用户之间最常见的交流方式就是会议和访谈,由于双方的领域知识不同,经常会遇到误解、交流障碍、需求不全、意见冲突等情况。解决这些问题应该从两方面入手,一是提高分析人员的知识技能,使其不仅具备较高的技术水平和丰富的实践经验,还要具备一定的业务基础知识和较强的人际交往能力;二是开展大量的调查研究工作,包括用户访谈、现场考察、专家咨询、会议讨论等,并对大量的一手资料进行分析和整理,从而清楚地理解用户的安全需求。

情况调查完成后,调查人员需要将收集的信息进行整理并汇总,形成用户信息系统情况报告。把我们了解的情况记录下来经整理形成文档,反馈给客户作二次确认,从而作为下一步安全风险评估的基础。

11.4　安全风险评估

安全风险是一种潜在的、负面的东西,处于未发生的状态。与之相对应,安全事件是一种显在的、负面的东西,处于已发生的状态。安全风险是安全事件的前提,安全事件是在一定条件下由风险演变而来的。对信息安全而言,风险指的是一个特定的威胁利用一项资产或多项资产脆弱性的可能性。根据系统安全工程能力成熟度模型(SSE-CMM)中的理论,能够成为风险的事件有三个重要的组成部分:安全威胁、系统脆弱点和事件造成的影响。一般而言,这三个因素必须同时存在才能构成安全风险(使风险值大于 0)。

信息系统面临的安全风险值是确定系统安全需求的一个重要依据,也是评价系统安全可信度的一个重要的定量化指标。安全风险评估对于评价信息系统安全性具有重要意义,是安全工程中一项重要的方法,其核心目标是帮助相关人员了解信息系统存在的威胁和威胁可能给系统带来的风险,从而确定需要哪些实际的控制和保障措施来把风险降低到可以接受的范围,即确定系统的安全需求和所需的安全措施。残余风险是实施安全控制后,剩余的安全风险。

风险评估是确定信息系统具体安全需求的重要手段,在需求分析中应突出对信息系统的安全风险评估。一般来说,安全风险评估流程包括风险评估准备、风险因素识别、风险分析和风险控制 4 个阶段,在进行风险评估时应当考虑的因素包括:信息资产及其价值、对这些资产的威胁,以及威胁发生的可能性、脆弱点,已有的安全控制措施。具体流程可见图 11.3。

11.4.1　风险评估方法

完成风险评估的重要保证是选择正确的风险分析的方法。现有的风险分析方法很多,主要分为定量的风险分析和定性风险分析两大类。

定量的风险分析尝试给出风险分析各组成部分资产的货币度量值,把所有的对风险的影响因素量化(资产价值、威胁发生可能性、防护装置的有效性、防护装置成本、不确定性和概率)。而定性风险分析并不给出风险分析组成部分的数字价值,而是按照风险分析实施人员的经验对系统风险进行评定,主观性较强。

1. 定量分析方法

定量风险分析方法是指运用数量指标来对风险进行评估。它一般使用潜伏在事件中的分布状态函数,并将风险定义为分布状态函数的某一函数。

定量风险分析中有几个重要的概念。

暴露因子(Exposure Factor,EF)——特定威胁对特定资产造成损失的百分比,或者

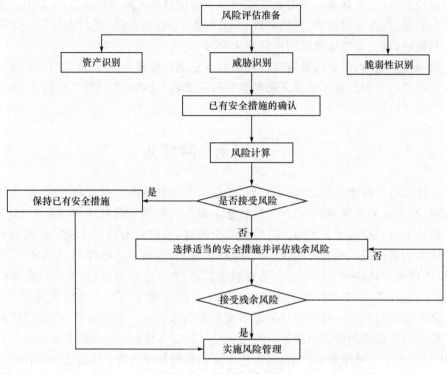

图 11.3　风险评估流程

说损失的程度。

单一损失期望（Single Loss Expectancy，SLE）—— 或者称作 SOC（Single Occurence-Costs），即特定威胁可能造成的潜在损失总量。SLE：资产价值 X 暴露因子。

年度发生率（Annualized Rate of Occurrence，ARO）—— 即威胁在一年内估计会发生的频率。

年度损失期望（Annualized Loss Expectancy，ALE）—— 或者称作 EAC（Estimated Annual Cost），表示特定资产在一年内遭受损失的预期值。ALE：SLE X 年度发生率。

考察定量分析的过程，从中就能看到这几个概念之间的关系。

（1）识别资产并为资产赋值。表 11.2 列出了一些企业可能具有的信息资产。

表 11.2　企业的信息资产

资产类型	说明
硬件	包括服务器、工作站、路由器、交换机、防火墙、入侵检测系统、终端、打印机等整件设备,也包括主板、CPU、硬盘、显示器等散件设备
软件	包括源代码、应用程序、工具、分析测试软件、操作系统等
数据	包括软硬件运行中的中间数据、备份资料、系统状态、审计日志、数据库资料等
人员	包括用户、管理员、维护人员等
文档	包括软件程序、硬件设备、系统状态、本地管理过程的资料
消耗品	包括纸张、软盘、磁带等

仅仅确定资产是不够的,对资产进行分类也是非常重要的。对有形资产及人分别归类,同时在两者之间建立起对应关系。

有形资产可以通过资产的价值进行分类。如:机密性、内部访问级、共享级、未保密级。对于人员的分类类似于有形资产的分类。

（2）通过威胁和弱点评估,评价特定威胁作用于特定资产所造成的影响,即 EF(取值在 0%～100%之间)。

由于网络本身的诸多特性,如共享性、开放性、复杂性等,网络信息系统自身的脆弱性,如操作系统的漏洞、网络协议的缺陷、通信线路的不稳定、人为因素等,给网络信息系统的安全带来各种威胁。表 11.3 是一个威胁的模型图。

表 11.3　威胁模型

威胁的类型	实例
欺骗(Spoofing)	伪造电子邮件;重复身份验证数据包
篡改(Tampering)	在传输期间更改数据;更改文件中的数据
否决(Repudiation)	删除重要文件并否认删除行为;购买产品而后又否认这一行为
信息泄露(Information disclosure)	在错误的消息中公开信息;在 Web 站点上公开代码
拒绝服务(Denial of Service)	用 SYN 数据包充斥网络;用伪造的 ICMP 数据包充斥网络
权限提高(Elevation of privilege)	利用缓冲区溢出获取系统特权;非法获得管理员特权

（3）计算特定威胁发生的频率,即 ARO。

（4）计算资产的 SLE:

$$SLE = Asset\ Value \times EF$$

（5）计算资产的 ALE:

$$ALE = SLE \times ARO$$

我们可以看到,对定量分析来说,有两个指标是最为关键的:一个是事件发生的可能性(用 ARO 表示),另一个就是威胁事件可能引起的损失(用 EF 来表示)。

定量分析方法的优点是用直观的数据来表述评估的结果,看起来一目了然,而且比较客观理论上讲,通过定量分析可以对安全风险进行准确的分级,但这有个前提,那就是可供参考的数据指标是准确的。可事实上,在信息系统日益复杂多变的今天,定量分析所依据的数据的可靠性是很难保证的,再加上数据统计缺乏长期性,计算过程又极易出错,这就给分析的细化带来了很大困难。定量风险分析方法存在的另一个问题是风险聚集。尽管在分布状态函数的基础上可以确定每一事件的损失变化和风险值,但将与这些数值相关的风险以及类似的风险聚集在一起要比聚集预期损失困难,因为风险聚集需要知道事件之间的从属性和相关性,所以,目前的信息安全风险分析,采用定量分析或者纯定量分析方法的已经比较少了。

2. 定性分析方法

定性风险分析方法是一个用来确定对应用、系统、设施和其他企业资产要求的保护等级的技术。它提供了一个三位一体"资产——威胁——脆弱性"的研究方法,系统地评估资产、威胁和脆弱性以便确定威胁发生的概率、如果发生威胁损失的成本以及为了降低威胁和脆弱性达到可接受水平所采取的保护装置和应对措施的价值。

定性风险分析方法采用主观的方式对各种风险因素进行排序。是目前使用最广泛的风险评估方法。下述表 11.4~表 11.7 采用主观的方式对威胁、脆弱性进行排序及等级划分,从而确定风险等级及相应对策。

典型的定性风险评估方法包括:

(1) 过程危害分析(Process Hazard Analysis);

(2) 检查表分析(Checklist Analysis);

(3) 失误模式与影响分析(FMEA);

(4) 故障树分析(FTA);

(5) 危害与可操作性分析(Hazop)。

表 11.4　威胁等级

威胁等级	描述
1	低。威胁发生的可能性小、危害小
2	中低。威胁发生的可能性小,造成的危害中等程度;或危害很小,发生的概率为中等
3	中等。威胁经常发生,造成的危害小;威胁发生的概率和造成的危害均为中等;威胁发生的概率小,但一旦发生将造成巨大危害
4	中高。威胁发生的概率为中等,危害巨大
5	高。威胁经常发生,造成的破坏巨大

表 11.5　脆弱性等级

脆弱性等级	描述
0	系统无威胁可以利用的脆弱性
1	对该脆弱性的利用需要耗费大量资源(时间、精力、技能、工具),对脆弱性成功利用的可能性不大
2	需要中等程度的资源耗费可以成功利用该脆弱性
3	成功利用脆弱性不需耗费太多资源和时间,很可能被利用

表 11.6　风险等级确定

脆弱性等级	威胁等级				
	1	2	3	4	5
0	0	0	0	0	0
1	0	0	1	2	3
2	0	1	2	3	4
3	1	2	3	4	5

表 11.7 风险等级范围及其相应对策

风险等级	描述及相应对策
高	如果信息系统的安全被评估为高风险,必须尽快地采取正确的行动方案
中	如果信息系统的安全被评估为中风险,应制定正确的行动方案,并在确定时间内进行修补
低	如果信息系统的安全被评估为低风险,系统负责人应确定是行动进行修补还是接受此风险

在风险分析模型公式中,发生频度、可能性因素都不能够用非常精确地数据进行表示。而如果将威胁事件对系统的综合影响用定量的数据进行说明的话,则要从系统设备价值,维护成本,运行成本,经济损失等方面计算影响,其中还不包括对资产所有者信誉损失的衡量。

11.4.2 形成风险分析报告

风险分析报告详细描述风险分析的方法、过程和结果的形成,对下一步安全需求的确定提供科学的根据。风险分析报告对系统的整体安全状况进行了全面的分析,在风险分析过程中产生的资产清单、存在的威胁和系统脆弱性清单为客户详细了解系统的安全状况、需要哪些方面的提高做出准确的判断。风险分析报告罗列了系统所有的威胁和脆弱性,包含企业的机密信息,报告本身的安全要有保证,客户应对报告的扩散范围作出规定,采取控制,限制有限的人员阅读该报告。

11.5 确定安全需求

11.5.1 安全需求报告概述

安全需求报告是 ISSE 信息系统安全工程第一步——安全需求发掘过程的输出,体现风险分析和需求分析的工作成果,并将作为详细安全设计的输入。安全需求报告对系统的安全状况做了全面、细致的了解和评估,明确了系统面临的威胁、存在的脆弱性,并罗列出了即待解决的安全问题,对系统安全建设提出了具体的安全要求,是系统安全建设的指导性文件。这个报告对企业是很有价值的,它是项目建设施工过程中必需的指导文件,是项目主管部门决定项目取舍的重要依据。

11.5.2 安全需求报告撰写说明

安全需求报告有长有短、有繁有简,具体情况视目标项目的重要程度及难易程度而定。报告对系统的整体安全状况进行了全面的分析,在风险分析过程中产生的资产清单、存在的威胁和系统脆弱性清单为客户详细了解系统的安全状况、需要哪些方面的提高做出准确的判断。

该报告罗列了系统所有的威胁和脆弱性,包含企业的机密信息,所以报告本身的安全要有保证。客户应对报告的扩散范围作出规定,采取控制,限制有限的人员阅读该报告。

目前,国家尚无确定统一的撰写资质规定,国内风投公司比较认可具备中国招商引资研究院颁发的风险评估资格证书甲级资质的单位来撰写(此是一种市场认定行为)。

安全需求报告必须遵循两个基本原则:

第一是客观性。安全需求分析是在项目主办单位可行性研究的基础上进行的再研究,其结论的得出完全建立在对大量的材料进行科学研究和分析的基础之上。在安全需求分析的过程中,既要对可行性研究报告的编制依据及全部数据进行查证核实,又要根据项目评估的内容和分析要求,深入企业和现场进行调查,以搜集新的数据和材料,以专家的学识确保所有项目资料客观翔实。同时项目评估涉及项目投资的工艺设备、技术物资支持、财务分析以及未来市场预测等多个领域,评估人员必须以宏观地理解和掌握相关学科知识为前提,客观公正地评价和处理评估中的每一个细节,并在评估报告中客观公正地表述出来。

第二是科学性。要有一个科学的态度。项目评估是项目建设前的一项决定性工作,它的任何失误都可能给企业、给国家带来不可估量的损失,因此评估人员必须持有对国家、对企业高度负责的、严肃的、认真的、务实的精神,以战略家的眼光,将项目置于整个国际国内大市场进行纵向分析和横向比较,坚决避免盲目建设、重复建设等现象的发生,使项目建成后确实能够创造良好的效益,发挥应有的作用。同时要使用科学的方法,在评估工作中,注意全面调查与重点核查相结合,定量分析与定性分析相结合,经验总结与科学预测相结合,以保证相关项目数据的客观性、使用方法的科学性和评估结论的正确性。

11.5.3 安全需求的描述方法

信息系统安全需求分析中的两大难题主要是:获取实际系统的安全需求;选用合适的表达方式对安全需求进行描述,既要便于用户理解,也要便于开发者使用。

目前很多人往往需要用自然语言来描述安全需求。自然语言唯一的好处是直观易懂、交流方便,但它由于本质上的原因而隐藏了可能导致误解的模糊成分。特别是对于需要精确、简洁描述的安全需求来说,自然语言的二义性可能导致开发人员对用户需求的误解,隐藏的模糊成分可能导致安全系统某些功能的自相矛盾。

被国际标准化组织认可的 CC 标准中给出了一套安全需求的定义方法,供安全系统的开发人员、用户和评价人员参照使用。在 CC 标准中,安全需求以类(Class)、族(Family)、组件(Component)的形式进行定义。其中类和族反映的是分类方法,具体的安全需求由组件来体现。例如,对加密支持方面的需求归为一个类;这个类中,对密钥管理方面的需求归为一个族;这个族中,对密钥产生方面的需求构成一个组件。通常,一个安全系统总是融多项安全需求于一身,需要用多个需求组件以一定的组织方式组合起来进行表示。CC 标准定义了三种类型的组织结构用于描述系统的安全需求:安全组件包(Package)、保护框架定义书(Protection Profile,简记为 PP)和安全对象定义书(Security Target,简记为 ST)。采用 CC 标准中的描述方法,不仅可以产生标准化的需求规格说明,而且便于采用 CC 标准中的评价准则对由此产生的安全系统进行有效的安全评估。当然这种方法也有不足的地方:一、由于描述语言的形式化程度不高,从而不便于对安全需求进行一致性和完备性的验证;二、缺乏对定量化的安全保障需求的描述。为了克服这些缺点,较为现实的方法是结合使用其他的描述方法,将 CC 标准的需求规格说明方法进行扩展。其中,安全专家使用的形式化方法可以用于具体安全需求组件的说明,例如在密钥发布组件的说明中附加精确的形式化模型来描述其协议规范,从而可以大大减少一致性和完备性验证的工作量。

此外，UML 方法同样也可用于安全需求的描述。它可以在 PP 或 ST 中描述安全环境；也可以在需求确定前，对安全需求组件进行建模，以便于与用户交流。

至于定量化的安全保障需求，用户可以选择可接受的安全风险值或其他安全度量指标来表示。并在 PP 或 ST 的相应位置加以定义[51]。

11.6　CDIO 应用案例

11.6.1　概述

进入 21 世纪以来，电子商务伴随着 IT 的成熟，逐渐发展壮大，成为网络经济的核心。在电子商务的发展过程中，人们逐渐意识到在线购物的无地域界限、安全、方便快捷及其价格优势，在线购物的队伍也随之扩大。不断增长的强大需求正成为电子商务的发展动力，基础环境的成熟与需求欲望的增长将推动电子商务与商务网站的建设不断发展。

网上书店，是一种新型图书销售渠道。它通过人与电子通信方式相结合，依靠Internet，实现图书的网上交易，为用户提供高质量、快捷和方便的购书方式。与传统书店相比，网上书店可以实现全天候和全方面服务，成本低廉，便于管理，已是现代传统书店必不可少的经营策略。

目前，网上书店在 Internet 上可以实现的商务功能已经多样化，可以说从最基本的对外沟通展示功能、信息发布功能，到在线图书展示功能、在线交易功能、在线采购功能、在线客户服务功能、在线网站管理功能等，几乎以往传统书店功能都可以在互联网上进行电子化的高效运作。

随着电子商务的迅速发展，网上书店系统得到了广泛的应用，也给相关企业带来了及其难得的机遇。但真实性、可靠性，以及信息的截获和窃取，信息的篡改，交易的抵赖等风险严重威胁着网上书店的安全。因此，只有研究网上书店的安全需求，才能充分发挥电子商务带来的积极作用，促进企业迅速发展。

11.6.2　网上书店系统模型及其功能

整个网上书店系统的流程如图 11.4 所示。可以发现，整个系统流程涵盖了用户注册登录、查找图书、购买、生成以及查询修改订单、用户支付等功能。

用户通过系统前台提供的功能模块可以注册并登录用户账户、查看图书、购买图书、支付。而系统的后台则包括了图书管理、用户管理、公告管理、订单管理、网上调查、意见反馈等模块。管理员通过使用自己的管理员账户登录系统后台，利用提供的操作模块，更加具体的管理用户信息、图书信息、公告信息、订单信息。

11.6.3　网上书店系统安全需求分析

根据"资产——威胁——脆弱性"的研究方法，采用定性的方法系统地评估资产、威胁以及脆弱性以便确定威胁发生的概率。

1. 产生的资产清单

1）支持设施
公司租用或者购买的办公场所，以及供电、供水设施，还有空调设施等的支持设施。

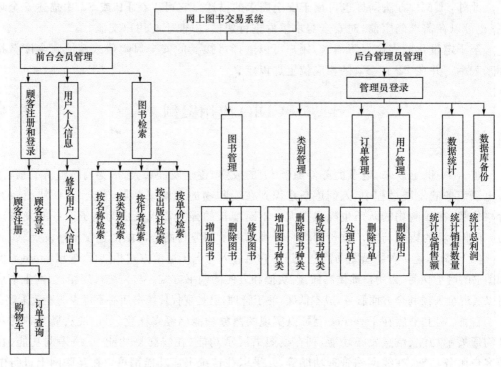

图 11.4 网上书店系统功能结构图

2）硬件资产

公司内部的所有计算机、监视器、调制解调器、路由器、防火墙、交换机、传真机、电话、服务器等硬件设备。

3）信息资产

数据库和数据文档,系统文件、用户手册、培训手册、操作和支持程序,持续性计划、备用系统安排等。

4）软件资产

公司内部系统应用软件,系统软件,开发工具和实用程序等。

5）人员资产

整个公司内部所有人员构成的人员资产。

6）无形资产

公司信誉、形象等方面。

2. 面临的威胁

1）欺骗（Spoofing）

主要包括攻击者伪造电子邮件、IP 地址进行欺骗性攻击；重复身份验证数据包；冒名顶替,使用他人的账号或者伪造一个不存在的人去购买图书,从而给真正的顾客以及商城带来损失。

2）篡改（Tampering）

主要包括攻击者在数据传输期间更改数据,或者直接入侵数据库或文件而更改其中的数据。由于数据在传输过程中采用了明文的形式，并且没有在接收端没有做完整性校验，因此，一旦攻击者截获了相关的信息，就很容易的查看信息的内容，并且有针对性地做出修改。

3）否决（Repudiation）

主要是包括攻击者删除重要文件中的相关信息，之后又否认有过这种行为；攻击者在购买产品后却否认有过购买行为；攻击者在发送过某信息之后却不承认发送过这样的信息。

4）信息泄露（Information disclosure）

主要包括了攻击者在错误的消息中公开信息，或者在 Web 站点上公开需要保密的代码。比如未经允许公开用户信息、订单信息、账户信息等涉及用户的个人隐私的以及程序代码、商业合同等涉及商业机密的信息。

5）拒绝服务（Denial of service）

主要包括了著名的 Dos 攻击和 DDos 攻击，即当服务器受到来自外部网络的大量的恶意连接请求时，由于服务器来不及处理这些无用的连接请求而导致系统运行缓慢，甚至崩溃。此外，还有 SYN 泛洪攻击，即用 SYN 数据包充斥整个网络，再或者用伪造的 ICMP 数据包充斥整个网络。另外，计算机病毒也可能引起这种情况。

6）权限提高（Elevation of Privilege）

该类威胁包括了著名的缓冲区溢出攻击。即攻击者可能利用缓冲区溢出而获取系统特权，或者通过计算机木马等其他途径获得了非法的系统管理员特权。这样一来，攻击者将可以利用管理员特权随意的操控系统的任何一个功能模块，为所欲为，那么系统将毫无安全性可言。

7）自然威胁

如地震、雷击、洪水、火灾、静电、鼠害、电力故障等带来的威胁。

3．存在的脆弱性

1）网络设备的脆弱性

部署在整个 BookApp 系统中的网络设备都有可能会发生故障，因此，应该做好安全防范工作和灾难备份工作。比如因为天气、停电、人为原因等造成的设备故障或设备瘫痪，要能及时恢复。另外，防火墙也是一样的，也要做好规则备份等方面的工作。

2）软件系统的脆弱性

部署在公司总部的服务器、数据库等设备上运行的软件可能会因为时间长了而出现漏洞，从而给非法入侵人员造成可乘之机。因此，软件系统的漏洞或者不完善也是系统存在的一个脆弱性。

3）人员管理上的脆弱性

规章制度的不完善、责任不明确、管理混乱等都可能会导致系统处于威胁当中，特别是人员管理上，有时候可能会因为人情等其他非受控因素引起系统安全风险。

4）网络服务的脆弱性

信息服务提供商出现故障或者暂时无法提供服务，这是公司无能为力的事情。特别是在交易过程中出现故障的话，将给用户带来损失，也因此对公司产生了不好的印象。

4. 安全需求确定

构建一个网上书城,除了能保证买家和卖家之间能够顺利地完成交易外,交易安全性的保障是影响交易能否成功的一个关键因素。交易面临的威胁导致了对电子商务安全的需求,也是真正实现一个安全的网上书店系统所必须具备的条件。因此,本系统的安全需求从完整性需求、可用性需求、保密性需求、可控性需求和可靠性需求等五个方面予以考虑和分析。

(1) 完整性需求,要求该网上书城系统的网络信息在未经授权下,不能进行改变,即信息在存储或传输过程中保持不被偶然或蓄意地删除、修改、伪造、乱序、重放、插入等破坏和丢失的特性。

(2) 可用性需求,要求该网上书城系统的信息可被授权实体访问并按需求使用,是系统面向用户的安全性能。一般用系统正常使用时间和整个工作时间之比来度量。

(3) 保密性需求,要求该网上书城系统的信息不被泄露给非授权的用户、实体或过程,或供其利用的特性。保密性是在可靠性和可用性基础上,保障信息安全的重要手段。

(4) 可控性需求,要求该网上书城系统的对信息传播及内容具有控制能力的特性,对数据来源要十分得明确。

(5) 可靠性需求,要求该网上书城系统的信息系统能够在规定条件下和规定的时间内完成规定的功能的特性。具体来说,包括人为破坏下的可靠性;随机破坏下的可靠性;基于业务性能的可靠性。

习　　题

1. 什么是安全工程?
2. 什么是安全需求?
3. 简述 ISSE 过程。
4. 如何做安全风险评估?
5. 请针对一个具体的软件项目,考虑其安全需求,并进行合理描述。

参 考 文 献

[1] The Standish Group. Charting the Seas of Information Technology-Chaos. The Standish Group International，1994

[2] Royce W. Software Project Management：A Unified Framework. Boston：Addison-Wesley Longman，1998

[3] Brooks F P. No silver bullet：essence and accidents of software engineering. Computer，1987，20(4)：10-19

[4] Jones C. Assessment and Control of Software Risks. Englewood Cliffs，NJ：PTR Prentice Hall，1994

[5] Davis A M. Software Requirements：Objects，Functions，and States. Englewood Cliffs，NJ：PTR Prentice Hall，1993

[6] Sommerville I，Sawyer P. Requirements Engineering：A Good Practice Guide. Chichester：John Wiley & Sons. 1997

[7] Lawrence，Brian. Designers must do the modeling. IEEE Software，1998，15(2)：31-33

[8] 徐锋. 软件需求最佳实践. 北京：电子工业出版社，2008：10-20

[9] Charette R N. Applications Strategies for Risk Analysis. New York：McGraw-Hill，1990

[10] Davis A M. A taxonomy for the early stages of the software development lift cycle. The Journal of Systems and Software，1988，8(4)：297-311

[11] Bray IK. An introduction to Requirement Engineering. Dorset：Addison-Wesley，2002

[12] Leffingwell D. Calculating the return on Investment from more effective requirements management. American Programmer，1997，10(4)：13-16

[13] Gause D C，Weinberg G M. Exploring Requirements：Quality Before Design. New York：Dorset House Publishing，1989

[14] McConnell S. Rapid Development：Taming Wild Software Schedules. Redmond，WA：Microsoft Press，1996

[15] Brown N. Industrial-Strength Management Strategies. IEEE Software，1996，13(4)：94-103

[16] Jackson M. Software Requirements & Specifications：A Lexicon of Practice，Principles and Prejudices. Harlow：Addison-Wesley，1995

[17] 金芝，刘璘，金英. 软件需求工程：原理和方法. 北京：科学出版社，2008

[18] Lamsweerde A V. Requirements engineering in the year 2000：A research perspective. Proceedings of the 22nd International Conference on Software Engineering，Limerick，Lreland，2000：5-19

[19] Sutton Jr. S M，Rouvellou I. Modeling of software concerns in cosmos. AOSD'02：Proceedings of the 1st International Conference on Aspect-oriented Software Development，2002：127-133

[20] Mulley G P. A method for controlled requirement specification. Proceedings of the 4th International Conference on Software Engineering，1979：126-135

[21] 张恂. 浅论阴阳太极与 UML 建模. 软件世界，2007，7：62-64

[22] Schmuller J. UML 基础、案例与应用. 3 版. 李虎，赵龙刚译. 北京：人民邮电出版社，2005

[23] 邱郁惠. 系统分析师 UML 用例实战. 北京：机械工业出版社，2010

[24] 胡荷芬，张帆，高斐. UML 系统建模基础教程. 北京：清华大学出版社，2010

[25] 曹新宇. 软件需求模式. 北京：机械工业出版社，2008

[26] 伽玛等著. 设计模式—可复用面向对象软件的基础. 李英军等译. 北京：机械工业出版社，2005

[27] Robertson S，Robertson J. Mastering the Requirements Process. 2nd ed. Boston：Addison-Wesley，2006

[28] Ferdinandi P L. A Requirements Pattern：Succeeding in the Internet Economy. Boston：Addison-Wesley，2002

[29] Flower M. Analysis Patterns：Reusable Object Models. Boston：Addison-Wesley，1996

[30] Morgan T. Business Rules and Information Systems. Boston：Addison-Wesley，2002

[31] 郑明辉. 基于 UML 需求分析模型的软件规模估算方法. 计算机应用软件，2004,21(3)：23-25

[32] 张友生. 系统分析与设计技术. 北京：清华大学出版社，2005

[33] Patton R. Software Testing. 2nd ed. 北京：机械工业出版社，2005

[34] Berry D M，Kamsties E. The Dangerous "All" in Specifications，Proceedings of the Tenth International Workshop on Software Specification and Design (IWSSD'00)，2000，San Diego，CA，5-7

[35] Kovitz B L. 实用软件需求. 胡辉良，张罡等译. 北京：机械工业出版社，2005

[36] 骆斌. 需求工程软件建模与分析. 北京：高等教育出版社，2009

[37] Wiegers K E. 软件需求. 2 版. 刘伟琴，刘洪涛译. 北京：清华大学出版社，2004

[38] 中华人民共和国国家质量监督检验检疫总局,中国国家标准化管理委员会. 中华人民共和国国家标准计算机软件文档编制规范(GB/T 8567-2006). 北京：中国标准出版社，2006

[39] Connolly T M，Begg C E. 数据库设计教程. 2 版. 何玉洁，黄婷儿等译. 北京：机械工业出版社，2005

[40] Withall S. 软件需求模式. 曹新宇译. 北京：机械工业出版社，2008

[41] 黄国兴，周永. 软件需求工程. 北京：清华大学出版社，2009

[42] 蒋海昌. 降低软件需求分析风险之探索. 计算机时代，2010，10：51-52

[43] 徐小平. CMM 中的需求管理. 计算机工程与设计，2004，25(6)：79-81

[44] 周汉平. CMMI 指导下的软件需求管理与需求开发的方法研究与应用. 华东师范大学硕士学位论文，2008

[45] 林锐. 软件工程与项目管理解析. 北京：电子工业出版社，2003

[46] Wiegers K E. 软件需求. 陆丽娜，王忠民，王志敏等译. 北京：机械工业出版社，2000

[47] 罗森林. 信息系统安全对抗理论与技术. 北京：北京理工大学出版社，2005

[48] 薛惠锋等. 信息安全系统工程. 北京：国防工业出版社，2008

[49] SSE-CMM Project. SSE-CMM Model Description Document Version2.0. http://www.sse-cmm.org. 2000

[50] 曹阳，张维明. 信息系统安全需求分析方法研究. 计算机科学，2003，30(4)：121-124

[51] 王润孝等. 基于扩展 i* 框架的早期安全需求建模方法. 计算机工程，2007，33(16)：120-122